トランジスタ技術
SPECIAL

No.164

JN107141

発振器や圧電素子が大活躍！ 電気×力学で広がる回路製作

音波・超音波の
エレクトロニクス入門

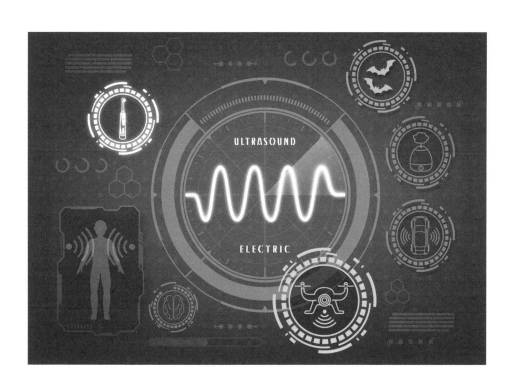

ULTRASOUND

ELECTRIC

CQ出版社

発振器や圧電素子が大活躍！電気×力学で広がる回路製作

音波・超音波の エレクトロニクス入門

トランジスタ技術SPECIAL編集部 編

CONTENTS

表紙／扉デザイン：ナカヤ デザインスタジオ（柴田 幸男）
本文イラスト：神崎 真理子

CONTENTS

▶本書は「トランジスタ技術」誌に掲載された記事を再編集し，書き下ろしの章を追加して再構成したものです．

〈初出一覧〉

●Introduction
　2022年11月号，pp.40-42
●第1章
　2022年11月号，pp.66-70
●第2章
　2022年11月号，pp.71-74
●第3章
　2022年11月号，pp.75-78
●第4章
　2022年11月号，pp.79-83
●第5章
　2022年11月号，pp.84-90
●第6章
　2022年11月号，pp.59-64
●第7章
　2022年11月号，pp.49-52
●第8章
　2022年11月号，pp.53-58
●Appendix 1
　2022年11月号，pp.44-48
●Appendix 2
　2022年11月号，pp.104-112

●第10章
　2022年11月号，pp.92-98
●Appendix 3
　2023年9月号，pp.200-208
●第11章
　2022年11月号，pp.113-120
●第12章
　2022年11月号，pp.99-103
●第14章
　2014年8月号，pp.123-128
●第16章
　2022年11月号，pp.121-125
●第17章
　2023年2月号，pp.218-221
●第18章
　2023年2月号，pp.222-228
●第19章
　2023年2月号，pp.229-235
●第22章
　2022年11月号，pp.126-130

電気×振動エネルギーで広がる世界

中村 健太郎 Kentaro Nakamura / 星 貴之 Takayuki Hoshi

　「超音波」と聞いて何を思い浮かべるでしょうか？ 例えば，電子工作で扱われる題材としては，超音波の伝搬時間に基づく距離計測があります．

　超音波には図1に示すように，とても広い応用先があります．ただ，それらは工場の中や製品の中に隠れ，一般の目にはつきにくいところで広がりを見せています．

　最近では，超音波を使ってものを浮かべることが，電子工作の範疇に入ってきました．これまで専門家が研究室で培ってきた知見が，私たちの目の前で再現できるようになったのです．

　そんなパラダイム・シフトが起こりつつある超音波について，基礎知識から応用事例までを幅広く見渡しつつ，具体例を交えながら紹介します．

図1　超音波技術の応用はますます広がりを見せる

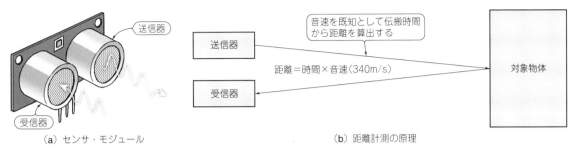

（a）センサ・モジュール　　　　　　（b）距離計測の原理

図2　超音波距離センサの原理
直流電源を供給し，I/Oピンを介してトリガ信号を送ると超音波が出力され，伝搬時間を表す信号が返ってくるようになっている

一番身近な超音波計測…距離センサ

超音波を利用した距離センサは，センサ・モジュール[1]として販売されています．マイコン制御の入門としてちょうどよいこともあり，「超音波」と聞いて真っ先にこれを思い浮かべる方も多いでしょう．

● 距離センサの用途

超音波にもとづく距離センサは，自動車やロボット，ドローンが壁や障害物を検出したり，人が通ったら反応したりといった用途に使われます．

ほかの方法でも同様の機能を実現することはできますが，例えば赤外線センサではガラスなど透明なものが検出できないという課題がありますし，カメラでは画像処理が必要だったり暗闇では使えなかったりといった難点があります．これらに対して超音波は，ほぼ何でも検出することができ，また計算処理もマイコンに載る程度で済むという利点があります．

● 基本的な原理

図2（a）に超音波を使った距離センサ・モジュールを示します．超音波の送信器と受信器がセットで配置されています．超音波が反射して返ってくるまでの時間に音速を掛けて距離を求めます［**図2（b）**］．

注意としては，真っ平な表面に超音波が当たると，鏡面反射になってしまい，正確に向きを合わせないと，超音波が受信器に戻ってこない場合があります．また毛布のように音を吸ってしまう素材も，超音波が戻ってこない，もしくは大きく減衰して戻ってくるため検出が難しくなります．逆に言えば，適度にデコボコしていて固い表面をもつ物体が検出しやすいです．

波エネルギーの力

● 超音波で物体を空中に浮かせる「音響浮揚」

強力な音の定在波によって物体が浮くことは古くから知られていました．可聴音を用いた場合には装置が

大型になり，また，うるさくなってしまいます．しかし超音波の場合には，波長が短いおかげで狭い範囲にエネルギーを集中させることができるため，コンパクトな装置で浮かせられます．

音響浮揚のためにはそれなりに強力な超音波が必要です．従来は強力振動子（ボルト締めランジュバン型振動子）と金属振動体を組み合わせた，重たく大がかりな装置でした．最近では，音響浮揚が試せるキットなども市販されていて，複数の40 kHz超音波振動子を曲面に並べ，中心に焦点ができるようにしてあります．これにより，低電圧（キットでは9 V）で必要な強さの超音波を実現しています．

● 基本的な原理

音響浮揚キットのイメージを**図3**に示します．2つの曲面に超音波振動子を並べ，それぞれの焦点が重なるように向かい合わせに配置しています．

中心付近では，両側から伝わってきた超音波が重なり合って定在波（進まない波）を形成します．この定在波の中に小さい物体が入ると，音圧の節（圧力変動がない場所）がエネルギー的に安定であるため，そこに引き込まれます．超音波が十分に強いとき，節の安定性が重力よりも勝ることによって，物体が浮くのです．

中央に物体が浮く

図3　音響浮揚の原理のイメージ
超音波振動子が曲面に並べられ，中央に超音波の焦点ができるようになっている．中央では定在波が形成され，音圧の節に物体が引き寄せられて浮く

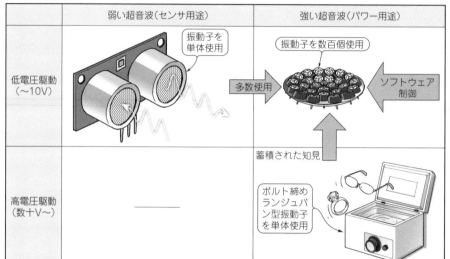

図4 超音波技術のパラダイム・シフト
多数の振動子を使うことによって低電圧で強力な超音波が扱えるようになり，ハードウェアだけでなくソフトウェアの重要性も増してきた

● 浮かせる物体のサイズ

浮かせる物体は節にすっぽり収まる必要があるので，波長の半分よりも小さい必要があります．また小さすぎても浮かず，波長の1％より大きい必要があることが報告されています[3]．粒は浮くけれど粉は浮かない，というイメージです．

音響浮揚を試してみるには，パウダービーズクッションの中身など，発泡スチロール製の小球がちょうどよいと思います．

パラダイム・シフトが進行中

従来は単独で用いられていた超音波センサを多数並べることで，強力な超音波を作り出せるようになりました．特殊な振動子を扱うことなく強力な超音波が使えるようになったので，部品の入手や回路的な敷居が下がり，応用の可能性も広がりました．

さらに，並べた振動子を個別に駆動することで焦点の位置を動かすこともできます．これはフェーズド・アレイと呼ばれる方式で，従来よりも制御ソフトウェアの重要度が増したものになります．

このように最近の空中超音波技術は，低電圧で扱えるようになり，身近なものになるとともに，ハードウェア，ソフトウェアの総力戦の様相を呈しています．歴史的に大きな変化を迎えているといえます（**図4**）．一方で超音波研究には100年以上の歴史があり，ここまで見てきた空中を伝わる超音波はその一部にすぎません．そこで培われてきた知見の積み重ねを知ることも重要です．

超音波技術で広がる世界

超音波は，空気中はもちろん，電波や光が伝わりにくい液体中や固体中をよく伝わります．そのため，電波や光が届きにくい液体中や固体中の測定に威力を発揮します．また，伝搬速度が電波や光の10万〜100万分の1なので，数十kHz〜数MHzの低い周波数でマイクロ波やミリ波と同じくらいの波長になります．このことは，周辺電子回路がコスト的にも技術的にも作りやすいと同時に，波形そのものの観測が簡単にでき，位相を使った計測が容易であることを意味します．

一方，機械的な共振によって強い音圧や振動応力を起こし，そのエネルギーを加工や材料処理に使うパワー超音波技術がいろいろな生産現場で活躍しています．また，超音波振動を使った通信用フィルタ素子やセンサ，アクチュエータ技術はスマートフォンやカー・ナビゲーション・システム，カメラに組み込まれています．

超音波は普段は目につかず，耳にも聞こえませんが，非常に多様な応用があり，さまざまな技術を縁の下から支えています．

◆参考文献◆
(1) 超音波距離センサ，https://akizukidenshi.com/catalog/g/gM-05400/
(2) 音響浮揚キット，https://www.robotshop.com/jp/ja/acoustic-levitator-kit.html
(3) D. Foresti, M. Nabavi, and D. Poulikakos；On the acoustic levitation stability behaviour of spherical and ellipsoidal particles, Journal of Fluid Mechanics, vol.709, pp.581-592, 2012.

第1部

音波・超音波エレクトロニクスの基礎知識

音波・超音波の物理現象

中村　健太郎　Kentaro Nakamura

音波・超音波の基本的な特徴

● 液体中や固体中でよく伝わる

人が聞くことができる音の周波数(可聴周波数)は，20 Hz～20 kHzです．この可聴周波数よりも高い20 kHz以上の音や振動を，超音波と呼んでいます．

周波数が違うだけで，聞こえる音と同じ空気の振動現象です．空気のような気体のほかにも，水中(液体中)でも，金属などの固体中でも伝わります．気体，液体，固体などの媒質のない真空中では伝わりません．これが同じ波動現象でも電波や光と大きく異なるところです．

電波や光が苦手とする液体中や固体中では空気中よりもよく伝わることが超音波の特徴であり，応用上のヒントです．

● 多様多彩な応用

超音波の応用は表1のように多岐にわたります．身の回りでは自動車のバック・ソナーや眼鏡屋さんの店頭にある超音波洗浄器があります．バック・ソナーは計測応用の，洗浄器はエネルギー応用(パワー応用)の典型です．

▶計測応用

工場プラント，鉄道などのインフラへの計測応用で重要なのは，配管や機械部品の亀裂を検出する非破壊検査です．また，漁業では，ほとんどの船が魚群探知機(魚探)を積んでいますが，これは超音波の水中計測応用です．一方，医用超音波装置は産科，循環器科をはじめ，重要な画像診断手段です．

▶パワー応用

超音波のパワー応用(エネルギー応用)は，接合や加工など製造現場ではさまざまなものがあります．医用では歯石除去から白内障や前立腺がんの治療まで，いくつかの超音波パワー応用があります．

▶電子部品

超音波振動を用いた電子部品には，高周波フィルタやジャイロ・センサなどがあります．

音波・超音波の物理現象

電波や光は，磁界と電界の波動現象です．それらの関係を示すものがマクスウェルの波動方程式です．その進む速度である光速は，重要な物理定数です．

超音波は，媒質の機械的な振動であり，媒質の慣性力と弾性によって波動として伝搬します．媒質のない

表1　実はいろいろ使われている… 超音波の3大応用分野

分野	空気中(気体中)	水中(液中，人体)	固体
計測応用	空中センサ 距離計 風速計(流速計) 超音波カメラ 放電・リーク検出 超指向性スピーカ	魚群探知・ソナー 海洋トモグラフィ 流速計 粘度計 医用画像装置 海中トランシーバ	探傷(非破壊検査) 板厚計 ボルト軸力計 超音波顕微鏡
パワー応用 (エネルギー応用)	微粒子の集合・沈降 食品・薬品の乾燥 浮揚・搬送 力覚提示装置	洗浄 固体粒子の分散・乳化 高分子の破断・解重合 細胞膜の破壊 霧化 医用(メス・がん治療・骨折 治療・結石破壊)	金属切削・穴あけ 金属塑性加工 脆性材の加工 金属接合 プラスチック接合
電子部品	クロック用水晶振動子，フィルタ素子(BAW素子・SAW素子)，ジャイロ， 圧電トランス，光学変調器，超音波モータ		

column▷01 物質の中の音速

中村 健太郎

波長に比べて大きな物体中を伝わる縦波の音速c_0はヤング率Yとポアソン比σによって，

$$c_0 = \sqrt{\frac{(1-\sigma)Y}{(1-2\sigma)(1+\sigma)\rho}} \quad \cdots\cdots\cdots (A)$$

で計算できます．一方，波長に比べて細い棒を伝わる縦波は，これよりも10～20%遅く，その音速c_Lは，

$$c_L = \sqrt{\frac{Y}{\rho}} \quad \cdots\cdots\cdots\cdots\cdots (B)$$

で求められます．

横波にはいろいろな種類があり，それぞれ速度が異なりますが，物体の表面と平行な振動方向をもつものの音速c_Tは，

$$c_T = \sqrt{\frac{Y}{2(1+\sigma)\rho}} \quad \cdots\cdots\cdots\cdots\cdots (C)$$

です．これは縦波の速度の半分程度の大きさです．表面波の速度も同じオーダです．一方，板のたわみ波は厚さや周波数によって速度が異なる性質をもっています．

真空中は伝わりません．

電波や光における磁界と電界に対応するものは，超音波では媒質の粒子速度と音圧です．

● 現象1…粒子速度

超音波を伝える媒質に印を付けることができると仮定します．その印（粒子）が振動する速度を粒子速度といいます．粒子は振動するけれども，その時間平均的な位置はそこにとどまっています．振動のようすだけが伝わっていくところがミソです．

空中や水中では，振動の方向が超音波の伝わる方向と同じである縦波のみが存在します．**図1**のように媒質が密になった部分と疎になった部分が生じて，この疎密が伝わっていきます．このため，疎密波ともいわれます．固体中では媒質の横ずれ（せん断ひずみ）が伝わる横波も起こすことができます．

超音波の伝搬速度，すなわち疎密やせん断ひずみが伝わっていく速さを音速と呼びますが，粒子速度と混同してはいけません．

● 現象2…音圧

疎密が起こるということは，圧力の変化が起きているととらえることもできます．

地上では大気圧（約100 kPa）が静圧として常に存在しています．超音波は，**図2**のように，この静圧からの変動分と考えることができます．この変動分を音圧といいます．単位は圧力と同じ[Pa]です．

可聴周波数の音では実効値をいうことが多く，耳の感度が良い1 kHzで人が聞くことができる一番小さい音圧である2×10^{-5} Paを0 dBとしてデシベル表示します．空中超音波ではこの音圧レベル（dB）を使うことが多いです．

そのほかの応用では物理量としてわかりやすいPaで，そのまま示すこともしばしばです．パルス波である応用も多く，0-p（ゼロ・ツー・ピーク）値を使います．

音響的な特性

● 特性1…特性音響インピーダンス

伝搬する超音波の粒子速度vと音圧pの間には，

$$p = Zv \quad \cdots\cdots\cdots\cdots\cdots (1)$$

の関係があります．ここで，Zを特性音響インピーダンスといいます．そして，特性音響インピーダンスは媒質の密度ρと音速cによって，

$$Z = \rho c \quad \cdots\cdots\cdots\cdots\cdots (2)$$

と計算することができます．一方で，音速は密度ρと弾性定数Eによって，

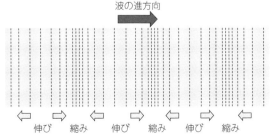

図1 空気中や水中の超音波は縦波
媒質が密になった部分と疎になった部分が生じて，疎密が伝わっていく

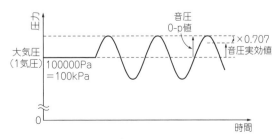

図2 圧力変動としての超音波
超音波は，静圧からの圧力の変動分と考えられる

$$c = \sqrt{E/\rho} \cdots\cdots\cdots\cdots\cdots\cdots\cdots (3)$$

と決まるので，媒質の特性音響インピーダンスは，媒質ごとに特有のもので密度と弾性定数によって決まることになります．つまり，電波や光における透磁率と誘電率に相当するものは，超音波においては媒質の密度と弾性定数です．

● 特性2…反射係数と透過係数

図3のように物性の違う媒質の境界面では超音波の反射と透過が起こります．このとき，入射波，反射波，透過波の音圧をそれぞれp_i，p_r，p_tとすると，音圧の反射係数は，

$$r = \frac{p_r}{p_i} = \frac{Z_2 - Z_1}{Z_2 + Z_1} \cdots\cdots\cdots\cdots (4)$$

と書けます．一方，透過係数は，

$$\tau = \frac{p_t}{p_i} = \frac{2Z_2}{Z_2 + Z_1} \cdots\cdots\cdots\cdots (5)$$

で計算できます．ここで，Z_1とZ_2は媒質1と媒質2の特性音響インピーダンスです．

● 具体的な反射係数の値

空気の密度は1.2 kg/m^{3}であり，音速は常温で340 m/sくらいです．これに対して，例えば鉄の密度は7800 kg/m^{3}くらい，音速は5900 m/sくらいですから，特性音響インピーダンスの差はとても大きく，空気中にある鉄板の反射係数はほぼ1です．また，アクリル板の密度は1200 kg/m^{3}くらい，音速は2700 m/sくらいなので，特性音響インピーダンスは鉄の1/14と小さいですが，空気に比べるとずっと大きく，空気中のアクリル板の反射係数も1に近くなります．

光や電波に対するアクリル板の反射係数は小さく「透明」ですが，超音波ではほぼ100 %反射します．これは，光や電波に対して透明で見えないものの検出が，超音波では可能であることを意味します．

一方，水の密度は1000 kg/m^3，音速は1480 m/sです．水中にある鉄板の反射係数は0.94，アクリル板の反射係数は0.37となるので，超音波の反射の大きさが異なります．

計測に使われる超音波

計測用途の場合には，必要な空間分解能と測定距離に応じて適切な周波数が選ばれます．検出したい物体や傷の大きさは使用する超音波の波長より大きい必要があるからです．波長より小さいものからは反射があまり生じません．これは超音波に限らず，波動現象を使う計測やイメージングの宿命です．

光学顕微鏡は波長が0.4 μ ～ 0.8 μmの可視光を使うためμm以下のものは見えません．μm以下のものを

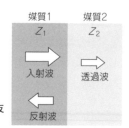

図3 物性の違う媒質の境界では反射と透過が起こる

観察するには，より波長の短い電子波を使った電子顕微鏡を使います．これはCD，DVD，Blu-rayの読み取りレーザの波長がそれぞれ0.780 μm，0.650 μm，0.405 μmであり，記録密度に反比例していることからも理解できます．

● 波長と分解能の関係

例えば超音波非破壊検査で鉄製部材の数mmの傷を見つけるには，波長はmmオーダである必要があります．波長λと音速c，周波数fの間には，

$$c = f\lambda \cdots\cdots\cdots\cdots\cdots\cdots\cdots (6)$$

の関係があります．

鉄中で波長を1 mmとするには，周波数は5 MHz程度になります．このため非破壊検査では数MHzが主に使われます．医用診断装置では3.5 M ～ 10 MHzが使われます．人間の体はほぼ水と同様な音速をもっており，波長はサブmmとなります．これが医用超音波画像の空間分解能を決めています．

● 周波数と伝搬減衰の関係

一方，周波数が高いほど伝搬減衰が大きくなり，遠くに届かなくなります．そのため，空間分解能だけを考えて周波数をむやみに高くすることはできません．

減衰は媒質の振動に伴う損失で起きるので，媒質の種類によってその大きさが異なります．水中や金属中に比べて空気中を伝搬するときの減衰は大きく，空中の計測では数十k～100 kHzが使われます．入手が容易な空中超音波センサ素子は40 kHzです．自動車のバック・ソナーは50 k～60 kHzが多いようです．空気中では1 mの伝搬距離で，40 kHzでは1 dB程度，100 kHzでは数dBの減衰が生じます．

超音波は伝わるうちに広がるので，それによる強度の低下も避けることができません．また，よほど平らで大きな対象物でない限り，反射するときにも回折で強度が低下します．反射波の帰り道でも同様に減衰します．これらのため空中超音波センサの実用距離は数m以内になります．

水中は空中よりもずっと減衰が小さいですが，より長距離を測定する必要がある魚探（魚群探知機）では50 kHzや200 kHzが使われます．媒質ごとの超音波の吸収減衰の概略値を表2に示します．

column▸02 ビールに超音波の泡だて器

中村 健太郎

以前，缶ビールを半ダース買ったときの景品に，缶の注ぎ口付近にセットしてなめらかな細かい泡を発生させる装置が付いてきました．これは超音波振動子です．ビールに超音波を加えると，音圧が負の瞬間ごとに溶存気体が出てきて細かい泡を発生させ

ます．振動子は40kHzの防滴型空中超音波センサ素子であるように見えました．

きれいに泡が出るのに感心しましたが，パワー超音波技術もついにオマケになるまでこなれたのかと思ったものです．

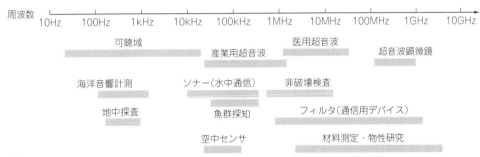

図4 超音波の応用ごとの主な利用周波数

● 応用ごとの利用周波数

それぞれの応用で使われる周波数を**図4**にまとめます．ひとくちに超音波といっても広い周波数範囲に応用があることがわかります．

主な応用は20k〜10MHzですが，フィルタ素子では数百MHz以上のデバイスがスマートフォンなどで使われています．半導体の検査や材料研究用途の計測では数百MHz以上，場合によってはGHzオーダの超音波も使われます．こうなると波長はμmとなり光学測定に近い分解能になります．

一方，海洋計測では1000kmの地球規模の長大な距離にわたって測定が行われることもあり，減衰の少ない200Hzという低い周波数が使われます．地中計測でも数百Hzが使われます．数百Hzはむしろ低周波で，超音波ではないじゃないかといわれるかもしれませんが，人が聞くことを目的とするオーディオ応用ではないので，超音波応用の仲間とされています．このことから，超音波の定義を周波数によらず「聞くことを目的としない音や振動」とすることもあります．

パワー系の用途に使われる超音波

● 共振を使うパワー応用

パワー応用では強い超音波を起こす必要があるため，機械的な共振を利用します．

振動子の長さや厚さを目的とする周波数の半波長に調整します．するとその周波数では共振によってQ値

表2 媒質と超音波減衰のおよその値

媒質	減衰量	備考
空中	数×$10^{-4}f^2$[dB/m] 1 dB/m@40 kHz 数dB/m@100 kHz	fはkHz
海水中	$0.22f+0.00018f^2$[dB/km]	fはkHz
生体中	$0.5〜1f$[dB/cm]	fはMHz

倍の振動変位が得られます．Q値は，圧電セラミックスによる振動子で数百です．圧電セラミックスと金属部材を組み合わせたランジュバン振動子で1000以上です．

数十kHzのパワー応用では，さらにホーンと呼ばれる金属振動体を振動子に接続して，用途に応じて振動振幅の変成，音響インピーダンスの整合，振動方向の変換などを行います．

● 空中強力超音波

空中に高強度の超音波を出す応用には，微粒子の集合・沈降や乾燥促進，非接触マニピュレーションなどがあります．これらの応用では140〜180dBの音圧レベルを発生させます．これは数百〜10kPaくらいであり，1気圧が100kPaであることを考えると，とても大きな音です．可聴周波数の音では，120dB程度で我慢できないくらいの大きさです．

空気の特性音響インピーダンスは410 Ns/m^{3}なので，0-p値の音圧が10kPa（＝174dB）のときの粒子速度は0.41 m/sです．振動の振れ幅である粒子振幅は，粒子速度を$2\pi f$で除したものなので，周波数40kHzでは

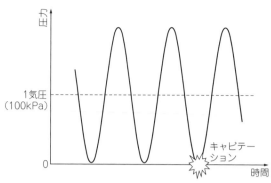

図5　水中強力超音波によるキャビテーション
大気圧を中心に振動する圧力の負の最大値の瞬間に圧力が0になる．水中に溶存気体があると，気体の泡ができる．気体の泡が壊れるときには大きな圧力を発生する．この力を洗浄に使ったのが超音波洗浄器である

p-p値で3.2 μmほどです．このように，超音波では音圧は大きくとも粒子振幅は小さいです．

● 水中強力超音波

　水中のパワー応用の典型は超音波洗浄器でしょう．超音波洗浄器では1気圧オーダの音圧が発生しています．0-p音圧を100 kPa（＝1気圧）とすると，単位面積あたりの超音波パワーIは，

$$I = \frac{p^2}{2\rho c} \quad\cdots\cdots\cdots\cdots\cdots\cdots\cdots\cdots\cdots (7)$$

から計算して，0.33 W/cm²となります．この値をキャビテーション閾値（しきいち）といいます．

　水中の超音波パワーがこの値に達すると，**図5**のように大気圧を中心に振動する圧力の負の最大値の瞬間に圧力が0になります．この音圧を超えると水中に空洞（キャビテーション）ができるというわけです．

　実際には水中に溶存気体があると，より低い音圧で気体の泡の元ができ，それが超音波振動を繰り返すうちに成長していきます．この空洞が壊れるときに非常に大きな圧力が発生すると考えられており，これが超音波で洗浄機能が発現する原理の1つです．超音波洗浄器の「シャー」という音は，この空洞が次々に壊れる音と考えられます．

　キャビテーション閾値は，周波数によっても変わります．MHz帯ではキャビテーションが起きづらくなりますが，大きな加速度が小さな汚れも落とします．これらの作用は液体の拡散や，場合によっては化学反応の促進，物質の分解などの作用をもたらします．

● 固体中の強力超音波

　共振を使うと，金属部材などの振動振幅の節では100 MPaを超える応力を起こすことができます．場合によると疲労破壊限界の応力値になります．20 kHzでは1秒間に2万回も伸び縮み変形が起きるため，あっという間に疲労破壊を起こすことになります．応力が集中しにくいように振動体を設計しなくてはいけません．

　一方で，大きな応力変動を多数回起こす超音波振動は，プラスチック接合に応用されます．振動振幅は小さくとも短時間に多数回繰り返すので，金属細線のボンディングや各種加工に利用されます．ガラスやセラミックスなどのもろい材料の穴あけなどの応用があります．また，金属板の曲げ加工では，超音波振動を工具に与えると曲げ角度を正確に仕上げることができます．

column▶03　超音波技術のはじまりはタイタニック

中村　健太郎

　超音波技術のはじまりというと，必ずといってよいほど1912年のタイタニック号の遭難が引き合いに出されます．この事故を契機に，氷山など海中の障害物の検出技術（その後のソーナー）の開発が始まったとされています．さらに，1915年，英国の豪華客船ルシタニア号がドイツのUボートに撃沈され，多数の犠牲者が出たことがソーナーの開発を後押ししたと思われます．

　こういった背景の中，1917年に，水晶の圧電性（逆圧電効果）を用いて，水中で初めて超音波の長距離伝搬に成功したのがポール・ランジュバンです．水晶板だけでは厚さが限られ，周波数が高くなりすぎるので，両側に金属を継ぎ足して低い周波数で共振するように工夫したのが，ランジュバン振動子です．

　なお，ランジュバンは，1880年に水晶の圧電性を発見したキュリー兄弟の弟ピエール・キュリーの弟子です．ピエール・キュリーはマリー（有名なキュリー夫人）の夫で，共同でラジウムなどを発見してノーベル賞を受賞しています．

　一方，超音波エネルギーの応用については，1920年代に米国のロバート・ウッドとアルフレッド・ルーミスが，さまざまな実験を行って報告しています．今日使われるさまざまな現象を見出しています．その工業応用が花開くのは20世紀後半からです．当時，どのような装置を使っていたのか興味深いですが，3極真空管2本並列接続の2 kW発振回路が論文に載っています．当時始まって間もない放送用の装置を流用したのではないでしょうか．

第2章

圧電セラミックスが大活躍！

音波・超音波の発生＆検出…
デバイスのしくみ

中村 健太郎 Kentaro Nakamura

音にはスピーカとマイク
超音波にはトランスデューサ

超音波を発生したり検出したりするデバイスを，超音波トランスデューサといいます．可聴周波数のスピーカとマイクロホンに相当するものです．

可聴域のスピーカは，ほぼ100％がダイナミック型です．ボイス・コイルの付いた振動板（コーン紙）を電磁力で動かします．イヤホンの一部には電磁石の吸着力を利用したマグネチック型も使われています．これに対して，超音波では電界によってひずみが発生する圧電素子が広く使われています．

可聴域のマイクロホンは，静電現象によるコンデンサ型が多用されています．超音波では検出にも圧電素子を使うことが多いです．

本章では超音波トランスデューサの概要を述べます．空中用なのか液中用なのか固体用なのか，また，動作周波数によってそれぞれ適した構造があります．固体用では縦波のほかに横波が使われることもあり，専用のトランスデューサがあります．一方，計測用かパワー用かによっても考え方が大きく変わります．

音波・超音波デバイスに
欠かせない「圧電素子」

● 圧電とは

図1のように，水晶などの結晶片の両側に電極を付けて力を加えると電極間に電圧が発生します．これは1880年にキュリー兄弟によって発見された現象で，圧電効果と呼ばれます．

逆に，電圧を電極に加えると結晶は変形しようとして力を発生します．これを逆圧電効果と呼びます．

この性質を示す結晶には極性があって，これを分極といいます．分極の方向と電極を付ける面によって電圧をかけた際の変形の仕方が変わります．超音波の発生には逆圧電効果が，検出には圧電効果が使われます．縦波用なのか横波用なのかによって分極方向と電圧の方向を選んでトランスデューサを作ります．

● 圧電セラミックス

比較的周波数の低い10 MHz程度までの超音波応用では，圧電セラミックスが主に使われます．圧電セラミックスは圧電性が大きく，自由な形に焼成できる，分極方向を選べるなどの利点があります．

現在の多くの応用で，チタン酸ジルコン酸鉛［PZT，化学式Pb(Zr,Ti)O$_3$］という圧電セラミックスが使われています．同じPZT材料でも少しの添加剤の変更で特性が変化し，用途に応じた材料が製造されています．

数十MHzを超える応用ではニオブ酸リチウム（LN，化学式LiNbO$_3$）など，さまざまな結晶が使われます．また，PZTなどの薄膜を使うこともあります．

● シンプルな圧電素子…可聴周波数用圧電ブザー

本格的な超音波トランスデューサについて述べる前に，**写真1**の可聴周波数用の圧電ブザーを見てみましょう．

図2(a)に示すように，0.1 mm程度の厚さの真鍮円板にそれの6割程度の直径の薄いPZT素子を同心円に貼り合わせたものが圧電ブザーの本体です．これをプラスチックの共鳴ケースに入れたものが，数kHzの発音素子として売られています．

PZT円板の表面には導電性金属が薄く付けられていて，真鍮板とこの金属によってPZT円板に電圧をかけます．

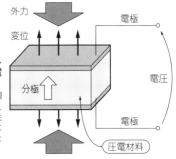

図1 超音波デバイスに欠かせない…圧電効果と逆圧電効果
水晶などの結晶片の両側に電極を付けて力を加えると電極間に電圧が発生する．逆に電圧を電極に加えると結晶は変形しようとして力を発生する

外力
変位
電極
電圧
分極
電極
圧電材料

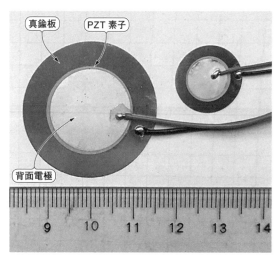

写真1　シンプルな圧電素子…可聴周波数用圧電ブザー

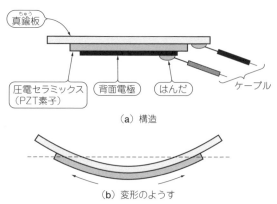

（a）構造

（b）変形のようす

図2　圧電ブザーに見る圧電素子の構造と動作
0.1 mm程度の厚さの真鍮円板に，その6割程度の直径の薄いPZT素子を同心円に貼り合わたもの．電圧を加えると，逆圧電効果によってPZT円板が直径方向に伸びてたわむ．繰り返したわむ振動により音が鳴る

● 圧電横効果によるたわみ振動

　この素子に電圧を加えると，逆圧電効果によってPZT円板が直径方向に伸びます．しかし真鍮円板には圧電性がないので伸びません．その結果，図2(b)のようにたわむ変形を起こします．数kHzの交流電圧を加えれば，その周波数でたわみ振動して鳴るわけです．特にたわみ振動の共振周波数でよく振動し大きな音を出します．

　これは熱膨張係数が違う金属を貼り合わせて，温度上昇により反って接点が離れるバイメタル・スイッチに似た動作です．この圧電ブザーの場合には，片方が金属で自ら変形しようとしないのでモノモルフ構造といいます．

　ここで，PZT素子の分極方向は厚さ方向ですが，直径方向に変形しています．これを圧電横効果といいます．

● 共振周波数と動作

　これに対して図1のように，電圧印加方向と同じ方向（分極方向も同じ）に変形するのを圧電縦効果と呼びます．

　図1の場合，実は横方向にも変形しています．固体を縦方向に押し縮めたり伸ばしたりすると，それと直

交する横方向に膨れたり細ったりすると思います．これが固体の変形の性質です．消しゴムをつぶしてみればそのことが理解できます．

　どの周波数の電圧をかけるかによって，同じ素子でも振動の起こり方がかわります．圧電ブザーでは，たわみ振動が起こる低い周波数の電圧を加えるため，横効果による変形が顕著に現れているわけです．

● 空中超音波センサ素子

　写真2のような直径10 mmほどの40 kHz空中超音波トランスデューサは入手が容易です．これは図3のように，モノモルフ振動子の上面にアルミニウム・コーンが付いた構造をしており，このコーンの振動で超音波を放射します．また，受信も行います．

超音波デバイス①…計測用トランスデューサ

● MHz帯の超音波を使う

　非破壊検査でも医用診断装置でもMHz帯の超音波パルスを送信し，目標物からの反射波を受信します．これをパルス・エコー法といいます．圧電縦効果を使って縦波超音波の送受信を行うのが一般的です．

　ここでミソとなるのは，いかに時間的に短い単パル

写真2　40 kHz空中超音波センサ素子

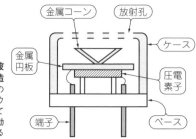

図3　空中超音波センサ素子の構造
モノモルフ振動子の上面にアルミニウム・コーンが付いている．コーンの振動で超音波を放射する

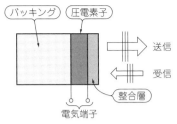

図4 測定用超音波トランスデューサの構造
圧電縦効果を使って縦波超音波の送受信を行う．時間的に短い単パルスに近い波形を送信するために，超音波を伝える媒質と圧電素子の間に整合層を設けている

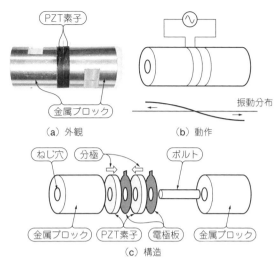

（a）外観　　　　　　（b）動作

（c）構造

図5 ボルト締めランジュバン振動子（BLT）
ドーナツ状の圧電セラミックス素子（PZT素子）を2つのジュラルミン棒（金属ブロック）で挟み，中央を貫通したボルトで締めた構造にすることで，低周波数で半波長共振する長さと強度を得ている

スに近い波形を送信するかです．送信波が短いほど奥行き方向の位置分解能を上げやすいからです．

● **パルス・エコー計測用トランスデューサの構造**

図1のような圧電素子単板にパルス電圧を印加すると，この素子寸法（厚さ）を縦波の半長とする周波数のリンギングを伴う減衰振動が起こり，送信波は短いパルスにはなりません．これは，圧電素子の両端面で反射を繰り返すためです．

そこで，非破壊検査や医用診断装置用のトランスデューサでは，**図4**のように超音波を伝える媒質と圧電素子の間に整合層を設けます．また，背後には超音波を吸収するバッキングを設けます．

● **整合層の設計とバッキング**

整合層は，媒質の特性音響インピーダンスZ_mと圧電素子の特性音響特性インピーダンスZ_pの不整合を調整して反射を防ぐ層です．光学レンズの反射防止コーティングと似た原理です．

整合層の厚さは，超音波の波長の1/4の厚さとします．また，整合層には特性音響インピーダンスZ_xが，

$$Z_x = \sqrt{Z_m Z_p} \cdots\cdots\cdots\cdots\cdots\cdots\cdots (1)$$

となる材料を選びます．

バッキングには超音波を吸収する材料に微粒子を分散するなどの構造がとられます．整合層とバッキングにはそれぞれの製造メーカのノウハウがつまっています．

● **測定用トランスデューサの特性**

理想的には平たんな周波数特性が望ましいのですが，圧電素子の厚み方向の共振を完全に抑えるのが難しく，ある程度の感度を確保する必要もあり，緩やかな感度ピークをもった周波数特性になっているものが多いで

す．整合層も単層では単一の周波数のみで条件を満たします．

このようなことから，感度のピーク周波数が動作周波数としてカタログ表示されています．非破壊検査用ですと，2.25 MHzや5 MHzがポピュラな周波数です．

超音波デバイス②… パワー用トランスデューサ

強力な超音波エネルギーを効率良く発生させる必要があるパワー用途のトランスデューサは，設計の考え方が計測用とは異なります．共振を十分に活用して効率の良い動作を目指します．

● **100 kHz以下はボルト締めランジュバン振動子（BLT）**

100 kHz以下の周波数でパワー用途に用いられるのは，**図5**のようなボルト締めランジュバン振動子（Bolt-clamped Langevin Type Transducer），通称BLTです．

ドーナツ状の圧電セラミックス素子（PZT素子）を2つのジュラルミン棒（金属ブロック）で挟み，中央を貫通したボルトで締めた構造をしています．これにより全長を数十kHzの低周波数で半波長共振する長さに調整すると同時に，圧縮には強いが引っ張りに弱い圧電セラミックス素子に予圧を与えて大出力にも耐える強度を得ています．

PZT素子は厚さ方向に分極されたものを2枚または4枚使います．また，ジュラルミン棒の先端にはねじ穴が切ってあり，目的とする物体や振動系にねじ結合されます．

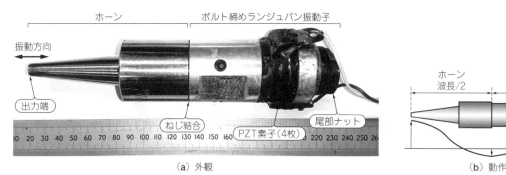

（a）外観

（b）動作

図7 BLTとホーン
ホーンは共振周波数で振動振幅を拡大する効果がある．パワー応用でよく使われる

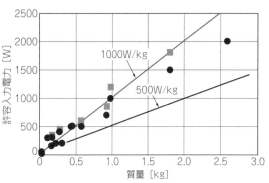

図6 ボルト締めランジュバン振動子の質量と許容入力電力
本多電子のカタログから，大きさの違うBLTの質量と許容入力電力を著者がプロットしたもの．1kgあたり1kW程度の大きなパワー密度を有している

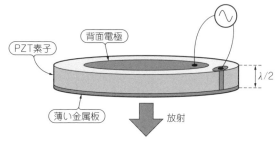

図8 MHz帯のパワー用途振動子の構造
200 kHz以上ではボルト締め構造にできないため，素子の厚さが半波長となるPZT素子がそのまま使われる

● **パワー用途に用いられる振動子BLTの性能**

　例として，大きさの違うBLTの質量と許容入力電力を著者がプロットしたのが図6です．BLTは整合負荷に対して95〜98％の電気-超音波の変換効率を示しますので，この許容入力電力を最大出力音響パワーと考えてもよいでしょう．このように，BLTは1kgあたり1kW程度の大きなパワー密度を有しています．

　BLTはQ値の高い共振特性を示しますので，駆動源の周波数をBLTの共振周波数に合わせる必要があります．先端の振動速度は駆動電流に比例します．

● **BLTとパワー超音波用ホーンの組み合わせ**

　中型以上の超音波洗浄器では，洗浄槽の底板の裏にBLTが1〜数本付いています．これ以外のパワー応用では，図7のように，BLTにホーンと呼ばれる振動変成器を取り付けて使うことがほとんどです．

　ホーンは，半波長の共振長として，BLTの共振周波数に合わせて作られます．BLT側に比べて負荷側の断面積を小さくすることで振動振幅を拡大します．パワー応用では数十μmの振動振幅が必要なことも多いためです．ホーンは機械的なインピーダンス整合を

行い，BLTを効率の良い負荷で動作させているとも考えることができます．

　ホーンにはその形状により，ステップ・ホーン，エクスポネンシャル・ホーンなどいくつかのバリエーションがあります．大振動させたときの応力集中の度合いや，実用的な振幅拡大率の範囲など，それぞれ特徴に応じて使い分けられます．

● **MHzでのパワー用振動子**

　BLTの端面がピストンのように一様に縦振動するのは，その直径が波長の1/4程度までです．このため，周波数が上がると直径を小さくせざるを得ず，大きなパワーのものは作りにくくなります．また，200 kHz以上では長さが短くなりすぎてボルト締め構造とするのが実際には難しくなります．

　そこで，図8のように素子の厚さが半波長となるPZT素子がそのままトランスデューサとして用いられます．ただし超音波を放射する液体側にはステンレス薄板が接着されています．加湿器用の1.6 MHzや2.4 MHzの振動子はこの構造です．

主な利用①… 流体・固体中の計測や診断

中村 健太郎 Kentaro Nakamura

超音波は気体中，液体中，固体中のいずれも伝わるので，それぞれに多彩な計測応用があります．気体や液体といった流体中では，物体の検出，物体の速度の測定，流体の流速測定に超音波が用いられます．固体中では，部材の肉厚測定，傷の検出などが重要な応用です．

その1：物体検出

● やまびこの原理！パルス・エコー法による距離測定

超音波計測の基礎は，気体中，液体中，固体中のいずれも，伝搬時間による距離測定です．

図1のように，パルス波やバースト波を目標物に向かって送信し，反射波が戻ってくるまでの時間tを計測します．既知の音速cから距離Lは，

$$L = \frac{ct}{2} \cdots\cdots\cdots\cdots\cdots\cdots\cdots (1)$$

と求まります．往復するので分母に2があります．

▶空気中の音速

この測定では，音速が既知であることが必要ですが，空気中の音速は温度によって少し変化します．常温付近ではセ氏［℃］で測った温度をTとして，空気中の音速は，

$$c = 331.5 + 0.6T\,[\text{m/s}] \cdots\cdots\cdots\cdots\cdots (2)$$

と近似的に表せます．すなわち，10℃のときで337 m/s，40℃のときで355 m/sとなります．冬と夏で5％ほど差が出ることになります．音速は風による影響も受けますので，誤差の想定が必要です．

▶液体中の音速

水中の音速は，常温常圧で1480 m/sです．この値は温度や水圧によって変化します．通常の測定ではそれほど問題になりませんが，温度や圧力が大きく変化する海洋の長距離測定や，高圧高温の工業計測などでは音速の値に留意します．

液体の種類，混合物によっても音速は異なります．

▶固体中の音速

表1のように，固体は材料によって異なった音速を示します．硬くて軽いものは速くなります．

パルス・エコー法による板厚測定は音速がわからないと行えません．同じ鉄でも精錬法などでわずかに音速が異なりますし，同じプラスチックでも射出方向などの影響があります．逆に，音速測定から細かい物性の差を知ることができます．

● 拡散減衰と吸収減衰

超音波を送信すると，伝搬するに従って広がるために強度が距離に応じて小さくなります．これを拡散減衰と呼びます．

また，拡散せずとも，超音波を伝える媒質の内部摩擦によってエネルギーを消費し，強度が距離に応じて減衰します．これを吸収減衰といいます．

▶金属などの固体中が最も減衰が小さい

材料により，吸収減衰の度合いは大きく異なります．

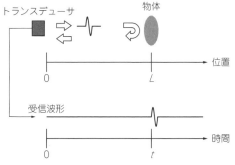

図1 パルス・エコー法による距離測定
パルス波やバースト波を目標物に向かって送信し，反射波が戻ってくるまでの時間を計測する

表1 さまざまな材料の縦波音速の代表値

材料	縦波音速[m/s]	材料	縦波音速[m/s]
鋼鉄	5900	ガラス	5700
鋳鉄	4600	アクリル	2700
チタン	6100	ナイロン	2600
アルミニウム	6200	ポリスチレン	2300
真ちゅう	4400		

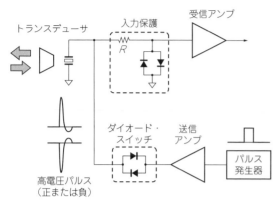

図2　パルス・エコー法における送受信回路
1つの同じトランスデューサを送信と受信に兼用する．送信時には，数十〜100Vの単パルス電圧を印加する．受信フロントエンド回路には入力保護回路を設ける

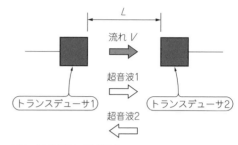

図3　流速計測の原理構成
2つのトランスデューサの間で媒質が流れている場合，上りと下りの超音波の伝達時間から媒質の流速を知ることができる

金属などの硬い固体中では，超音波の減衰が小さくなります．液体中でも減衰は比較的小さい値です．空気などの気体中では減衰量が大きくなります．

超音波は光や電波の逆で，液体中，固体中が得意ということになります．

▶減衰は高周波ほど大きい

周波数が高いほど吸収減衰は大きくなります．周波数の1〜2乗で減衰量が増えます．そのため，空気中で数mの距離の測定を行うには周波数の低い数十kHzが使われます．数百kHzを使うと，測定精度は上がりますが，数十cm〜1mしか届きません．

● パルス・エコー法のための回路

パルス・エコー法では，多くの場合，**図2**のように1つの同じトランスデューサを送信と受信に兼用します．

奥行き方向の分解能を高めるには，短いパルス波を送信する必要があります．液中や固体に使うMHz帯のトランスデューサでは，短いパルスの送信と広い周波数の受信ができるようになっています（第2章の図4の構造を参照）．

▶送受信の切り替え

送信時には，数十〜100Vの単パルス電圧を印加します．トランスデューサには受信フロントエンド回路が接続されているので，抵抗とダイオードによる入力保護回路を設けます．

送信部の出力インピーダンスが低い場合は，受信信号を短絡してしまうので，ダイオードで切り離すようにします．送信後にハイ・インピーダンスになる回路の場合にはダイオード・スイッチは不要です．

▶40kHz空中トランスデューサの場合

40kHz空中トランスデューサ（第2章の写真2と図3を参照）の場合は，Q値が30程度あるので，単パルスでは動作せず，10〜20波のバースト波で駆動します．受信波は減衰振動を伴い，さらに継続時間の長いバー

スト波になるので，対象物が近すぎると送信波に受信波が重なって検出できません．10cmよりも近い距離の測定では，送受別々のトランスデューサを用いる必要があります．

このトランスデューサは数〜10Vの低電圧で送信できるので，**図2**の保護回路は必ずしも必要ありません．

その2：流速計測

● 流速計測の原理

超音波は媒質を伝わるので，媒質である流体が流れると，それによって実効的な音速が変化します．

図3のように，2つのトランスデューサの間で媒質が流速Vで流れているとします．距離L離れたトランスデューサに到達する時間T_1は，音速をcとして，

$$T_1 = \frac{L}{c+V} \cdots\cdots\cdots (3)$$

です．一方，流れと逆向きに超音波を送信した場合の到達時間T_2は，

$$T_2 = \frac{L}{c-V} \cdots\cdots\cdots (4)$$

と表せます．式(3)と式(4)から，

$$V = \frac{L}{2}\left(\frac{1}{T_2} - \frac{1}{T_1}\right) \cdots\cdots\cdots (5)$$

のように，上りと下りの超音波の伝達時間から媒質の流速を知ることができます．

● ガス・メータや風速計へ応用

この原理がガス・メータや風速計に応用されています．可動部分がないのが利点です．

式(5)には音速cが含まれていないので，数式上は，測定精度は音速に関係ありません．実際は，音速と流速の比が時間計測の必要精度に関わるので，流速測定の精度が媒質の音速に無関係とは限りません．

● クランプオン流量計

配管内の液体の流量を測定する方法として，**図4**の

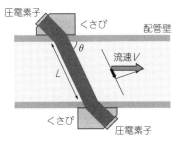

図4　パイプ内の流速測定
2つのくさび型トランスデューサを配管の外側に位置をずらして押し付ける．超音波を管内を斜めに横断させることで，管内の平均流速を検出する

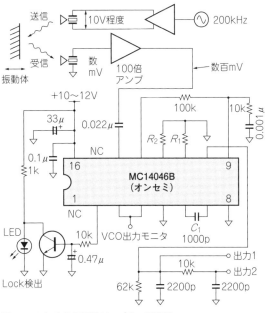

図5　PLLによる超音波ドップラー振動計

ように，2つのくさび型トランスデューサを配管の外側に位置をずらして押し付けるクランプオン流量計が用いられています．管壁を透過させて，超音波を管内を斜めに横断させることで，管内の平均流速を検出します．管の軸方向と超音波の伝搬方向が角度θを成すので，感度は$\cos\theta$倍になります．

その3：速度測定

● ドップラー効果

移動する物体から反射される超音波はドップラー効果により周波数がシフトします．移動体の速度vは音速cより十分小さいと考えると，この周波数シフト$\varDelta f$は移動体速度vに比例します．

$$\varDelta f = \frac{2v}{c}f \cdots\cdots\cdots\cdots\cdots (6)$$

fは送信超音波の周波数です．空気中（音速340 m/s）で速度1 m/sで向かって来る物体から反射してきた超音波は周波数が送信波に比べて0.59 %高くなります．この周波数変化を検出して物体の速度を求めます．

● 振動の測定

移動体の速度を超音波ドップラーで測定する場合，媒質の流れ（空気中なら風）の影響との分離が難しいので，今日では空中の速度測定はマイクロ波を使うことが多いかもしれません．いわゆるスピード・ガンはマイクロ波が主流です．

しかし，振動する物体によるドップラー・シフトはその周波数で振動する交流信号なので，1方向の風と区別ができ，超音波測定できます．超音波はマイクロ波よりも周波数がずっと低いので，回路が安価で製作しやすい利点があります．また，数百Hz程度までの低い周波数の振動測定であれば，超音波方式はレーザ・ドップラー振動計の数十分の1以下のコストです．

▶高周波空中超音波を使用

ここではMA200A1（村田製作所）という200 kHz空中超音波トランスデューサを送信と受信に用いた例を紹介します．MA200A1はすでに廃番なので，FUS-200A（富士セラミックス）[1]やMA300D1-1（300 kHz，村田製作所）[2]などが代替品になります．いずれにし

ても，よく使われる40 kHzの素子よりも指向性がずっと鋭く，ターゲットを正確に狙うことができます．また，できるだけ広い測定周波数範囲とするには，超音波の周波数が高いほうが有利です．

数百kHzの製品は40 kHzのトランスデューサと構造が異なり，液中や固体用のMHz帯トランスデューサに近い構造になっています．

▶PLLでドップラー・シフトを検出

PLL（Phase-locked Loop）用の定番ICによるドップラー・シフト検出回路を図5に示します．送信トランスデューサの駆動は数V～10 Vの連続矩形波でよく，物体までの距離は100 mm程度です．もう1つのトランスデューサで受信します．受信電圧はmVオーダなので，100倍ほど増幅してPLLの位相比較器に加えます．

▶VCO発振周波数

VCO（Voltage-controlled Oscillator）の発振周波数はC_1，R_1，R_2で決まります．ここでは，R_1を100 kΩ程度，R_2を5 kΩ程度として，200±20 kHzの発振範囲としています（C_1は1000 pF）．

R_1，R_2によってVCOの発振周波数範囲を調整して速度感度を設定します．この値で1 m/sに対しておよそ1 Vの出力電圧になります．

▶ロック検出

PLLがロックするとLEDが点灯します．このLEDが点灯するようにトランスデューサの向きを合わせます．

▶ループ・フィルタと出力フィルタ

対象とする振動に合わせてループ・フィルタと出力のフィルタを調整します．この定数で，1 kHzまでの振動に対して10°程度以内の遅れで，振動波形に相似

◆参考・引用＊文献◆
（1）富士セラミックスのWebページ
https://www.fujicera.co.jp/product/application/lineup/

（右端縦帯）基礎　測定環境　製作　測る　加工・洗浄　回路のしくみ　デバイス　これから

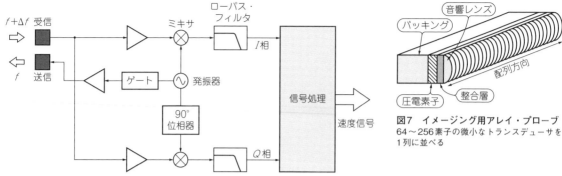

図6　パルス・ドップラー装置の構成

図7　イメージング用アレイ・プローブ
64～256素子の微小なトランスデューサを
1列に並べる

の電圧波形が出力2に得られました.

● パルス・ドップラー計測

　目標物の位置と速度を同時に測定するには, バースト波を送信する方法がとられます. 反射波が戻るまでの時間から位置を, 周波数シフトから速度を推定します.

　この最も成功した応用が心臓の血流分布を可視化する医用診断装置です.

▶赤血球からの反射波を検出

　医用診断装置では血液中の赤血球の集団を反射体としています. 7.5 MHzの超音波を送信したとして, その波長は0.2 mmです. 一方, 反射体である赤血球の大きさは10 μm以下と波長よりもずっと小さいです. このため反射強度は低く, 受信系の感度を高めねばなりません. また, ほかのものからの強い反射を抑圧する工夫が必要です.

▶ドップラー・シフトを同期検出

　パルス・ドップラー装置の回路構成を, 図6に示します. 送信波をゲートでバースト波とし, 受信信号は同相成分(I相)と90°位相がずれた成分(Q相)として検出し, それらから流速Vを,

$$V \propto \tan^{-1}\left(\frac{Q}{I}\right) \quad\cdots\cdots\cdots\cdots\cdots\cdots\cdots (7)$$

のように求めます.

▶超音波アレイ・プローブ

　超音波画像診断装置では, 64～256素子の微小なトランスデューサを図7のように1列に並べたアレイ・プローブが使われています.

▶画像化のためのビーム走査

　2次元画像を作るには, 超音波ビームの送信方向を走査する必要があります. そのためには図8のように, 送信するトランスデューサを少しずつずらしていく方法や, 図9のように各素子トランスデューサの間の位相差を制御して送信方向を扇状に振る方法などが採用されています.

▶現在の装置はディジタル化が進む

　最近の医用診断装置ではトランスデューサの電気出力はインピーダンス変換と適切な増幅の後すぐにA-Dコンバータに入力され, アレイ処理やその他の信号処理のほとんどがディジタル計算により行われます.

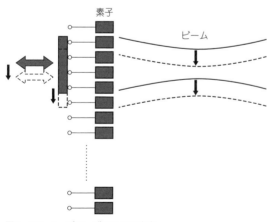

図8　アレイ・プローブのリニア走査
トランスデューサを少しずつずらしていくことで2次元画像を作る

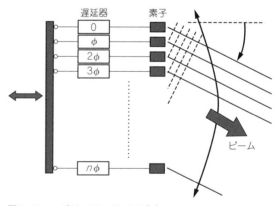

図9　フェーズド・アレイによる走査
各素子トランスデューサの間の位相差を制御して送信方向を扇状に振ることで2次元画像を作る

(2) 村田製作所のWebページ
https://www.murata.com/ja-jp/products/sensor/ultrasonic/overview/lineup/hf

主な利用②…波エネルギー集中による力学的効果

中村 健太郎 Kentaro Nakamura

強力な超音波の応用(パワー応用/エネルギー応用)先は,主に液体の中や固体が中心です.液体への応用の代表が洗浄であり,固体への応用例の1つが超音波振動による加工です.また,最近では空中応用も盛んになってきました.

本章では強い超音波によってどのような現象が起きるのかを紹介します.

超音波のエネルギー応用は,一般に強力超音波と呼ばれます.ここでは,エネルギーを扱う電子回路技術をパワー・エレクトロニクスというのにならって,パワー超音波と呼ぶことにします.

超音波の放射力

● 超音波があたった物体の表面には力が発生する

図1のように超音波を物体にあてると,その物体の表面には直流的な力が発生します.これを音響放射力といいます.この力は微小で,身の回りの可聴音では測定できないほど小さいのですが,超音波であればとても大きな音圧を局所に発生できるので,観測できるような大きさになります.

放射力は超音波だけに限ったものではなく,光でも存在します.エネルギーの伝搬を遮ることによって1方向の力が発生するという普遍的な物理現象です.

超音波の場合は観測が容易です.重要なのは,超音波は正負に変動する圧力波なのに,音響放射力はそこから1方向の一定の直流的な力が発生するという点です.

● 空中での小物体のトラップ

定在波音場を作ったときには,観測が容易です.

空中で27 kHzの超音波を発生させ,振動子と床面の間に定在波を形成し,その音圧の節に発泡スチロールの小球を多数トラップしたようすを写真1に示します.空中の波長の半分の約6 mm間隔で小球が浮いています.十分な強度を出せば液滴やチップ部品も浮揚可能です.

● 液体中での音響放射力

液体の中では,数MHzの振動子を使ってビーム状の超音波を発生することができるので,定在波を作らなくとも音響放射力が観測しやすくなります.

ガラス製のパイプの中の水と油が分離した境界面に水のほうから1.6 MHzの超音波を照射したときのようすを写真2に示します.「おやっ」と思うかもしれま

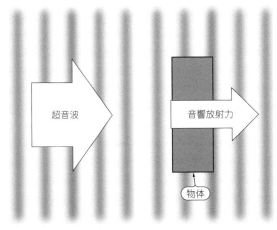

図1 物体に働く音響放射力
超音波を物体にあてると,その物体の表面には直流的な力が発生する

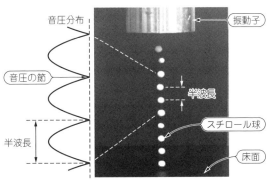

写真1 空中の定在波音場にトラップされたスチロール球
空中で27 kHzの超音波を発生させ,振動子と床面の間に定在波を形成している.空中の波長の半分の約6 mm間隔で小球が浮いている

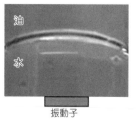

（a）超音波なし　　（b）超音波あり

写真2　水と油の境界面に働く音響放射力
ガラス製のパイプの中の水と油が分離した境界面に水のほうから1.6MHzの超音波を照射したようす. 逆向きの音響放射力が発生して境界面がへこんでいる

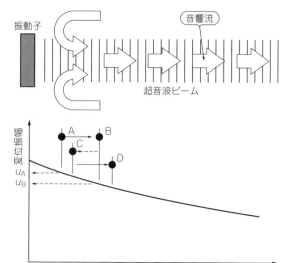

図2　音響流の起きるメカニズム
A点にあった媒質粒子は, 超音波の半周期でB点まで変位する. B点では振動変位が小さいので, 次の半周期ではC点までしか戻らない. そして次の半周期ではD点まで変位する. これを超音波の周波数で繰り返すと, 媒質粒子は少しずつ伝搬方向に移動することになる

せんが, この場合は超音波の進む方向と逆向きの音響放射力が発生して境界面が振動子のほうにへこんでいます.

● 放射力の向きはエネルギー密度で決まる

図1のような完全反射か完全吸収の場合, 物体の裏側に超音波はなく, 物体の手前の超音波が強いので, 物体を押す方向に音響放射力が発生します.

ところが, 写真2のような水-油の境界面の場合, 超音波はこの境界面を透過し, 一部は反射します. このとき, 超音波の強さを音速で割った量であるエネルギー密度を比べると, 油のほうが大きな値になります. このため油側から水側に力が働きます.

つまりエネルギー密度の大きいほうから小さいほうに力が働くわけです.

● 音響放射力の応用

音響放射力を使うと, 離れた場所に力を起こすことができます. これはいろいろな応用がありそうです.

実際, 超音波医用診断では, ビーム状の超音波を送信して体の中の臓器に変形を起こし, その変形量を超音波パルス・エコー法で測定したり, 変形が横波として伝わる速さを測定したりして, 組織の硬さを評価するエラストグラフィという技術が実用化されています. 病変した組織は硬さが変わるので, それを診断に用いているのです.

音響流…超音波で流れが起きる

超音波は, 媒質の振動が伝わる現象です. 媒質の各点の時間平均した位置は動かず, その場にとどまります（第1章を参照）.

実はこれは小さな音を仮定した近似であって, パワー超音波の世界ではこの仮定は破綻します. 水中で強いビーム状の超音波を送信すると, その伝搬方向に沿って水が流れるのがはっきり観測できます. これを音響流と呼びます.

● 媒質の振動振幅が大きいとどうなるか

図2のように, 振動子からビーム状に超音波が送信されており, 伝搬するにしたがって強度が落ちていく場合を考えます.

このとき, A点にあった媒質粒子は, 超音波の半周期でB点まで変位したとします. すると, A点ではu_Aという振動変位をもっていたのに, 変位した先のB点では変位はu_Bと小さくなっています. すると, 次の半周期ではC点までしか戻りません. その次の半周期ではD点まで変位します. これを超音波の周波数で繰り返すと, 媒質粒子は少しずつ伝搬方向に移動していきます.

これが音響流のメカニズムのおおざっぱな説明です.

● 洗浄器の中でも音響流

図2のようなビーム状の超音波でなく, 定在波になっている場合も, 音圧の節と腹の間で循環的な流れが起きます. 超音波洗浄器の中でも水の流れが起きています.

● 音響流の応用

まだ研究レベルのものが多いですが, ファンのない送風デバイス, 基板上の微小流路に試薬を流す音響流体デバイスなどがあります.

パワー超音波の性質…媒質の非線形特性

いわば交流から直流が発生する音響流は, 非線形現

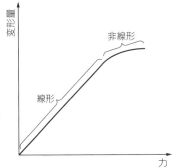

図3 媒質の弾性の非線形
強い超音波では，空気や水などの媒質は線形でなくなる

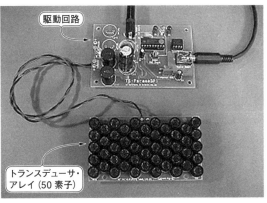

駆動回路

トランスデューサ・アレイ（50素子）

写真3[(1)] パラメトリック・スピーカ・キット
秋月電子通商で販売されているトライステート社の製品

象です．これは超音波の媒質の運動がそもそも非線形であって，弱い音を扱う場合では現象を近似的に線形方程式で表しているに過ぎないことを意味しています．

　一方，強い超音波の非線形な性質は，媒質の弾性の非線形性も原因になっています．弱い音では空気や水などの媒質のばね性を線形と仮定しています．つまり，加えた力と変形量が比例関係にあると考えています．しかし，この仮定も強力な超音波を出すと破綻します．

● 弾性の非線形性

　音圧が小さいときには，空気や水などの媒質は線形と考えられます．加わる力と変形量（応力とひずみ）は比例します．

　ところが，強い超音波の場合，**図3**のように比例関係からずれてきます．音圧波形の正の半周期と負の半周期でもその特性が変わります．

● 波形のひずみの発生

　その結果，正弦波を送信したつもりでも，超音波が伝搬していくにつれて，音圧波形がひずんできます．こうなると送信した周波数の高調波が発生します．

　高調波成分を積極的に使って超音波医用画像のクオリティを上げることに応用されています．ハーモニック・イメージといわれる技術です．また，生体組織の非線形性から診断を行う手法も研究されています．

　一方，非破壊検査では，見つかりにくい閉じてしまった割れ目が高調波や低調波を発生することなどが注目されています．

パワー超音波の応用1…パラメトリック・スピーカ

　非線形性の応用として，超指向性スピーカがあります．これは超音波を用いて，可聴域で指向性の非常に鋭いスピーカを実現するもので，パラメトリック・スピーカとも呼ばれます．

　写真3のようなキットが販売されているので[(1)]，ご存じの方も多いでしょう．40 kHzのセンサ用トランスデューサを50〜100個並べてビーム状の超音波を空中に発生させます．

　動作原理を**図4**に示します．以下に順を追って説明します．

● 可聴音で振幅変調した超音波を送信

　40 kHzの搬送波を可聴音で振幅変調します．可聴音が1 kHzだとすると，搬送波に加えて39 kHzと41 kHzに側波帯（サイドバンド）が発生します．これをトランスデューサに加えて送信します．

　一般に波長の10倍程度の音源の大きさがないと鋭い指向性は出ません．可聴周波数では巨大なスピーカが必要ですが，送信する変調波は波長の短い超音波なので10 cm四方程度の大きさでも鋭いビーム状に送信されます．

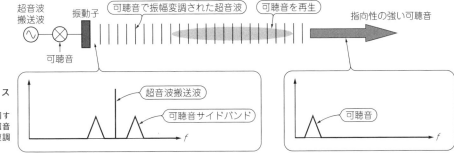

図4 パラメトリック・スピーカの原理
搬送波を可聴音で振幅変調する．振幅変調された強い超音波は，空気の非線形性で復調され，可聴音が再生される

超音波搬送波　振動子　可聴音で振幅変調された超音波　可聴音を再生　指向性の強い可聴音

可聴音

超音波搬送波　可聴音サイドバンド　f

可聴音　f

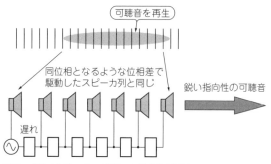

図5 パラメトリック・スピーカの動作モデル
可聴音がにじみ出てくる領域は直線状に広がる。また，位置に応じて超音波の伝搬時間だけ遅れ，伝搬時間に相当する位相差が生じる。この位相差により，指向性が出る

● 空気の非線形性で復調

通信機器での振幅変調の復調には，ダイオードのような非線形素子を使います。

振幅変調された強い超音波は，空気の非線形性で復調され，可聴音が再生されるはずです。つまり，超音波の伝搬経路上に可聴音がにじみ出てくる領域が直線状に広がります。

● 伝搬に伴う遅延と指向性

にじみ出た可聴音は，位置に応じて超音波の伝搬時間だけ遅れています。これは図5のように多数のスピーカが空中に1列に並んでいるのに似ています。しかもそのスピーカの間には伝搬時間に相当する位相差が与えられています。つまり，スピーカの配列方向に指向性が出る位相差になっており，これはエンドファイアのアレイとして動作します。

● 使い方

超音波は空中での減衰が大きいので遠方では消えてしまいますが，発生した可聴音は鋭い指向性をもって遠方まで伝わります。つまり，パラメトリック・スピーカでは超音波によって十分寸法の大きな可聴音の音源を作ったことになります。

このように超音波が減衰した部分で使うのがパラメトリック・スピーカの本来の使い方です。

パワー超音波の応用2…超音波霧化器

超音波で数 μm 程度の直径の霧を作るのが超音波霧化器です。加湿器といったほうがなじみ深いかもしれません。

この現象は加湿器以外に医療吸入器にも利用されています。温度を上げずに微細な霧にすることができるので，薬剤にとっては都合が良いのです。

● 水面での霧化

水中から水面に向けてMHz帯の超音波を送信すると，図6のように音響放射力で水面がもち上がって水柱ができます。さらに超音波を強くすると，超音波が表面張力に打ち勝って，水柱の先端から霧化が起きます。

振動子はPZT素子(第2章の図8の構造)が使われます。周波数は1.6 MHzか2.4 MHzがよく使われています。

効率良く霧化を起こすには，最適な水深があります。写真4のように電源を入れればすぐに霧化が始まります。

● 周波数を高くすると粒径が小さくなる

霧化された微小な水滴の直径は超音波の周波数によって変わります。周波数が高いほど直径が小さくなります。MHz帯では数～$10\mu m$と大変小さく，空中を漂ってなかなか落ちてきません。粒径が小さいと体積に比べて表面積が大きいので，すぐに気化してしまいます。このため加湿器に適しています。

● 霧化器の回路

霧化器用の振動子の駆動には，通信機の水晶振動子発振回路に用いられる自励式がよく使われています。低コストな構成のうえ，振動子の共振周波数で発振するからです。

水柱の先端からの反射波が振動子に戻りますが，水柱は暴れるので，振動子の共振周波数やインピーダンスも変動します。これに追従して発振するように調整する必要があります。また，振動子を少し傾けて，水柱の暴れを抑え，また，反射波の影響を減らすような工夫がなされています。

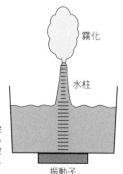

図6 超音波霧化の動作
水中から水面に向けてMHz帯の超音波を送信すると，音響放射力で水面がもち上がって水柱ができる。さらに超音波を強くすると，超音波が表面張力に打ち勝って，水柱の先端から霧化が起きる

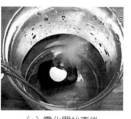

（a）霧化開始直後

（b）数秒後

写真4 霧化のようす

パワー超音波の応用3…加工機

固体の強力な超音波振動を使う応用は枚挙にいとまがありません．超音波加工が代表的な例です．

固体応用では，主に20〜数十kHzの振動が使われ，振動源はボルト締めランジュバン振動子（BLT：Bolt-clamped Langevin Type Transducer）です．これらの実例は工場内にあることがほとんどなので，なかなか目にすることはできません．

● 超音波プラスチック接合

超音波振動でプラスチックとプラスチックをくっつけるのが超音波プラスチック・ウェルダです．

2つのプラスチック部品を重ね合わせて超音波振動を加えると，あっという間に接合されます．

生産現場で小さなものから大きなものまで，接合用途に多く使われています．競泳用水着やスキーウェアなどで，縫い目なく生地をつなげる応用もあります．

● 超音波ホチキス

プラスチック接合の1つで，目にしやすいものに超音波ホチキスがあります．スーパーマーケットのお総菜売り場で，透明なプラスチック容器を閉じるのに使われています．

図7のように，通常のホチキスのような形に仕上げられています．振動源として数十kHzのBLTを用い，適切な振動変位拡大と振動方向の変換の機構が組み込まれています．写真5のように，2つの薄いプラスチックを重ねたものをはさむと1秒程度でくっつき，引っ張ってもはがれません．

超音波ホチキスは数万〜10万円でネット販売でも入手できます．

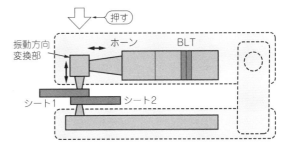

図7 超音波ホチキスのしくみ
通常のホチキスのような形をしている

● 超音波カッター

ホビー用として超音波カッターが数万円で売られています．これは超音波振動子の先にカッターの刃をつけたもので，プラスチックや厚紙などをきれいに切ることができます．

日常生活でモノを切るときには刃物を前後に動かすと思います．超音波振動を刃先に加えるということは，この前後の動きを1秒間に数万回も行うことになり，そのことによって切れ味よく切断します．

刃先が40kHzで30μm（peak-to-peak）で振動すると，1秒間に延べ2.4m往復運動したことになります．

● 多彩なパワー超音波の応用

ここで紹介したパワー超音波の応用は，そのほんの一端です．化学反応の促進や物質の分解などにも使われています．また，本来混じりにくい水と油を混ぜて乳化させる手段として重要なツールです．

一方，歯科での歯垢とり，白内障手術のメスをはじめ，前立腺がん治療まで，医用分野でのパワー超音波応用も広がりをみせています．

◆参考・引用*文献◆
(1) 秋月電子通商のWebページ．
https://akizukidenshi.com/catalog/g/gK-02617/

   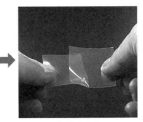

① 重ねる　② はさんで超音波ON　③ 接合完了！　④ 強度十分

写真5 超音波を使ったビニールシートの接合

第2部

超音波を試せる
My実験ラボ

シンプル超音波の測定器& 等価回路

中村　健太郎　Kentaro Nakamura

超音波を扱うにはどの測定器が必要でしょうか.

本格的な実験を行うには，信号源のファンクション・ジェネレータ，パワー・アンプ，振動子の電流を測定する電流プローブ，超音波を測定するのに，空中なら計測用コンデンサ・マイクロホン，液体の中ならハイドロホン，固体振動ならレーザ・ドップラー振動計が必要です．トランスデューサの評価のためのインピーダンス・アナライザも欲しくなります．空中なら適当な吸音材，水中なら水槽も必要です．

しかし，これらプロの装備はなくても，身近なものでそこそこの実験ができるのが超音波の良いところです．本章では，なるべく手軽に準備できる方法を目的ごとにまとめます．また，電気等価回路の考え方と回路シミュレータの利用についても述べます．

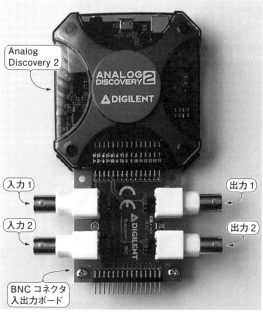

写真1　超音波はUSB接続の測定ツールAnalog Discoveryを使えば測れる
Analog Discovery 2（Digilent）にBNCコネクタ入出力のボードを装着したもの．USBでパソコンに接続して使う．ファンクション・ジェネレータの機能もあるので，これだけで信号発生と観測ができる

図中ラベル：
Analog Discovery 2
入力1
入力2
出力1
出力2
BNCコネクタ入出力ボード

基本の測定器…オシロスコープ

● 波形を見たい

空中超音波のユニットを買って，マイコンにつなげれば，すぐに距離を測定できます．しかし，これって超音波の実験でしょうか．

超音波の部分はブラックボックスになっているので，マイコンの練習問題です．超音波そのものを見るという前提では，やはり波形を観測するオシロスコープが欲しいところです．

● USB接続のオシロスコープで十分

超音波の実験のためのオシロスコープは，USBでパソコンに接続するような安価なもので十分です．

通常の超音波の実験では，空中で数百kHz程度まで，液体の中や固体の中の測定で10MHz，固体のパワー応用で100kHzまでが測れればよいので，数十MHzのアナログ帯域があればまずは十分です．パルス・エコー法の距離測定では，時間分解能やメモリ長が欲しくなることがあるかもしれませんが，初めは手元にあるもので進められます．

例えば，**写真1**に示すAnalog Discovery 2（Digilent）ならば，ファンクション・ジェネレータの機能もあるので，これだけで信号発生と観測ができます．

もちろん，デスクトップのディジタル・オシロスコープでも，古いアナログ・オシロスコープでもかまいません．

空中の超音波の測定

● 計測用マイクは1/4インチか1/8インチを使う

各社から販売されている計測用コンデンサ・マイクロホンは，1/2インチとか1/4インチとか直径によってラインナップされています．

コンデンサ・マイクロホンの感度が一定となる上限周波数は，振動膜の共振周波数で決まります．直径が

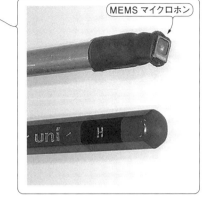

写真2 計測用マイクロホン風にしたMEMSマイクロホン
アルミ・パイプの先にMEMSマイクロホンをつけている

大きいと感度が高いですが，共振周波数が低くなり，測定できる周波数の上限が低くなります．このため，1/2インチ型では超音波に対応できません．超音波では，1/4インチか1/8インチを使います．

計測用コンデンサ・マイクロホンは，1本ごとに校正表が付いており，音圧の絶対値を測定できます．しかし，ちょっと測定するというには高価です．

● **MEMSマイクロホンの利用**

上限周波数が60 k～80 kHzのMEMS（Micro Electro Mechanical System）マイクロホンが入手できます．

音圧の絶対値を知るための感度は，取りあえずカタログを信じることになります．感度の個体差があるので，本来は，感度が既知の1/8インチ・マイクロホンなどとあらかじめ比較してから使うべきです．

指向性の形状だけを知りたい場合や，およその音圧が知りたい場合は，MEMSマイクロホンで十分です．ただし，高強度の超音波を測定するには感度が高すぎ，出力が飽和するか壊れてしまうので，注意が必要です．

また，数十kHzでは小さいMEMSマイクロホンといえども指向性が出てきます．

アルミ・パイプの先にMEMSマイクロホンをつけて計測用マイクロホン風にした例を**写真2**に示します．素子は熱収縮チューブでアルミ・パイプからは浮いていて，振動が伝わらないようにしています．

● **マイクロホンの感度**

マイクロホンの感度は［V/Pa］か［dB］で記載されています．例えば10 mV/Paであれば，1 Paの音圧で10 mVの電圧が出力されるという意味です．

また，−40 dB［re 1 V/Pa］というような書き方がされている場合もあります．これは「1 Paの音圧で1 Vを出力するときを0 dBとして，このマイクロホン

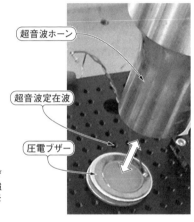

写真3 圧電ブザー素子による高強度空中超音波のモニタリング

は−40 dBです」という意味です．−40 dBは電圧比で1/100ですから，1 Paで10 mVという感度です．

● **強い超音波なら圧電ブザーでも検出可能**

定在波による小物体の浮揚（第4章を参照）などは，**写真3**のように，床面表面に圧電ブザー素子を，圧電セラミックスの面を表にして両面テープでとめておくと，オシロスコープで十分観測できる出力電圧が得られます．この出力電圧が大きくなるように，振動子と床面の距離を調整し，定在波をたてます．

また，アレイによって集束した超音波なども観測可能と思われます．

水中の超音波の測定

● **水中での測定にはハイドロホンを使う**

水中用マイクロホンはハイドロホンと呼ばれます．圧電素子を防水樹脂で保護した構造のもので，数十kHzまで測定できる直径10 mm程度のものと，数MHz～20 MHzを上限とする直径0.5 mm～1 mmのニ

31

ードルホンと呼ばれるものが市販されています.

製品ごとに感度校正表が付属しており，数十万円と高価です.

● ハイドロホンは自作可能

数mmの圧電素子片でハイドロホンを自作できます. 圧電素子に細いシールド線を付け，素子の周囲をシリコン系やゴム系の接着剤で包めば完成です.

数十kHzまでは十分実用になると思いますが，感度は測定しないと定められません. ハイ・インピーダンスですので，シールド線はあまり長くできません. 必要に応じてJFETのソース・フォロワやOPアンプのバッファを使います.

写真4は，厚さ3.5mmの円板素子からダイシング・ソーで切り出し，細い同軸ケーブルをはんだ付けしたものです. この上に防水処理をします. 各種センサや加湿器，洗浄器などのジャンク品から取り外した圧電素子を細かく割るなどしてもよいですが，電極がとれてしまった場合は導電性ペイントや導電性接着剤でリード線を付けます.

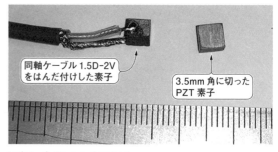

写真4　自作したハイドロホン
3.5mm角に切ったPZT素子(右)と同軸ケーブル1.5D-2Vをはんだ付けした素子(左)

遮ってフォトダイオードで受光するか，フォトダイオードの受光面のエッジにスポットを当てるなどすると振動に応じた受光電流が出力されます.

図1(b)の透過構成では，振動体自体が動くナイフ・エッジのようになっています. このような簡易な構成でも，対象が振動していない状態でマイクロメータ付きステージなどで対象を振動方向に動かし，移動量と受光量の関係を調べておけば，そこそこ定量的に振動振幅の測定ができます.

● 方法3：プラスチック光ファイバを使った振動計

直径1mm程度のプラスチック光ファイバ(POF：Plastic Optical Fiber)は，エスカ(三菱ケミカル)などが比較的入手容易です. これを2本使うと図2のような振動計を作ることができます.

照射用POFには高輝度LEDなどから光を入射します. 2本のPOFの端面を測定したい振動面のそば1mmくらいに垂直に近づけます.

POFから出た光は角度60°くらいで広がりますが，受光用POFの受光範囲も同様なので，測定面での両者の重なり部分の光が受光用POFに入ります. これをフォトダイオードで検出します.

測定面とPOF端面の距離xを変えると受光量が変わり，距離が数mmのところにピークをもちます. 前方スロープの傾きが一定の部分を使います.

図1と図2の方法は光の強度を使うものなので，校正が必要です. また，傾きにも応答してしまうところが欠点です. 高周波の超音波ほど変位が小さいので，変位測定であるこれらの方法は感度が不足してきます.

振動の測定

● 正確な振動測定にはレーザ・ドップラー振動計を使う

どれくらい振動しているのかを知りたいことは多いでしょう. しかし，正確な振動測定法の多くは光の干渉に基づいているので，一般に高価です. その代表がレーザ・ドップラー振動計です. これがあれば一番ですが，ここではいくつかの代替手法を紹介します.

● 方法1：光学顕微鏡で振動を見る

数十kHzのパワー超音波の振動系は，数十μmの振動振幅をもっているので，光学顕微鏡で見えます.

振動系の小さな傷や端部に焦点を合わせて観測すると，振動させたときには傷や端部がボワーッと広がるので，その広がりを見れば振動変位振幅をp-p値で測定できます. あらかじめ顕微鏡用のスケールか寸法のわかったものを参照しておきます. 原始的な方法ですが，直観的で案外間違いのない方法です.

また，振動が直線的でなく，楕円軌跡を描くような振動系の場合，その軌跡がそのまま観測できる点も優れています.

● 方法2：レーザ・ポインタとフォトダイオードによる測定

レーザ・ポインタとフォトダイオードを使って，図1のような構成で振動が測れます.

図1(a)の反射構成では，物体が振動すると反射光のスポットが移動しますので，ナイフ・エッジで半分

● その他の振動測定法

被測定物が金属であれば，静電容量方式や渦電流方式も自作が可能な非接触の振動測定法といえます. また，レコード針は数十kHzの振動なら，感度はともかく，なんとか応答します. 接触方式ではありますが，たわみ振動の分布測定などには利用可能です. ただし，周波数によって感度が大きく変わると思われます.

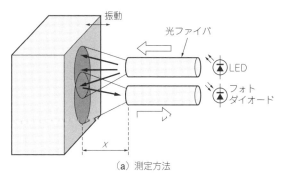

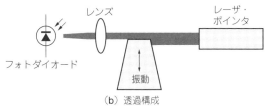

（a）測定方法

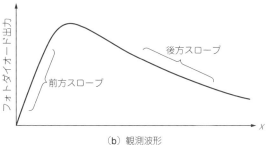

（b）観測波形

図2 プラスチック光ファイバ使う振動測定
照射用POFから出た光を受光用POFで受けて，フォトダイオードで検出する．振動により受光量が変化することを利用する

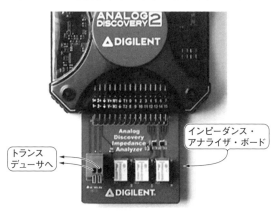

図1 レーザ・ポインタとフォトダイオードを使う振動測定
物体が振動すると反射光のスポットが移動することを利用する

トランスデューサの測定

超音波応用で使う圧電振動子は，計測用かパワー用かによって違いはありますが，電気端子から見ると多かれ少なかれ共振特性を示します．これを観測するとさまざまなことが見えてきます．

● アドミタンスの周波数特性

可聴域のスピーカのような電磁誘導に基づくトランスデューサは，振動速度と電圧が比例するのでインピーダンスに着目します．一方，超音波でよく使う圧電トランスデューサでは振動速度と電流が比例するので，アドミタンスを表示するほうがわかりやすいです．

● 測定

アドミタンスの周波数特性の測定には，インピーダンス・アナライザが使われます．Analog Discovery 2であれば，**写真5**の専用ボードを接続することでインピーダンス・アナライザとして動作します．

インピーダンス・アナライザ用ボードがない場合やそのほかのオシロスコープでは，**図3**のように直列に小抵抗Rを入れて電圧V_{CH1}とV_{CH2}を測り，チャンネル間の差を観測し，電流，

$$I = \frac{V_{CH1} - V_{CH2}}{R} \cdots\cdots\cdots\cdots\cdots (1)$$

と電圧V_{CH2}の波形を観測して，周波数を変えながらアドミタンスの大きさと位相を測定します．グラウンド側に電流測定用の抵抗を入れてもよいですが，振動子のグラウンド側が筐体につながっていることも多く，問題が起きることがあります．

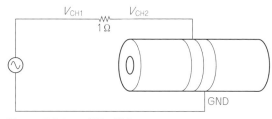

図3 アドミタンス特性の測定

写真5 Analog Discovery 2に装着したインピーダンス・アナライザ・ボード

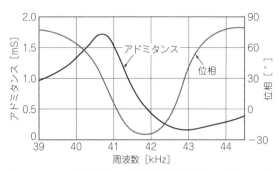

図4　40 kHz 空中超音波センサ素子の共振付近のアドミタンス特性例
圧電トランスデューサに共通する共振特性を示している．周波数を上げていくとアドミタンスは極大と極小を示し，位相が90°付近から急激に下がり，一度マイナスになってから再び90°近くに戻る

● **共振付近のアドミタンス**

40 kHz 空中超音波センサ素子について測定を行った結果の例を図4に示します．

圧電トランスデューサに共通する共振特性を示しています．周波数を上げていくとアドミタンスは極大と極小を示し，位相が90°付近から急激に下がり，一度マイナスになってから再び90°近くに戻ります．

アドミタンスの大きさが極大になる周波数を共振周波数，極小になる周波数を反共振周波数と呼びます．

一方，この共振周波数よりわずかに高い周波数でアドミタンスの実部が極大を示します．これは機械的な共振周波数で，定電圧駆動の場合はこの周波数で振動速度が大きくなります．

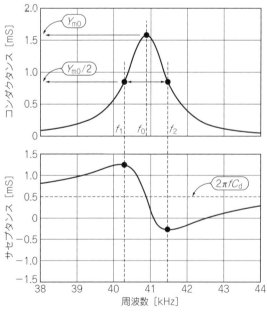

図6　図4をサセプタンスとコンダクタンスで表示したもの
コンダクタンスが極大となる周波数f_0が機械的な共振周波数

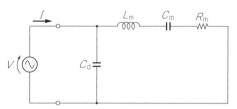

図5　圧電トランスデューサの電気等価回路
アドミタンス特性を示す電気回路

回路シミュレータ利用のために… 電気等価回路の考え方

● **電気等価回路**

図4のアドミタンス特性を示す電気回路として図5を考えます．これを電気等価回路と呼びます．

圧電トランスデューサは，圧電材料の両端に電極がついた構造をしています．数MHz以下の応用では圧電材料にはチタン酸ジルコン酸鉛（PZT）が多く用いられています．この構造はセラミック・コンデンサと同じです．このキャパシタ分を制動容量といい，C_dで表します．

一方で，PZT素子は圧電性によって機械的に変形し，その共振周波数でよく振動します．圧電材料は変形すると（ひずむと）電荷が流れ込みます．つまり振動速度は電流と比例関係にあります．共振してよく振動する周波数では，それに応じて電流が多く流れます．これをLCR直列共振回路で表現しています．

● **トランスデューサの電気特性評価**

図4をアドミタンスの実部（コンダクタンス）と虚部（サセプタンス）で描き直したのが図6です．コンダクタンスが極大となる周波数f_0が機械的な共振周波数です．

$$f_0 = \frac{1}{2\pi\sqrt{L_m C_m}} \cdots\cdots\cdots\cdots\cdots (2)$$

コンダクタンスの極大値をY_{m0}とします．サセプタンスが極大，極小を示す周波数をそれぞれf_1とf_2とすると，これらの周波数ではコンダクタンスが共振周波数のときの1/2倍になっています．$Q > 10$の振動子では，

$$Q = \frac{f_0}{f_2 - f_1} \cdots\cdots\cdots\cdots\cdots\cdots (3)$$

と共振のQ値を計算できます．空中超音波センサ素子ではQ値は30程度ですが，パワー超音波用のボルト締めランジュバン振動子（BLT：Bolt-clamped Langevin Type Transducer）では数百以上です．BLTに金属ホーンなどを接続した状態では1000を超える場合もよくあります．

これに対し，非破壊検査用のトランスデューサは短いパルスを送受信するために，バッキングなどの構造（第2章参照）によって共振はかなり抑えられています．

column▶01 質量はインダクタで？電気系と機械系の対応

中村 健太郎

圧電トランスデューサでは電圧Vを力Fに，電流Iを速度vに対応させるので，質量はインダクタで，弾性けキャパシタで，機械抵抗は電気抵抗で置き換えています．機械系の運動と電気回路は異なる物理現象ですが，$V \to F$，$I \to v$の置き換えをすると，数学的な表現は同じになるからです．つまり，運動方程式はインダクタの式，ばねの式はキャパシタの式と同じ形をしています．

機械抵抗を速度に比例する流体抵抗のようなものとすると，電気系のオームの法則に対応します．これらの対応を**表A**に示します．

表A 機械系と電気系の対応関係

対応	機械系	電気系
①質点とインダクタ	$F = m\dfrac{dv}{dt}$	$V = L\dfrac{dI}{dt}$
②ばねとキャパシタ	$F = \dfrac{1}{c_m}\int v\,dt$　$c_m = 1/k$	$V = \dfrac{1}{c}\int I\,dt$
③ダンパと抵抗	$F = \mu v$	$V = RI$

● **機械系・音響系の表現**

図5の等価回路のL_m，C_m，R_mは何を表しているのかを考えます．

圧電トランスデューサでは電流と振動速度vが比例することから，係数Aを使って，

$$I_m = Av \cdots\cdots (4)$$

と書けます．I_mは全電流IからC_dに流れるものを位相も考えて差し引いたもので動電流と呼ばれます．これがL_m，C_m，R_mに流れる電流です．

式(4)はトランスの1次側と2次側の電流の比に相当する関係です．ただし，2次側の電流が振動速度vになっています．これを考慮すると**図5**の等価回路は**図7**のように書き換えられます（コラム1参照）．

● **機械系における回路要素**

係数Aはトランスの巻き線比に相当するので，**図7**の回路におけるl_m，c_m，r_mは，**図5**の回路におけるL_m，C_m，R_mと以下の関係があります．

$$l_m = A^2 L_m \cdots\cdots (5)$$
$$c_m = C_m/A^2 \cdots\cdots (6)$$
$$r_m + r_a = A^2 R_m \cdots\cdots (7)$$

ここで，l_mを等価質量と呼びます．c_mはトランスデューサの弾性を代表しています．r_mは振動の機械抵抗分です．r_aはトランスデューサに加わっている音響負荷で，放射インピーダンスともいいます．

音響負荷に加わる力F_aは，放射面で発生する音圧と放射面積の積です．負荷が重たくなって振動しなくなった場合（$v=0$）は$F_a = F$となり，開放電圧に相当する発生力Fが出力に現れます．

発生力Fは印加電圧Vとの間で，

$$F = AV \cdots\cdots (8)$$

の関係があります．このことからAは力係数と呼ば

れています．

霧化用振動子を空中に置いた場合や，BLTなどのパワー用振動子の出力面に何も接続しないときは無負荷なので$r_a = 0$となり，空振り状態です．電気等価回路では出力短絡になり大きな電流が流れます．すなわち振動しすぎて壊れる危険性が大きいです．駆動回路で電流制限をかけることが必要です．なお，周りには空気があるわけですが，水中用や固体用の振動子にとって空気負荷では軽すぎて，ほぼ無負荷というわけです．一方，空中用トランスデューサも周囲を真空にすればインピーダンスが下がります．

● **電気等価回路で表す利点**

電気等価回路で表すことで，トランスデューサの定量的な評価ができます．同じ形状・材料の振動子であればl_mやc_mの個体差はほとんどありません．Aの値も圧電セラミックスの圧電定数はそれほどばらつかないので大きく変わらないはずです．すなわちL_mやC_mはそれほどばらつかないので，これらの値が異常値を示したら壊れている可能性が高いです．

一方，機械損失の値を一定に製造するのは難しく，Y_{m0}やQ値は同じ型番の製品でもかなりばらつくものです．制動容量C_dが異常値を示す場合も圧電素子が

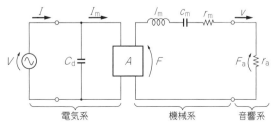

図7 機械系・音響系を考えた電気等価回路

column 02　振動子用クランプ式電流プローブの自作

中村　健太郎

　本文では，小抵抗を挿入して振動子の電流を測定する方法を解説しました．配線を切らずに電流を測定するには，クランプ式の電流プローブを使います．これはフェライト部品を使って自作できます．

　電線を切らずに測るために，電源ケーブルにノイズ防止のために付加されている**写真A**に示す割りの入ったフェライトを使います．これを開いて**写真B**に示すように，20回細いビニル被覆線を巻きます．電流を測定したいケーブルにかぶせてカチッと閉じれば完了です．

写真A　ノイズ防止用フェライト

20回巻き

開いた状態

写真B　自作したクランプオン電流プローブ

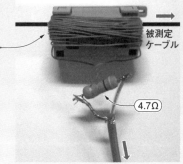

被測定ケーブル

4.7Ω

オシロスコープへ

水面

水

PZT素子

図8　水面に向かって MHz 超音波を放射したモデル
水槽の底面に設置した 1.7 MHz の超音波振動子から水面に向けて超音波を放射する

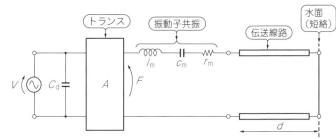

トランス　　振動子共振　　伝送線路　　水面（短絡）

V　C_d　A　F　l_m　c_m　r_m　d

図9　図8の等価回路モデル
振動子の出力から水中を伝搬する部分を伝送線路でモデル化したもの

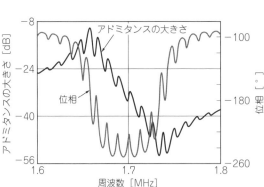

アドミタンスの大きさ

位相

図10　SPICE によるアドミタンスの計算結果
実測で観測される小さなリプルや，水面が暴れて振動子の電気アドミタンスが変動することを再現できる

● 水中から水面へ超音波を照射するモデル

　図8のように，水槽底面に設置した1.7 MHzの超音波振動子から水面に向けて超音波を放射したときの等価回路モデルを**図9**に示します．水中を伝搬する部分を伝送線路でモデル化しています．伝送線路のインピーダンスや伝搬定数を媒質の水に合わせて設定します．

　水面は音響的には自由端で，力（＝電圧）がゼロですから，電気的には開放端です．超音波が広がったり，水面の波で乱反射して失われる成分もあり，それを伝送線路の損失を適当に入れて簡易的に表しています．

　回路シミュレータSPICEによる計算結果は**図10**のとおりです．実測で観測される小さなリプルが再現されています．また，伝送線路の長さ（水面までの距離）を変えると特性が動きます．水面が暴れて振動子の電気アドミタンスが変動することを再現できます．駆動回路までモデル化すれば，回路シミュレータを使う利点はより広がります．

壊れています．音響負荷の部分も電気回路でモデル化すれば，回路シミュレータで動作解析できます．

超音波マイク×ラズパイ Picoで作る周波数測定器

鮫島　正裕 Masahiro Sameshima

　入手しやすい超音波対応マイク・モジュール・キット［AE-SPH0641LU4H（秋月電子通商）］を使って，人には聞こえない80 kHzの犬笛の周波数を調べられる測定環境を作ってみます．スペクトラム・アナライザはtinySA（スイッチサイエンス受託販売商品）を使用し，MEMSマイクへのクロック供給とPDM（Pulse Density Modulation）信号のアナログ変換は，ラズベリー・パイ Pico（以降Pico）のGPIO機能と簡易フィルタを使います．

入手しやすい 超音波対応マイク・モジュールを使う

● 特徴

　AE-SPH0641LU4Hは，超小型シリコン・マイクロホン SPH0641LU4H（ノウルズ・エレクトロニクス）を

（a）超小型シリコン・マイクロホン SPH0641LU4H を実装

（b）裏面

写真1　入手しやすいモジュール基板を使う（AE-SPH0641LU4H，秋月電子通商）

実装したマイク・モジュール基板です．写真1に外観を示します．電源，グラウンド，クロック，データ出力の4本の端子をもっています．音声はPDMで出力されます．ここからアナログ出力を得るには，マイク・モジュールにクロックを供給して動作させ，マイクのPDM出力をフィルタを通してアナログ出力します．

● 超音波対応モードで動作させる

　超音波対応モードで動作させるためには，通常動作モードを経由して状態遷移させる必要があります．図1がデータシートに記載されている動作モードの状態遷移図です．電源を投入すると，スタンダード・パフォーマンス・モードに遷移します．

　動作条件は，供給クロック周波数を1.024 MHz～2.475 MHzにします．50 msの起動時間後，動作が安定したのちに周波数を3.072 MHz～4.8 MHzに切り替えます．するとウルトラソニック・モードに遷移します．

　データシートの注意事項のところに，「いきなりウルトラソニック・モードで電源投入するのはダメ」と書いてあります．

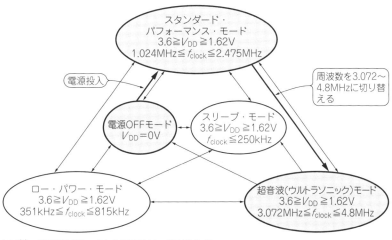

図1[1]　超音波対応マイクを超音波モードで動かす
SPH0641LU4Hの状態遷移．電源ONでスタンダード・パフォーマンス・モードを経由してウルトラソニック・モードに遷移させる

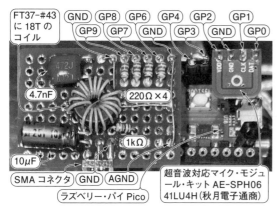

写真2　AE-SPH0641LU4H をラズベリー・パイ Pico に接続
GP2で電源供給, GP1でクロック, GP0でPDMデータ読み出し

ラズパイPicoまわりの回路

● Picoでマイクの電源とクロックを供給する

写真2に示すように, マイク・モジュールをPicoに取り付けます. 図2に回路構成を示します. PicoのI/O端子GP0をマイクのデータ入力に, GP1をクロック出力に, グラウンド, GP2を "H" 出力にしてマイク・モジュールの電源にします.

Picoのロジック出力電流は, 標準設定で4 mA流せるので, マイク・モジュールのウルトラソニック・モードの消費電流1 mAをまかなえます.

マイク・モジュールへのクロックの供給と, フィルタのドライブ回路をPicoのステート・マシンで実装します. PicoのMicroPythonのコードをリスト1に示します.

● GPIOのステート・マシンで2周波数のクロック発生器

GP3を外部入力にして, GP3が "L" のときはGP1から2.25 MHzのクロック, GP3が "H" のときはGP1から4.5 MHzのクロックが出力されます.

リスト1の13行目からがGPIOのステート・マシンの定義です. GP3の入力をpin変数で参照して, 条件分岐命令で次の命令をスキップするか, しないかで, 周波数を切り替えています. GP1のクロック出力はsidesetで出力しています.

MicroPython側からの周波数の切り替えは, GP4を電源起動時に "L" にし, sleepで秒数指定して待ったのちにGP4を "H" にします. GP4とGP3を外部でジャンパ線で接続しておくことで, ジャンパ線を接続変更することで周波数切り替えも可能にしています.

● マイクのPDM出力をバッファしてフィルタに出力

マイク・モジュールのPDM出力は, いったんPicoのGP0入力で受けて, 別のポートから出力します. 今回は音声出力をスペクトラム・アナライザの50 Ω入力で受けるため, それなりのドライブ能力が必要です.

図2にフィルタ回路を示します. 100 µHと4.7 nFのLCフィルタにしました. 100 µHはFT-37の#43のコアに巻き線を18回巻いて, 約100 µHにしています.

10 µFでDCカットして出力のSMAコネクタに接続しています. SMAコネクタに負荷がつながっていないときのために, 1 kΩをつないであります.

● バッファ出力はPicoのGP6/GP7/GP8/GP9を並列に

Picoの出力ドライブ電流は, 通常4 mAです. ポート設定によって最大12 mAまで増やせます. これを4ポート並列動作するようにして, 各出力に220 Ωの抵抗をシリーズでまとめて, 55 Ωの出力抵抗にします.

リスト1の21行目からがバッファ用のステート・マシンの定義です. wait文を使ってGP0の入力を待ってsidesetでGP6からGP9までの4ビットを出力しています.

出力電流の切り替えは, ピンのクラスに設定用の定数などが見当たらなかったため, メモリ空間のポート設定レジスタで直接制御しています.

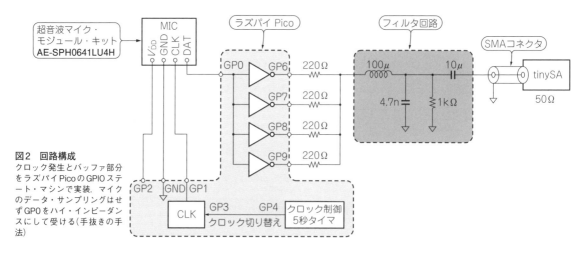

図2　回路構成
クロック発生とバッファ部分をラズパイPicoのGPIOステート・マシンで実装. マイクのデータ・サンプリングはせずGP0をハイ・インピーダンスにして受ける（手抜きの手法）

リスト1 クロックの発生とバッファのプログラム（MicroPython用）

```
1    from rp2 import PIO, StateMachine,asm_pio
2    from machine import Pin
3    import time
4
5    mic_i = Pin(0,Pin.IN,pull=None) #GP0 mic data in
6    mic_p = Pin(2,Pin.OUT)          #GP2 mic power
7    #GP3 #freq ctrl input
8    mic_sw = Pin(4,Pin.OUT)         #GP4 mic freq ctrl
9    for port_num in (6,7,8,9):      #GP6,7,8,9
10     port_addr = 0x4001C004 + (4 * port_num)
11     machine.mem32[port_addr ] = 0x30 #OUTPUT 12mA slow slew
12
13   @asm_pio(sideset_init=(PIO.OUT_LOW),
           set_init=(PIO.IN_LOW)) #mic clock
14   def pulse_out():
15       label("loop")
16       jmp(pin,"loop2").side(0)
17       nop().side(0)
18       label("loop2")
19       jmp(pin,"loop").side(1)
20       jmp("loop").side(1)
21   @asm_pio(sideset_init=(PIO.OUT_LOW,PIO.OUT_LOW,
           PIO.OUT_LOW,PIO.OUT_LOW)) #buffer
22   def invert_buffer():
23       wait(0,gpio,0).side(0)      #input pin 0, output 6,7,8,9
24       wait(1,gpio,0).side(0x0f)
25
26   mic_p.value(1)  # mic power on (4mA default)
27   mic_sw.value(0) # mic frequency ctrl low
28   #mic clock 2.25MHz/4.5MHz
29   sm0 = StateMachine(0, pulse_out,freq=9000000,sideset_base=Pin(1),in_base=Pin(3),jmp_pin=Pin(3))
30   sm0.active(1) #clock start
31   sm1 = StateMachine(1, invert_buffer,freq=125000000,sideset_base=Pin(6))  #buffer
32   sm1.active(1) #buffer start
33   time.sleep(5)
34   mic_sw.value(1) # ultrasonic mode
```

- GP0 マイク入力のプルダウンを OFF
- GP2 マイク電源
- GP4 クロックの周波数制御出力
- GP6. GP7. GP8. GP9 の出力電流を 12mA に変更
- クロック制御のステート・マシン定義 pin =GP3（29 行目で定義）が "L" のときは side 出力を 0. 0. 1. 1 pin が "H" のときは side 出力を 0. 1. 0. 1 と出力する 出力ピンは 29 行目の sideset_base=Pin(1) で GP1 と定義
- 出力バッファのステート・マシン定義 wait 命令で gpio(0)の変化を待って GP6. GP7. GP8. GP9 を出力. 出力ピンのベースは 31 行目で定義
- マイクの電源 ON
- クロック制御出力を "L"（2.25MHz）
- クロック制御のインスタンス化と起動 動作周波数は 9MHz
- 適当な時間（5 秒）スリープ
- クロック制御を "H" にしてウルトラソニック・モードに移行
- 出力バッファのインスタンス化と起動 動作周波数は 125MHz

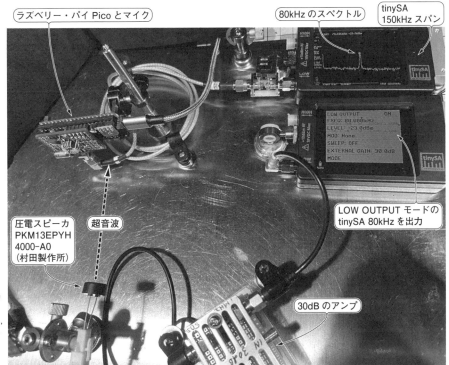

- ラズベリー・パイ Pico とマイク
- 80kHz のスペクトル
- tinySA 150kHz スパン
- LOW OUTPUT モードの tinySA 80kHz を出力
- 圧電スピーカ PKM13EPYH 4000-A0 （村田製作所）
- 超音波
- 30dB のアンプ

写真3 超音波マイクの動作テスト
tinySA を 2 台使って送受信し，80 kHz の超音波が受けられることを確認．圧電スピーカの仕様は 20 kHz までだが，高い音が出た

写真4　実験用に購入した犬笛
高周波と書いてあるが，超音波とは書いていない

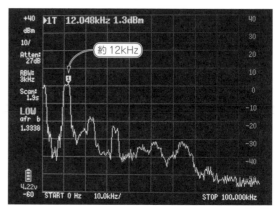

図3　犬笛のスペクトル
吹き方が悪いのかもしれないが，12kHz前後の音で，筆者（人間）にも聴こえる音だった

リスト1の9～11行目がGP6からGP9ポートの出力電流設定です．また，5行目の設定でマイク出力を受けているGP0ポートのプルダウン設定を解除して入力インピーダンスを上げています．これは，マイクの出力がステレオ対応で，クロックのどちらかの期間に出力がハイ・インピーダンスになるので，その期間，前の値を保持させるためです．しっかり設計する場合は，クロック・エッジで，データをサンプリングするべきですが，手抜きになっています．

超音波の送受信動作テスト

● 1台をLOW OUTPUTモードで確認
写真3に示すような動作テストを行いました．

スペアナtinySAを2台用意して，1台をLOW OUTPUTモードにします．出力を30dBのアンプで増幅して圧電スピーカから音を出しています．tinySAの動作仕様では，100kHzからになっていますが，LOW OUTPUTは157Hzから出力が出ました．

● LOW INモードで確認
スペアナ動作のLOW INモードも，100kHz以上が動作仕様ですが，CONFIG→EXPERT_CONFIG→MOREで，AGCとLNAをOFFすることで，100kHz以下の信号の確認に使えるようになります．

写真3は80kHzの超音波で動作テストをしているようです．圧電スピーカの動作仕様は20kHzまでで，途中出力レベルのバタつきはありますが，90kHz

程度まで音を出せました．以下の確認のため，圧電スピーカの出力を指でふさいだり，途中に吸音板を置いたりして，レベルの変化を確認しました．

- 本当に音波が出力されてマイクで超音波を拾っているのか
- 電気的なクロストークで信号が検出されていないか

いざ実験！人間には聞こえない高周波で鳴る市販犬笛で周波数の測定

写真4は実験のため購入した犬笛です．吹いてみたところ，私の耳にもピーっというかチーっというような音が聞こえ，家の猫たちに聞かせてみたところ反応が薄かったです．珍しくもない音だったようです．

tinySAのスペクトルを見ながら，しばらく吹き方の練習をしたかいあって，12kHz前後で安定したスペクトルが出せるようになりました．

パッケージ裏の説明書には周波数の説明はありません．吹き出し口からの気柱共振の長さからすると，λ/4共振での周波数は10kHz～15kHz程度のようです．

図3にうまく吹けるようになったスペクトルを示します．犬笛というのは20kHz以上のイメージだったため，犬笛の超音波を確認できるかを今回の超音波マイク作成の目標にしたのですが，12kHzでは普通のマイクで拾えてしまいます．

20kHz以上の超音波で鳴らせる笛を求めて

● そこで！　高周波コネクタで笛を作ってみる
20kHz以上の超音波が出せそうな笛になりそうな部品を探しました．4mm以下の気柱共振ができそうな精密構造をもった高周波コネクタがありました．

高周波コネクタの同軸ケーブルを圧着接続するところにチューブをつないで空気を送り込む算段で，空気

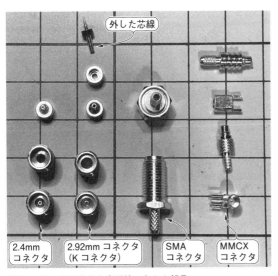

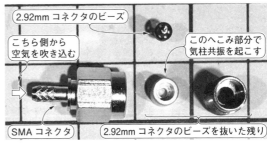

（a）芯線のビーズを外してSMAと組み合わせた

（b）SMAコネクタ側にチューブをつなぐ

写真6 SMAと2.92 mmコネクタの部品で作った笛

写真5 笛になりそうな高周波コネクタ部品

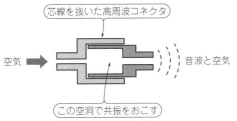

図4 芯線を抜いて気柱共振ができるようにした
高周波コネクタの断面の概念図

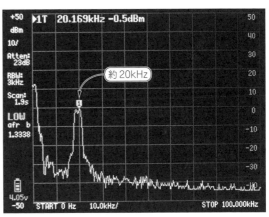

図5 SMAと2.92 mmコネクタの部品で作った笛の周波数
吹き方によって周波数が変わるが，うまくスペクトルがでた．意外に周波数が低かった

を通すため芯線ははずします．

　笛になりそうな高周波コネクタ部品を**写真5**に示します．2.4 mmのコネクタは，ちょうど良い気柱が作れませんでした．1.85 mmコネクタがあれば2.4 mmコネクタとの組み合わせで良い気柱が作れそうです．

● **SMAと2.92 mmコネクタの組み合わせ**

　2.92 mmコネクタは**写真6（a）**のように，芯線のビーズを外してSMAコネクタと組み合わせ，内部に**図4**のような空洞を作りました．2.92 mmコネクタやAPC 3.5 mmコネクタは，SMAコネクタと機械的な互換性があるので，こんなときに便利です．

　SMAコネクタ側にチューブをつないで空気を吹き込むときの外観を**写真6（b）**に，スペクトルを**図5**に示します．周波数は意外に低く19 kHz前後でした．想定した気柱の長さでは50 kHz前後の超音波が出ると予想していたのですが，私の気柱の長さの認識，共振や開口補正などの理解が間違っているのか，別のところで共振が起きているのかもしれません．

● **MMCXコネクタで80 kHzの超音波の発生に成功**

　写真7（a）はMMCXコネクタの芯線を抜いたところ

で，**写真7（b）**は勘合させてシリコン・チューブをつないで笛にしたところです．MMCXコネクタは6 GHzまでのコネクタのため，芯線の勘合部分に空隙があり気柱共振しそうなところが3 mmほどあります．

　写真8がMMCXコネクタにチューブをつないで空気を吹き込んだようすです．**図6**に示すように，80 kHz〜85 kHzにスペクトルを検出できました．2.92 mmコネクタ実験の逆で，気柱の長さから想定した50 kHz前後の周波数以上の共振周波数でした．

● **まとめ**

　今回MEMS超音波マイクの動作をさせるにあたって，PicoのGPIOのステート・マシンはあらためて便

（a）MMCXコネクタの芯線を抜いたところ

ここで気柱共振

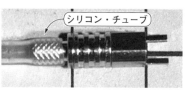

シリコン・チューブ

（b）チューブをつないで作った笛

写真7　芯線を抜いたMMCXコネクタで作った笛

超音波マイク

83kHzを表示

MMCXコネクタで作った超音波笛

シリコン・チューブ

空気を吹き込む

写真8　MMCXコネクタの気柱共振周波数の測定のようす

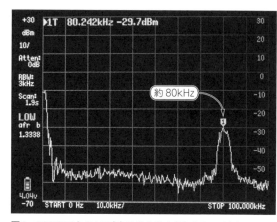

約80kHz

図6　MMCXコネクタに空気を吹き込んだときのスペクトル
80 kHz～85 kHzの超音波が出た

利なものだと感じました．ちょっとした実験のために FPGAで実装するには体力的に辛く，ソフトウェアでは速度を出すのが難しいところを埋めてくれます．

　tinySAを100 kHz以下で使用するのはスペック外の使い方ですが，複数台所有していたのが幸いして LOW OUTPUTモードで送信し，もう1台で受信するという使い方ができました．これもまた便利な世の中になったものだと感慨深いです．

◆参考・引用＊文献◆
(1)＊ SPH0641LU4H-1のデータシート，ノウルズ・エレクトロニクス．
https://www.knowles.com/docs/default-source/model-downloads/sph0641lu4h-1-revb.pdf

column 01　超音波式リモコンとお金ジャラジャラ問題

鮫島　正裕

　今回の測定システムの超音波マイクの前で，1円玉と5円玉を10枚程度両手で包み，手の中で振って周波数を観察してみました．

　1円玉はなんというかアルミっぽい音で，周波数も20 kHz以下のことが多かったです．それに対して5円玉は響きが良く，5円玉の穴を使って複数枚を棒に通して，お坊さんが持っている錫杖のようにぶつけると，周波数も80 kHz以上までのたくさんの倍音が確認できました．

　月刊「トランジスタ技術」(CQ出版社)が創刊した

1960年代中頃のテレビのリモコンには，超音波が使われていました．初期の超音波リモコンは，内部の金属棒をボタンで叩いて超音波を発生させていたようです．

　その後，1970年代初めにセラミック振動子リモコンが普及しはじめるのですが，ここで先ほどのお金をジャラジャラしたときに発生する超音波で，テレビが誤動作するという問題が発生しました．回避するために変調方式などが採用されたようですが，LEDが1970年代中ごろから普及しはじめてリモコンも赤外線式になりました．

第3部

超音波エレクトロニクス
製作&実験

測距センサを使った イチゴの吸液量測定

星 岳彦　Takehiko Hoshi

農業で距離を測りたくなる理由

植物の草丈，葉長，葉幅，茎や果実の直径などの長さ計測は，生育状態を把握するために大切です．ノギス，定規，メジャーなどで簡単に測ることができるので，昔から植物計測の項目として非常によく使われています．これらは人手の計測が主流で，方法としては簡単なのですが手間がかかり，連続して自動計測するのは意外と難しいのです．

本章では，ワンコインで買える超音波測距センサを使って，イチゴ栽培の養液の排液量計測に挑戦してみました（**写真1**）．

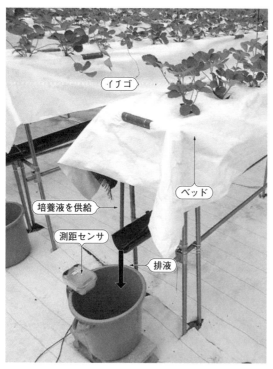

写真1　超音波測距センサを使ってイチゴ高設養液栽培の排液量計測に挑戦！
培養液の供給量と排液の差から，イチゴの吸液量を求める

農業で使える測距センサあれこれ

● その1：ビデオ・カメラ

ビデオ・カメラの画像を使って計測する方法が研究ではよく使われます．ただ，植物の茂みの中から目標とする点を抽出するのが難しく，昼間の直射日光による影や反射などの影響から夜間の暗視撮影まで環境が激変し，植物の栽培条件下で連続計測に適した画像を常に得るのは難しいです．また，安くなったとはいえ，それなりのコストがかかります．

● その2：赤外線レーザ測距センサ

レーザ光を使った測距センサは0.01mm程度の分解能で精密な計測が可能ですが，やはり数万円の投資が必要です．また，赤外線を使用するので，毛があるものを測定するとそこに結露した部分を含めて計測されてしまうなどといった課題もあります．

● その3：超音波測距センサ

最近，簡単に使用できる超音波測距センサのモジュールが市販されるようになりました．HC-SR04（**図1**）は，1個300円程度から購入でき，2cm～4mの距離を測定することができます．40kHzの超音波を使用していますので，半波長単位で反射波を検出できるとすれば，約2.1mmの分解能で理論的に距離を計測可能です．この価格対性能は，農業で使用する低コストのセンサとしてかなり魅力的です．

今回の超音波測距回路

● ワンコイン超音波測距センサ HC-SR04

超音波測距センサHC-SR04の仕様を**図1(b)**に示します．5Vの単一電源で動作し，トリガとエコーのディジタル入出力信号線を使って計測できます．

タイミング・チャートを**図2**に示します．Trigピンを"H"→"L"にしたときに8波の超音波が送出されま

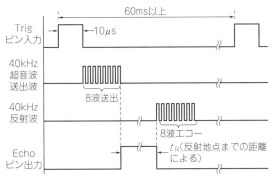

(a) 外観

項 目	値など
動作電圧，動作電流	5 V_{DC}，15 mA
使用周波数	40 kHz
計測距離	2 cm～4 m
分解能	約2 mm
計測可能角度	15°
トリガ入力信号	最小10 μsのTTLパルス
エコー出力信号	距離に比例したTTLパルス
最短計測間隔	60 ms
寸法	46.0 mm×20.6 mm×15.9 mm

(b) 仕様（サインスマート社の資料より抜粋）

図1 分解能約2 mmのワンコイン超音波測距センサ・モジュールHC-SR04
秋月電子通商などで300円程度から入手できる

図2 超音波モジュールHC-SR04のタイミング・チャート
サインスマート社データシートより抜粋

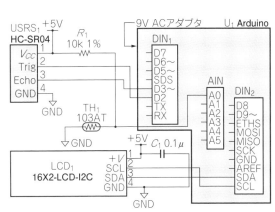

図3 超音波測距センサHC-SR04のテスト計測回路

写真2 製作した回路で超音波の反射を使って距離を測れる
図1の回路とリスト1のプログラムを使った超音波測距センサHC-SR04のテスト計測例

す．送出が終わると，Echoピンが"H"になり，いろいろなものに反射した最初の超音波がマイクロホンに到達したときに"L"になります．つまり，Trigピンを"L"にしてから，Echoピンが"L"になるまでの時間 t_R［単位：s］を測定します．

超音波が伝わる空気の気温を T［℃］とすると，常温付近の音速 v［m/s］は，近似的に次式で求められます．

$$v = 331.5 + 0.6T$$

超音波は反射して2倍の距離を伝わりますので，$v \cdot t_R/2$ で超音波の反射地点までの距離を求めることができます．

● **基本的な使い方**

Arduinoでテスト計測する回路を**図3**に，製作した回路を**写真2**に示します．超音波の反射時間から距離を測ります．

プログラムを**図4**と**リスト1**に示します．Arduinoプログラムは本書ダウンロード・ページより入手できます．書き込み方法などの詳細はここでは割愛します．

実際に使用する際の注意点として，風の影響を受けやすいので，風が吹くところでは風防を設置したり，複数回計測して中央値を採用したりする工夫が求められます．

また，センサからArduinoまでの信号線の距離が数m以上になる場合には，シールド・ケーブルを使用したり，PCA9600D（NXPセミコンダクターズ）などの信号バッファを入れたりしたほうが安定した測定ができると思います．

養液栽培のキモ「吸液量」を測る方法

● **イチゴ栽培の定番…ハンモック式高設養液栽培**

イチゴを，高い位置に設置したベッドで養液栽培するハンモック式高設養液栽培（**写真1**）は，簡単に自作できて，立ったまま作業できるので，普及が進んでいます．灌水チューブやドリッパーと呼ばれる給液パイプがイ

リスト1　超音波測距センサHC-SR04テスト計測プログラム（Arduinoスケッチ）

```
#include <Wire.h>
// HC-SR04のピン接続設定
#define echoPin 3 // Echo Pin
#define trigPin 2 // Trigger Pin
// I2Cのアドレス設定
#define LCD_ADRS  0x3E //液晶表示器
#define TH_Pin 0 //103ATサーミスタ
//計算用変数
double duration ; //反射時間μs
float distance ; //距離
float mv ; // サーミスタ計測電圧
float temperature ; // 温度
//LCD表示用バッファ
char lcd_buf[17] ;
int i ;

//LCDにデータを送るサブルーチン
void LCD_write(char t_data[]) {
  for(i = 0; i < 16; i++) {
    Wire.beginTransmission(LCD_ADRS);
    Wire.write(0x40);
    Wire.write(t_data[i]);
    Wire.endTransmission();
    delay(1);
  }
}

//LCDに命令を実行させるサブルーチン
void LCD_command(byte t_command)
{
  Wire.beginTransmission(LCD_ADRS);
  Wire.write(0x00);
  Wire.write(t_command);
  Wire.endTransmission();
  delay(10);
}

void setup() {
  Wire.begin();     // I2C初期化
  //LCD初期化
  LCD_command(0x38);  LCD_command(0x39);
  LCD_command(0x14);  LCD_command(0x73);
  LCD_command(0x52);  LCD_command(0x6C);
  LCD_command(0x38);  LCD_command(0x01);
  LCD_command(0x0C);  LCD_command(0x80|0x00);
                          // 1行目タイトル表示
  LCD_write("* HC-SR04 TEST *");
  //距離センサ信号線の入出力設定
  pinMode( echoPin, INPUT );
  pinMode( trigPin, OUTPUT );
}

void loop() {
  //気温測定
  mv = (float)analogRead(TH_Pin) *  5 / 1024 ;
  if((mv > 4.8)||(mv < 0.9)) {
                      // temp. zone  -19.21 C to +64.37 C
    temperature = 15.0 ; //温度計測不能なので音速340m/sにセット
  }
  else {
      temperature = (1.3679 * mv - 29.229) *
                            mv + 89.57 ; //温度換算
  }
  //距離計測
  digitalWrite(trigPin, LOW);
  delayMicroseconds(2);
  digitalWrite( trigPin, HIGH ); //:計測命令を出力
  delayMicroseconds( 10 ); //
  //超音波発射
  digitalWrite( trigPin, LOW );
  //反射時間計測
  duration = pulseIn( echoPin, HIGH ); //センサからの入力
  if (duration < 0) distance = 0.0 ; //エラー時は0に
  else {
    duration = duration / 2 ; //往復距離を半分にする
    //距離をcm単位で計算
    distance = (float)duration *
        (331.5 + 0.6 * temperature) * 100 / 1000000 ;
  }
  //LCD表示値セット
  for(i=0 ; i<16 ; i++) lcd_buf[i]=' ' ;
                          // 表示バッファ・クリア
  dtostrf(distance,6,2,&lcd_buf[0]) ; // 距離
  lcd_buf[6]= 'c' ;  lcd_buf[7]= 'm' ; // cm表示
  lcd_buf[8]= ' ' ;
  dtostrf(temperature,5,1,&lcd_buf[9]) ; // 気温
  lcd_buf[14]= 0xf2 ; lcd_buf[15]= 'C' ; // ℃表示
  //LCDに測定値表示
  LCD_command(0x80|0x40);
  LCD_write(lcd_buf) ;
  delay(800) ;  ◀── 0.8 s待機
}
```

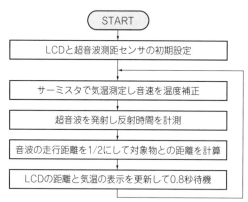

図4　プログラム（リスト1）の処理フロー

チゴの植えられているベッドに設置されていて，時間
あたり一定量（cm³/株・分）の培養液が供給されます.
　イチゴが吸いきれなかった培養液は，ベッドの下に
設置された雨どいに集められ，**写真1**の左下にあるバ
ケツにたまります. イチゴの栽培空間が独立できるの

で，そこに出入りする水を計測することができるよう
になり，精密な栽培管理が可能になります.

● イチゴが吸った培養液の量「吸液量」の計算方法
　バケツの排液を手作業で計量するのは手間がかかり，
こまめに行うことは大変です. そこで，バケツの上面
に先ほどの超音波センサを設置して，バケツ内の水面
までの距離を計測します. バケツの形状は，ほぼ逆向
きの円錐台形なので，その体積を求める公式，

$$(D - d_U)(r_B{}^2 + r_B r_S + r_S{}^2)(\pi/3)$$

　　ただし，バケツ底面の半径r_B，排液面の半径r_S,
　　バケツの深さD，センサから液面までの距離d_U

を使えば，計測した距離を元にバケツにたまった培養
液の量を計測できます. イチゴへの培養液の給液量
（cm³/株）は，給液した時間から計算できますので，
イチゴが吸った吸液量は，

　　給液量 − 排液量

で求めることができます.

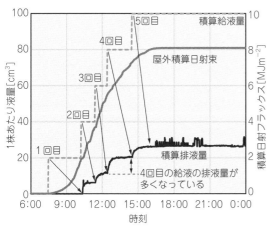

図5　1日の培養液排液量（と積算日射フラックス）の経時変化
イチゴ高設養液栽培の場合

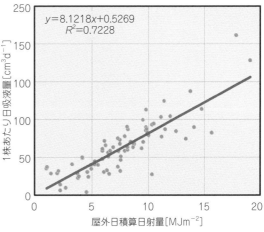

$$y = 8.1218x + 0.5269$$
$$R^2 = 0.7228$$

図6　日吸液量は太陽光の強さ（日積算日射フラックス）にほぼ比例する
イチゴ高設養液栽培の場合

実際の計測値

● 排液量から読みとれること

　製作した超音波距離センサHC-SR04回路を使って，写真1の高設養液栽培における吸液量を計測した結果を図5と図6に示します（生物環境工学会で発表，星ほか2019）．

　図5は，1日分の給排液量を1分ごとに積算した結果です．積算日射量も一緒に示しました（日射量は別途計測したのですが，本稿では詳細は割愛します）．自動給液システムにより，積算日射フラックス約2 MJm^{-2}あたり1株20 cm^{3}の給液が行われています．給液してから少し時間経過すると，余剰の培養液が排出されバケツの液量が増えます．日射フラックスにかかわらず，7時30分に給液が強制的に行われます．この1回目の給液時には全く排液がなく，イチゴの植えられているベッドの水分が不足気味であるとわかります．一方，4回目の給液時には，排液量が給液量の45%と多く，水が余っているとわかります．

　1日で給液量の約27%の排液量があります．排液の割合を約1～2割に抑えることが培養液を無駄にしない効率的な養水分管理であるといわれています．

● さらに考察…計測した排液量から計算した吸液量と太陽光の強さの相関

　図6は毎日計測した吸液量と，太陽光の強さを表す日積算日射フラックス（太陽からの日射エネルギー1日分の積算値）との関係を示したグラフです．

　イチゴは，太陽の光の強さにほぼ比例して水を吸っています．日射フラックス1 MJm^{-2}あたり，1株約8.12 cm^{3}吸水しています．

　点滴方式の灌液による実際の植物生産の水管理は，

写真3　風防や自動排出機能を加えて改良した排液測定バケツ
現在はさらに改良したものを使っている

正確・安定な計測がまだ困難な土壌水分センサを使うより，日射フラックス・センサを使ったほうがうまくできます．

● 改良のヒント

　このように，排液量を連続計測することで，給液方法にまだ改善の余地のあることがわかります．

　今回計測に使用したシステムは，暖房機の風などによって計測値に少々変動が生じており改善が必要です．また，計測後の排液の自動排出機能も自動化のために不可欠です．このため，さらに正確に計測するための計測部を改良すると写真3のようになります．

　低コスト超音波測距センサは，農業センシングでの今後の活用が期待できます．

◆参考文献◆
(1) 星 岳彦：ワンコイン測距センサ，Interface，2020年4月号，CQ出版社．
(2) 星 岳彦：イチゴ栽培の吸液量を測る，Interface，2020年5月号，CQ出版社．

超音波×ラズパイPico! ミスト加湿器の製作

田口 海詩 Uta Taguchi

　乾燥しやすい季節に便利なのが加湿器です．最近では超音波を用いて水分を霧状にする装置が安く入手できるようになってきました．そこで，火山が噴火するイメージを思い浮かべながら超音波加湿器を製作してみました．題して「大噴火ミスト・メーカ」です．

ラズパイPico制御加湿器「大噴火ミスト・メーカ」

　写真1に大噴火ミスト・メーカの全体像を示します．難しそうなアプリケーションを製作する場合，簡単な要素に分解して技術の個別検討をしてから，それぞれの要素を組み合わせると，意外と簡単に実現できます．

　今回の製作は，

- 霧を発生させる「超音波を用いた噴霧器」
- 噴火を演出する「空気砲発生装置」
- 霧に光を当てて雰囲気を演出する「NeoPixel(フル・カラーLED)制御」

の3要素に分解できます．

　ここでは，それぞれの要素を個別に検討し，大噴火ミスト・メーカを実現していきます．制御にはラズベリー・パイPicoを使いました．図1に回路を示します．

製作1：超音波を用いた噴霧器

● 超音波で霧を発生させる超音波アトマイザ

　超音波で霧を発生させるには，写真2に示す超音波アトマイザ(Ultrasonic Atomizer)と呼ばれる部品を使用します．ピエゾ振動子で水分を10μm程度の水滴に分解するものです．ピエゾ振動子の中心部分には，細かな無数の穴が開いており，裏面から水を吸い取り，表面で10μm程度の水滴に変換して放出します．

　超音波アトマイザから写真3(a)のように霧を発生させるためには，いくつかの条件を満たさなければいけません．

▶霧発生の条件1

　超音波アトマイザの裏面は常に水分に接触させておく必要があります．写真3(b)に示すようなフェルト

写真1　製作した超音波アトマイザ使用の加湿器「大噴火ミスト・メーカ」
一定の間隔で大噴火ミスト・メーカの噴火口から空気砲を用いて渦状の霧(渦輪)を発生させる．条件が良ければ20cmぐらいまで渦輪が継続するのが楽しい．ラズパイPicoで制御

渦輪
噴火口
リング状フル・カラーLED NeoPixel（カバー内部）
RCサーボモータ

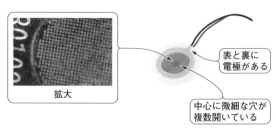

拡大
表と裏に電極がある
中心に微細な穴が複数開いている

写真2　キー部品…水分を10μm程度の水滴に分解する超音波アトマイザ
ピエゾ振動子でできており，表面と裏面の電極の間に共振周波数の電圧を加えることで，水分を細かい水滴に変換できる

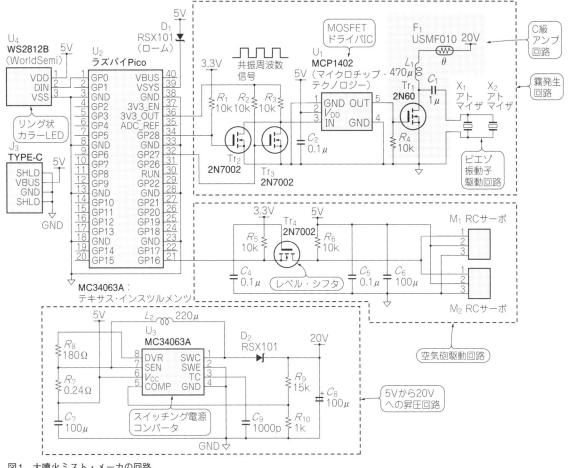

図1 大噴火ミスト・メーカの回路
霧発生回路，空気砲駆動回路，リング状カラーLED(NeoPixel)回路，20V昇圧回路をラズベリー・パイPicoを使って制御している

材などの毛細管現象を起こす材料を用いて，常に水を供給できるようにしておきます．

▶霧発生の条件2

超音波アトマイザの表面は細かい水滴状の霧を噴霧させる必要があります．表面の穴を覆うような水の塊が付着することを防がないといけません．

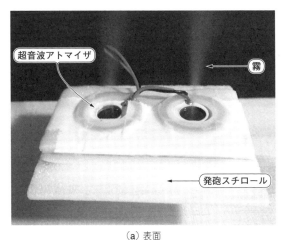

（a）表面

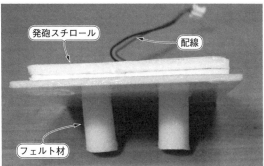

（b）裏面

写真3 超音波アトマイザの使い方
裏面のフェルト材を水分に接触させ，表面は水分が付着しないように発泡スチロールなどを使って水の上に浮かせる

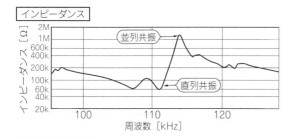

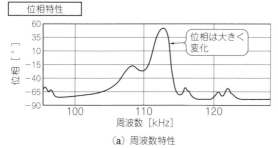

(a) 周波数特性

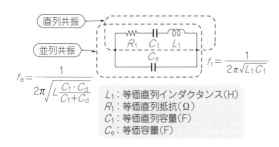

(b) 等価回路

$$f_a = \frac{1}{2\pi\sqrt{L_1 \cdot \dfrac{C_1 \cdot C_d}{C_1 + C_d}}}$$

$$f_r = \frac{1}{2\pi\sqrt{L_1 C_1}}$$

L_1: 等価直列インダクタンス(H)
R_1: 等価直列抵抗(Ω)
C_1: 等価直列容量(F)
C_e: 等価容量(F)

図2 超音波アトマイザ周波数特性
超音波アトマイザの等価回路は抵抗, コンデンサ, インダクタンスで表せて, 直列共振と並列共振が含まれている. 水分を効率良く霧化させるためには直列共振の周波数で駆動する.

● 超音波アトマイザの電気特性

超音波アトマイザはピエゾ振動子なので, インピーダンス・アナライザで測定すると, **図2(a)**に示す共振点を含む電気的特性を示します. 一般的にピエゾ振動子の等価回路は**図2(b)**に示す回路で表せます. インピーダンスが最小になる周波数は等価回路 R_1, C_1, L_1 で構成される回路での直列共振となります.

また, インピーダンスが最大のピークになる部分は, 直列共振回路と並列に構成される浮遊容量 C_e との間で起こる並列共振です. 直列共振を共振点, 並列共振を反共振点と呼んでいます. 超音波アトマイザで霧の発生を行う場合, 直列共振(共振点)周波数でピエゾ振動子を駆動することで, 効率的に水分を霧状の水滴に変換できます.

共振周波数ではインピーダンスが最小となり, 消費される電力が最大となります. ここで消費される電力はピエゾ素子の機械振動に変換され, 水分が霧に変換されるエネルギーに使用されます.

● 超音波アトマイザ駆動回路

超音波アトマイザを振動させるためには, ピエゾ振動子の表面と裏面にある電極に共振周波数110kHzの交流電圧を印加します.

ピエゾ振動子に印加する交流電圧を作り出すには, **図1**の回路右上に示すC級アンプを使用します. MOSFET(Q_1)のゲート端子にピエゾ振動子が効率的に振動を起こす共振周波数110kHzの矩形波信号を印加してMOSFETを駆動します.

ラズベリー・パイPicoのI/O端子は, 3.3V仕様になっているので, ゲート端子のスレッショルド(しきい値)電圧が4~5V程度のMOSFETを直接駆動することはできません. またMOSFETはゲート容量が数百pF程度と大きいため, 100kHz程度の周波数でON/OFFを行わせる場合にはI/O端子の駆動電流が足りない可能性もあります. この場合, MCP1402(マイクロチップ・テクノロジー)などのMOSFETドライバICを使用すると確実にMOSFETを駆動できます.

C級アンプの電源とし供給する電圧はDC20Vを用いますが, ピエゾ振動子は共振周波数で共振しているため, ピエゾ振動子の端子間は50V程度の電圧が発生しています.

● 霧を発生するプログラム

超音波アトマイザを振動させて霧を作るプログラム(MicroPython用)は**リスト1**(p.112)の①になります.

machineライブラリのPWMモジュールを利用して, 110kHzの信号をGP28から出力させます. PWM機能のduty_u16()メソッドを用いると, 16ビット表現でデューティを決定できます.

duty_u16()のパラメータに32,768を設定するとデューティが50%となります.

またGP27ピンを用いて110kHzの発振信号を遮断するためのON/OFF信号を出力します.

製作2:空気砲発生装置

火山噴火の演出には空気砲の技術を使います. 空気砲は箱の内部にたまった空気を小さな丸い穴から一気に押し出したときに, ドーナツ状の渦輪が発生する現象です(**図3**).

渦輪は, 内側の空気を外側に押し出しながらドーナツ状の空気の渦を発生させて進んでいきます. 箱の穴から押し出される空気量などの条件により, 長時間存在し, 遠くまで到達することもあります. 煙などの目に見える物質が空気に含まれていると, 渦輪の状態を目で観察できます.

今回, 超音波振動子を使って霧を発生させるので, 渦輪を目で見て楽しめます.

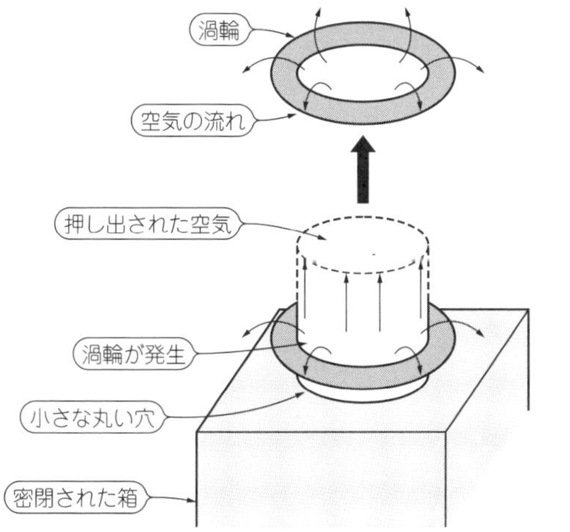

図3 空気砲の原理
密閉された箱に開けられた小さな丸穴から急激に空気が押し出されるとドーナツ状の渦輪ができる

● 空気砲を実現する方法

空気砲を実現するためには，超音波アトマイザで発生させた霧（水滴）を小さな丸い穴の開いた箱にため込んで，箱の側面をたたくことで穴から霧を一気に追い出す機構を考えればよさそうです．

空気砲を発生させるために用いる箱は，スーパーマーケットやコンビニエンス・ストアで買える500 mlの牛乳パックで十分です．牛乳パックは厚紙でできている箱なので，ある程度の弾力性があります．空気砲ができる穴を設けて箱の側面を押すと簡単に渦輪を発生できます．牛乳パックは用途上，表面が防水加工され保水性に優れているため，霧を発生させる水を長時間入れておいても水漏れの問題がありません．身近なところに空気砲発生に適した箱があるものです．

● RCサーボで箱をたたく機構

空気砲を発生するのに，写真4に示すようにRCサーボモータを2個使い，ホーンの角度を変化させて牛乳パックの側面をたたく構造にしました．

RCサーボモータは，入力するパルス波形のデューティを制御することで，角度を簡単に変化させることができます．写真4のようにRCサーボモータの駆動軸とその反対側にホーンを取り付け，ブラケットを用いて台座にネジで固定します．ホーンやブラケットは，ロボット用のパーツを流用すると便利です．

RCサーボモータの制御は，ラズパイPicoのPWM機能を用いて20 ms周期のパルス信号をI/O端子から出力します．デューティ比の値をマイコンから設定することで，RCサーボモータの角度を自由に変更できます．牛乳パックの側面をたたく強さの調整ができ，渦輪がきれいに発生する条件を見つけられます．

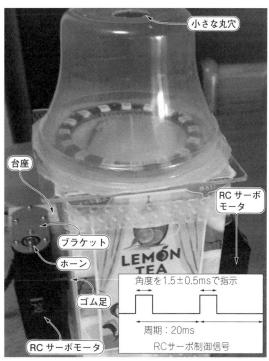

写真4 RCサーボモータで空気砲用の箱をたたく
ブラケットで台座に固定されたRCサーボモータにパルス信号を加えると，ホーンの角度が変化してゴム足で箱をたたく

● 空気砲を発生させるプログラム

RCサーボモータを制御して空気砲を作るプログラム（MicroPython用）は，リスト1の②になります．machineライブラリのPWMモジュールを利用して，20 ms周期（50 Hz）のパルスを出力させます．

空気砲を発生させる関数をgrip()と定義し，grip()関数を実行したときにRCサーボモータの制御信号のパルス幅を1.46 ms→1.40 ms（0.2秒保持）→1.46 msと変化させます．

パルス幅を0.06 ms変化させることで約10°程度の角度を変えることができ，RCサーボモータが箱の側面をたたいて空気砲を発生させます．プログラムで，箱をたたく角度を容易に変えることができ，渦輪がきれいに発生する条件を簡単に見つけられます．

リング状カラーLEDの制御について

噴霧された霧は微小な水滴となるため，光を乱反射させる効果があり，カラーLEDを使うと幻想的な雰囲気を演出できます．カラーLEDは写真5に示すNeoPixelと呼ばれるリング状のLEDを使用しました．

MicroPythonには，NeoPixel制御のライブラリが準備されていて，簡単にカラーLEDを制御できます．ビギナの第一歩「Lチカ」が，これからはNeoPixelを使った「Neoピカ」になるかもしれません．

基礎

測定環境

製作

測る

加工・洗浄

回路のしくみ

デバイス

これから

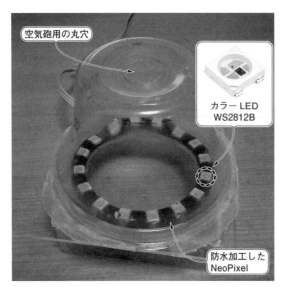

写真5　リング状カラーLED（NeoPixel）を使用した噴火口
フルーツ・ゼリーの空き容器を利用した火山は，底辺部分に防水加工したNeoPixelを配置して演出．WS2812Bは，V_{DD}，D_{OUT}，V_{SS}，D_{IN}の4端子

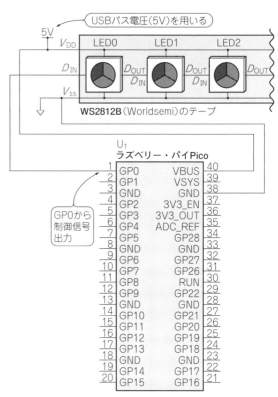

図4　NeoPixelとラズベリー・パイPicoの接続回路
ラズベリー・パイPicoにUSBから電源供給する場合には，VBUS（40ピン）にUSBバスの電圧5Vが出力される．この5VをNeoPixelの電源として供給する

● キー・デバイスのリング状カラーLED NeoPixel

　使用したNeoPixelは，カラーLED WS2812B（World Semi）が使われています．WS2812Bには電源（V_{DD}），GND（V_{SS}），D_{IN}，D_{OUT}の4端子があり，WS2812B制御信号線を直列にいくつも接続することでNeoPixelモジュールとして商品化されています．

　NeoPixelとラズパイPicoを**図4**に示すように接続します．最初のLEDを0番として，順番に番号が振られています．電源端子とGNDはすべての部品を並列に接続して5Vを供給します．

　D_{IN}，D_{OUT}の信号端子は，0番目LEDのD_{OUT}端子を次の1番目のLEDのD_{IN}端子をつなぎ，以後最後のLEDまで順繰りに接続されています．

● PythonによるNeoPixelの制御

　ラズベリー・パイPicoのMicroPythonファームウェアでは，NeoPixel制御ライブラリは標準ではありません．GitHubのpico_python_ws2812b[1]からラズベリー・パイPico用のNeoPixelライブラリws2812b.pyをダウンロードします．

　ws2812b.pyファイルをラズベリー・パイPicoのフラッシュ・メモリにコピーすることで，MicroPythonでNeoPixelを制御できるようになります．ws2812b.pyは，set_pixel(p,r,g,b)のメソッドを使い，p番目のNeoPixelに指定したRGB色を発光させることができます[2]．また，ライブラリhsb2rgb.pyを用いると，HSB表記で色を簡単にプログラミングできます[2]．

　大噴火ミスト・メーカの制御プログラム全体を**リスト1**に示します．

大噴火ミスト・メーカ製作上の注意ポイント

● C級アンプ！まさかのための保護回路

　マイコンで電子回路を制御する場合，マイコン初期状態や誤動作などのめったに起こらない動きに対しても，電子回路故障が発生しないか対策を行っておく必要があります．

　超音波アトマイザを駆動するC級アンプには，安全に使用できる周波数範囲の制限があります．もし使用可能範囲以外の周波数の信号がMOSFETゲートに入力された場合，ドレインに接続されているインダクタンスに大電流が流れてMOSFETが損傷してしまいます．このような場合を想定して，電源には過電流保護用の0.1 Aリセッタブル・ヒューズを入れておきます．

　マイコンのI/O端子は電源ON時の初期状態や機能設定を行うタイミングによって，不安定な動きをすることがよくあります．今回使用したラズベリー・パイPicoのI/O端子は，電源ON時の初期状態ではハイ・インピーダンスとなっているので，プルアップ抵抗で初期状態が"H"になるように確定します．

　PWM機能を用いて超音波アトマイザを駆動する110 kHz矩形波信号を発生させますが，停止時に停止

column▶01 プログラム作成の注意点

田口 海詩

　大噴火ミスト・メーカの制御ソフトウェアはMicroPythonでプログラムを組みました．MicroPythonはトライ&エラーを行いながらソフトウェア開発ができるので，実験的な要素が多い回路の製作では，非常にマッチした言語です．

　統合開発環境にはPython言語に特化したThonny[3]を用いています．Thonnyを使うと次に示すファイル管理が容易です．ラズベリー・パイPicoのフラッシュ・メモリには図Aに示すNeoPixelの制御ライブラリのws2812b.py，hsb2rgb.pyファイルをコピーしておきます．

　また，メイン・プログラムをmain.pyという名前にしてラズベリー・パイPicoのフラッシュ・メモリ上に格納することで，パソコンを用いずにPythonプログラムをラズベリー・パイPicoのフラ

ッシュ・メモリから起動できるようになります．

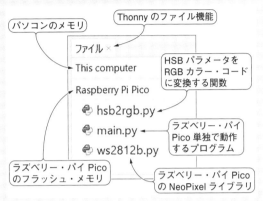

図A　ラズベリー・パイPicoのフラッシュ・メモリ

命令を出すタイミングによって，I/O端子が"L"になったり"H"になったりと不安定な動きをします．この場合，矩形波信号を発生するI/O端子以外に，MOSFETを確実にOFF（MOSFETのゲート端子を0Vにする）にする別のI/O端子を用いてワイヤードOR接続すると，安全性が増します．

● C級アンプ用電源DC20 VはDC5 Vから作る

　超音波アトマイザを駆動するために，20V程度のDC電圧が必要なため，USBのDC5V電源からスイッチング電源コンバータMC34063A（テキサス・インスツルメンツ）を使って昇圧します．

　MC34063Aは，インダクタンスとショットキー・バリア・ダイオード，抵抗，コンデンサなどの部品を用いると，簡単にスイッチング電源を構築できます．

　今回は昇圧回路として用いましたが，回路を変更すると，降圧型や反転型としても使用することができます．テキサス・インスツルメンツ以外の数社からセカンド・ソース品が発売されて，容易に入手できます．

◆参考・引用*文献◆
(1)* benevpi/pico_python_ws2812b, https://github.com/benevpi/pico_python_ws2812b
(2)* 田口 海詩：初めの一歩! ラズパイPicoマイコン×PythonでLチカ入門，ZEPエンジニアリング，https://www.zep.co.jp/utaguchi/article/z-picoled_all-da1/
(3)* Thonnyホームページ，https://thonny.org/

リスト1　大噴火ミスト・メーカのプログラム（MicroPython用）

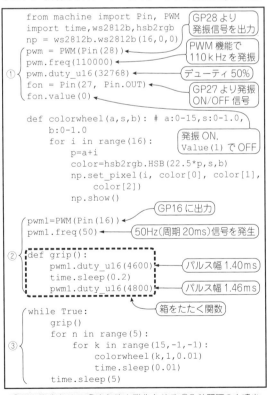

①霧を発生させる ②空気砲を発生させる ③5秒間隔の大噴火

波エネルギー集中！
「物体を空中に浮かせる」実験

田口　海詩　Uta Taguchi

超音波エミッタ(超音波スピーカ)をアレイ状に並べて物体を浮揚させる実験に挑戦してみます．筆者は**写真1**のキット(**図1**のショップから入手)を使いましたが，アップデートされること等があり得るので適宜読みかえてください．

音響浮揚の原理

音響浮揚とは**図2(a)**に示すように空間に定在波音場を形成させると，その定在波音場の節部分に物体を浮かせることのできる技術です．定在波音場を形成するには何通りかの方法があるようですが，この実験キットは上部と下部に36個ずつ(合計72個)の超音波エミッタを配置して同期した超音波を発生させることで，定在波音場を形成しています．

浮かせられる物質は，発泡スチロールのビーズや，水などの液体で，2.2g/cm^{3}密度の直径4mmまでの物体です　**写真2**に実験のようすを示します．

実験キットは，**図2(b)**に示すシミュレーション技術を用いて，定在波音場の音響エネルギーが局所的に集中するように上下の湾曲形状とその距離を最適な値に設計しています．音響浮揚原理の説明ページでは，この構造をTinyLevシステムと呼んでいます[2]．

音響浮揚実験の構成

音響浮揚キットは必要な部品と，部品を取り付けるための3Dプリンタで製作された台座から構成されています．**図3**に示す構成図のように組み立てました．

Arduino Nanoに配線してある3個のスイッチは実験キットに同梱されていません．このスイッチは上と下の超音波エミッタ・アレイの位相を変えて物体を上下に動かすために用います．この機能が必要なら各自でスイッチを調達する必要があります．

超音波エミッタは40kHzで駆動させます．Arduino Nanoを用いて40kHzの制御信号を生成して，L298Nドライバ・モジュール(STマイクロエレクトロニクス)で，超音波エミッタを駆動させます．L298Nはデ

写真1　筆者が使用した「音響浮揚キット」
3Dプリンタで製作されたTiny Levシステムの超音波エミッタ・アレイの台座も含まれており，音響浮揚実験に必要なひと通りがそろっていた

(写真内ラベル) 3Dプリント「TinyLev」／9VDCアダプタ／超音波エミッタ／L298N／スイッチ／Arduino Nano／黒／赤のワイヤ／むき出し導線／ジャンパ線

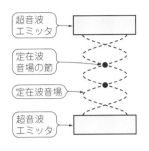

図1 超音波で物体を空中に浮かせる「音響浮揚キット」をオンラインショップから入手できた[1]
音響浮揚キットはロボショップ楽天市場店などで1.5万円程度で入手した．超音波エミッタを用いた製作に必要な部品がそろっている．Tiny Lev システムと呼ばれる．アップデートされること等があり得るので，内容は適宜読みかえること

（a）定在波音場 　（b）[2] TinyLevシステムのシミュレーション

図2 音響浮揚の原理
空間に定在波音場を作ることで，定在波音場の節の部分が安定的に1カ所にとどまるため物体浮揚が可能となる

ュアルHブリッジICで，**図4**に示すHブリッジ回路が2回路入っています．上下の超音波エミッタ・アレイをそれぞれ別々に駆動できるので，位相を変えて浮遊物を上下に移動させられるわけです．

製作の流れ

実験装置の製作は次のようなステップで行いました．

● ステップ1：超音波エミッタの取り付け

最初にTinyLevの上下の台座に超音波エミッタを接着剤やグルーガンなどで取り付けていきます．超音波エミッタには極性があるので，極性をそろえて台座に取り付ける必要があります．

TinyLevシステムの上下の台座に超音波エミッタを取り付けたら，次に超音波エミッタのプラスとマイナス端子の配線をします．配線方法は**図3**に示すように，裸銅線ですべてのプラス端子を接続します，同様にす

べてのマイナス端子も裸銅線で接続します．これで，超音波エミッタをすべて並列接続にすることができます．極性を間違えて接続してしまうと，超音波エミッタから逆位相の超音波が発生し安定的な定在波音場が発生しなくなってしまいます．

● ステップ2：Arduinoプログラミング

Arduino Nanoにプログラムを書き込みます．Arduino Nanoに書き込むプログラムのソース・コードは**図5**に示すリンク先からダウンロードしました．処理の詳細はここでは割愛しますが，このようにキットにはたいていサンプル・プログラムが用意されています．

Arduino IDEを起動してファイルを読み込みます．Arduino Nanoをパソコンに接続し，**図6**に示すツール設定タグからボード情報（ボード，プロセッサ，シリアル・ポート）などの設定を行います．その後，ファイル実行アイコン（→）をクリックすることで，プログラムをコンパイルしてArduino Nanoに書き込みが完了します．

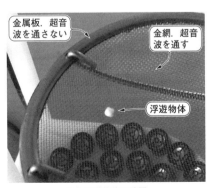

（a）キット完成 　（b）浮遊物体の設置

写真2 超音波浮揚キットで実験
超音波浮揚装置は制御マイコン（Arduino Nano），超音波エミッタ駆動用ドライバ（L298N），上下の超音波エミッタ・アレイで構成されている．電源を入れると物体を定在波音場の節部に浮遊させることができる

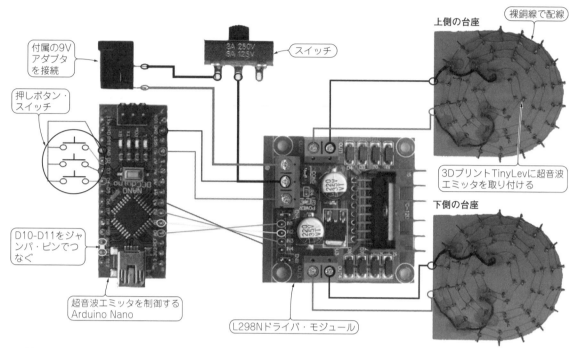

図3[(3)]　**音響浮揚キットの電気的な構成**
キット製作の解説や回路図など必要な情報は，文献(1)(3)を参照のこと

● **ステップ3：配線**

　超音波エミッタ・アレイ，Arduino Nano，L298N
ドライバ，スイッチなどの部品を付属のワイヤで接続
します．浮遊物体の位置を上下させるため，Arduino
Nanoに接続する3個の押しボタン・スイッチについ
ては，実験キットに含まれていないので必要であれば
各自で準備する必要があります．

● **ステップ4：テスト，完成**

　L298Nドライバの動作テストと超音波エミッタの極
性確認を行います．このステップではオシロスコープ
が必要になります．

　オシロスコープのプローブに余っている超音波エミ
ッタを接続して，超音波エミッタ・アレイの振動子が
すべて同相で超音波を出力できるかどうか確認します．

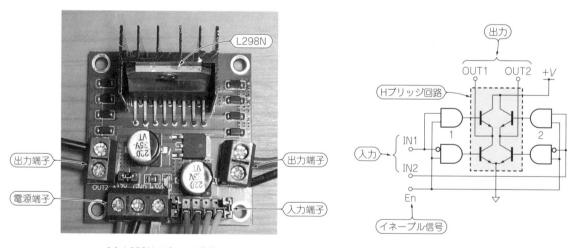

（a）L298Nモジュール全体　　　　　　　　　　　　　　（b）Hブリッジ回路

図4　L298Nドライバ・モジュール
超音波エミッタを40 kHzで駆動するのにL298Nモジュールを使用する．L298NはHブリッジ回路が2回路入ったICで，Hブリッジのハイ・サイドと
ロー・サイドのトランジスタが同時にONにならないようにロジック回路が入っている

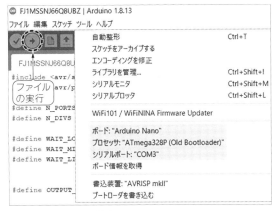

図5　キットにはたいてい動作用のサンプル・プログラムが用意されている

音響浮揚装置の解説ページ(https://www.instructables.com/Acoustic-Levitator/)のStep 13にあるリンクからArduinoのソース・コードFJ1MSSNJ66Q8UBZ.inoを入手した

図6　Arduino IDEの設定

Arduino Nanoを接続し「ツール」からArduinoの条件設定を行う. ダウンロードしたソース・コード・ファイルをコンパイルしてArduino Nanoに書き込む

もし, 極性を間違えて接続してしまった場合には, その部分のみワイヤをカットして正常な状態に接続し直します.

● ステップ5:固体の浮上

ピンセットで物体を定在波音場の節部分にもっていくことで物体を浮揚させられます. ピンセットを使うより金属製グリッド(超音波を通す網)を使った方が容易に物体を定在波音場の節にもっていけます.

● ステップ6:液体の浮上

液体の浮揚については液体の種類について電源電圧の調整が必要になります. 超音波が強すぎるとすぐに霧化してはじけてしまいます. 弱すぎるとすぐに落下してしまいます. 電圧固定のアダプタを可変電圧電源に変えて実験を行う必要があります.

● 音響浮揚の応用編

音響浮揚装置キットにはいくつかの異なるバリエーションもあるようでした. たとえば, より強力な浮揚装置が必要な場合に16 mmトランスデューサを使用します. 安価に音響浮揚の実験を行いたい場合には, 超音波エミッタを上下に1つずつ用いた音響浮揚も可能です.

物体の空中浮揚実験

音響浮揚の実験を実際に行ったときのようすを**写真2**(p.55)に示します.

超音波は40 kHzで発振しているので, 波長は8.5 mm程度となります. 8.5 mmおきに定在波音場の節が現れるので, 中心付近であればどの節に物体をもっていっても物体は浮遊します.

最初に定在波音場の節を探すのはなかなか難しいです. **写真2**(**b**)のような金網は超音波を通すので, 金網に浮遊させる物体を載せて定在波音場の節を探す方法をすすめます. 節の位置で自然と物体が浮揚するので, 容易に節の位置を見つけられます.

金網枠部分の金属は超音波を通さないので, 金網の形状を工夫して物体を浮遊させる道具を作っておくと便利です.

◆引用文献◆

(1) 音響浮揚キット(Makerfabs社製);ロボショップ, https://jp.robotshop.com/products/acoustic-levitator-kit

(2) Asier Marzo, Adrian Barnes, Bruce W. Drinkwater;Tiny Lev:A multi-emitter single-axis acoustic levitator, Review of Scientific Instruments. https://aip.scitation.org/doi/10.1063/1.4989995

(3) Acoustic Levitator;instructables workshop, https://www.instructables.com/Acoustic-Levitator/

column ⏵01　超音波を実感できるキット&装置あれこれ

田口　海詩

　私たちの生活の中に意外とたくさんの超音波を利用した機器を見つけることができます．

　現在，超音波の利用方法は，超音波を動力として利用するパワー応用と，超音波の物理特性を利用して測定する計測利用の2通りに分けることができます．

　パワー応用の例としては，超音波の振動を利用して汚れを落とす超音波洗浄装置や，刃先を細かく振動させて材料をきれいに切断する超音波カッタなどが有名です．

　また，超音波の計測利用では，超音波パルスを発信して物質から反射した信号の飛行時間(Time of Flight)を測定し，距離を割り出す超音波距離計測器が有名です．

　超音波は主に20 kHzから数MHz程度の周波数で扱われています．超音波の伝搬速度は空気中で340 m/s，水中で1500 m/sです．光や電波に比べて伝搬速度が非常に遅いため，超音波を制御する電子回路は，あまり高速信号を扱わなくても構成できます．PZT(チタン酸ジルコン酸鉛)などの圧電素子を用いれば超音波振動と電圧信号に変換することもできます．汎用オシロスコープを用いて制御回路の波形を簡単に観察することもできます．

　表Aに超音波を手軽に体験するための製品や実験キットの一覧を示します．改めて身近に超音波を利用した機器がたくさんあることに気づくと思います．超音波製品を使ってみて超音波を利用することで，どのような効果があるのか実感してみるのもよいと思います．また，実験キットで実際に超音波の動作を確認することで，超音波を電子回路でどのように制御しているかを理解するのもよいと思います．

表A　超音波を実感できるキット&装置あれこれ(キットの価格は2023年9月現在)

名　称	型番	メーカ	種類	用途	価格	説　明
距離計キット	MK-320	マイコンキットドットコム	キット	計測	2,598円(税込)	超音波により10 cm～5 mの距離を測定できるキット
超音波距離計LCDタイプキット	キット[1322]	ジャパンエレキット	キット	計測	3,300円(税込)	超音波距離センサで計測した値をLCDに表示する
ステレオ超音波検出器/コウモリ探知器	WSAK8118	電子通商株式会社	キット	計測	4,180円(税込)	超音波信号などの人間の知覚できない音を可聴音に変換する電子回路
超音波距離計	MS-98(2G)	ノーブランド	完成品	計測	2,200円(税込)	測定範囲：0.5～12 m分解能0.01 mサーミスタで温度補償されているので高精度で距離が測れる
超音波厚さ計	STG-01U	カスタム	完成品	計測	90,750円(税込)	金属から非金属(ガラス，樹脂など)よさまざまな物質の厚みを測定できる
魚群探知機	PS-611CNⅡ	本多電子	完成品	計測	52,800円(税込)	50 kHzと200 kHzの超音波で魚探情報を画面に表示できる
パラメトリック・スピーカー実験キット	K-02617	トライステート	キット	パワー応用	11,800円(税込)	超音波を利用して特定のエリアに限定して音を届けるスピーカ
音響浮揚キット	RB-Mkf-17	ロボショップ	キット	パワー応用	15,145円(税込)	超音波スピーカを複数個用いて浮揚装置を手軽に体験できるキット
超音波洗浄器用発振器キット	SK-28-50GT	新科産業	キット	パワー応用	36,300円(税込)	超音波洗浄に必要な発振器回路と振動子のキット
超音波洗浄器	SWT710	シチズン	完成品	パワー応用	7,600円(税込)	超音波振動により水中に気泡を起こして目に見えない汚れを落とす
超音波カッター	ZO-41Ⅱ	エコーテック	完成品	パワー応用	45,760円(税込)	超音波によりカッタの刃先に振動を与えることで切れ味が抜群によくなる

ハードウェアから超音波制御まで

触れていないのに 「触覚」を感じさせる実験

星 貴之 Takayuki Hoshi

強力超音波の応用例として，物体に触れていないのに手のひらに物体に触れたかのような感覚を生じさせることのできる非接触触覚ディスプレイが挙げられます．筆者は2008年からこの研究開発に携わり[1]，2012年に可搬性を向上したデバイスを開発しました[2][3]．本章では，非接触触覚提示が求められる背景と，筆者が開発した触覚デバイスについて紹介します．

非接触な空中「触覚」が 求められる背景

触覚とはもともと，空気の流れを感じ取る場合を除くと，おもに物体に触れたときに感じられる感覚です．しかし近年の技術発展に伴い，物体が存在していなくても空中に手をかざすと触覚が感じられる体験が求められるようになってきています．

それは，例えば図1に示すような状況です．以下，それぞれについて解説します．

● 背景①…AR/VR
空中に浮いて見える映像を作り出す方法が，これま

でにいくつか開発されています．AR（Augmented Reality：拡張現実）グラスのほかにも，両眼視差による方法や，凹面鏡や直交リフレクタ・アレイ，マイクロレンズ・アレイなどの光学系を用いる方法，ミストをスクリーンにする方法などです．これらは目の前に浮いて見える映像に手を伸ばして触れたくなりますが，実体がないため手に触れた感触はありません．

また，頭部搭載型ディスプレイ（Head Mounted Display；HMD）を被って入り込むバーチャル空間の物体も，そこに実体はないものの手をかざして触れるようになっていれば体験のリアリティを高めることができます（仮想現実VR；Virtual Reality）．

図1（a）はARグラスによって空中に見えているタッチ・ディスプレイを操作しているようすを示しています．

● 背景②…空中ジェスチャ・インターフェース
特定の身振り手振りによってコンピュータを操作するインターフェースは，カメラを用いた画像認識の分野で研究されてきました．2010年に全身モーション・キャプチャ・デバイスKinectが発売されたことで，一気に私たちの身近なものとなりました．

（a）AR/VR

（b）空中ジェスチャ・インターフェース

（c）感染症対策

図1 非接触「触覚」が求められる状況の例
AR/VRにおいては現実には存在しないバーチャル物体に触った感覚を提示することでリアリティを増強する．空中ジェスチャ・インターフェースでは操作が受け付けられたことを触覚でフィードバックすることでユーザ体験を向上させる．感染症対策では公共施設においてインターフェースの非接触化が進み，老若男女問わず使いやすいよう非接触触覚の導入も進むと考えられる

また2012年には，手指に特化した小型のジェスチャ入力デバイスLeap Motionが発売され，ジェスチャ入力を日常生活のさまざまなシーンに埋め込めるようになりました．例えばBMWが2015年に，ジェスチャで音量調節や通話受信などの操作ができる機能を搭載した車両を発売しました．図1(b)は，自動車を運転しながらジェスチャでカー・ナビゲーション・システムを操作しているようすを示しています．

● 背景③…非接触がありがたい感染症対策

2019年末から流行が広がり始めたCOVID-19に対して，接触感染の経路を防ぐため，社会のインターフェースの非接触化が推進されるようになりました．エレベータのボタンを爪楊枝で押すなどの例もあるなかで，空中ジェスチャ・インターフェースや空中映像の活用も試みられています．

これらのインターフェースのユーザビリティを向上させる要素として，空中触覚が求められるようになると考えられます．図1(c)は，非接触で操作する公共機器の例を示しています．

空中で触覚を感じさせる方法

● VR関係の方法

バーチャル・リアリティ技術は人間の五感に対して，実在しないものをあたかも実在しているかのように感じさせるものです．そこでは視覚や聴覚ほど盛んではないものの，触覚を提示する方法についても研究されてきました．

その大半は手でデバイスに触れて感じるものでしたが，一部では空中において非接触で触覚を感じさせる技術の研究も行われてきました．ここでは図2に示すように，3種類に分類して紹介します．

▶装着型

触覚を感じさせるための小型デバイス（振動モータなど）をグローブなどの指先にあたる箇所に仕込んでおき，それをユーザが手に装着するタイプです．触覚を感じるべき位置に手をかざすと，それを検知したVRシステムが小型デバイスを稼働させ，指先に触覚を感じるというものです．

近年，市販のHMDにはVRコントローラがセットでついてきますが，これにも振動によって触覚フィードバックを行う機能が搭載されています．握って使用するためグローブの場合のように個別の指を刺激することはできませんが，これも装着型の一種と考えられます．図2(a)は，触覚を再現する小型デバイスを仕込んだグローブを示しています．

▶遭遇型

触覚を感じるべき位置にあらかじめ物体を配置し，そこに手をかざすと物体に触れるので触覚が感じられるというタイプです．床に設置されたロボット・アームが物体を適切なタイミングで適切な位置まで動かし，ユーザが手をかざすのを待ち受けます．ユーザはHMDを装着してバーチャル空間に没入しているため，ロボット・アームの存在は気にならず，触っているものの映像が見えています．

しかし，このようなロボット・アームは大きくて重いため，家庭に設置して手軽に利用する用途には向きません．図2(b)は，ロボット・アームの前に立って空中で触覚を感じているようすを示しています．

▶射出型

触覚を感じるべき位置に何らかの物質あるいはエネルギーを送り，それが手に当たると触覚が感じられるというタイプです．送るものとしては水滴や空気（エア・ジェット，空気渦輪），赤外線，レーザ光，そして超音波といったものがこれまで試みられています．

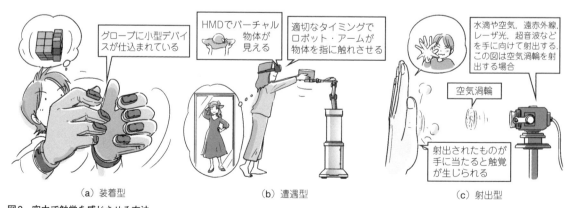

（a）装着型　　　（b）遭遇型　　　（c）射出型

図2　空中で触覚を感じさせる方法
手にデバイスを装着する，ロボット・アームで物体を手に接触させる，手に向けて物質あるいはエネルギーを送るという3種類に分類される

触れていないのに「触覚」を感じさせる実験

所望の場所を狙うため，水滴や空気は射出口を首振り機構にしたり，赤外線やレーザ光は鏡の角度を制御したりと物理的に動かす必要があるのに対し，超音波は位相差（時間差）制御により，干渉の結果として，物理的な可動部なしに所望の位置を狙えることが特徴です．**図2(c)**は，空気渦輪を射出することによって手のひらに触覚を感じさせる例を示しています．

● **空中超音波による非接触触覚**

空中超音波を用いた非接触触覚の提示技術は，東京大学で最初に開発され，2008年に発表されました．筆者もその開発に携わり，世界初のジャーナル論文を執筆しました[1]．最近は東京大学の篠田・牧野研究室と英国Ultraleap（旧称Ultrahaptics）を筆頭に，世界中で研究開発が進められています．

写真1　非接触触覚ディスプレイのデモンストレーション
非接触触覚ディスプレイの上方15 cm程度の位置に手をかざすと，タブレットPCに描いた通りに移動する超音波焦点の動きを感じることができる

タブレットPCに描いたとおりに超音波焦点が動く

非接触触覚ディスプレイの本体

制御用基板は複数基板からなり，大きな容積を占めるものとなっていた

振動子アレイ基板

多量のリボン・ケーブルの引き回しが煩雑であった

写真2[2]　初期のころの非接触触覚ディスプレイ
2008年に開発．リボン・ケーブルによる配線の引き回しが煩雑であり，機材の設置場所などに制約があった．また制御用基板に搭載する部品点数が多かったため，複数基板で構成される大きな容積を占めるものとなっていた

非接触「触覚」ディスプレイの構成

● **デバイスの概略**

デバイスの組み上がりをコンパクトにしたい意図があったため，振動子アレイ基板と制御用基板（信号生成/信号増幅）を同サイズの正方形として設計し，重ね合わせて，4辺に沿って並んだピン・コネクタで接続する方式にしました（**写真1**）．

2008年の試作機では，**写真2**に示すように数百チャネルぶんの配線をケーブルで行っていました．リボン・ケーブルを採用したので配線同士が絡まることはなかったものの，基板同士がケーブルを介して引っ張り合ってしまったり，ケーブルの束がかさばって重かったりと，取り回しに難がありました．

ピン・コネクタ方式を採用することでアレイ基板と制御用基板が一体のデバイスとなり，パソコンと通信するUSBケーブルと24 V直流電圧を供給する電源ケーブルの3本が外に出ているだけとなりました．その概略を**図3**に示します．この構成にしたことで，持ち運んでデモすることも容易になりました．これはもちろん非接触触覚にも使えるのですが，デバイスを逆さに吊り下げたり横向きに置いたりするといった配置の自由度が向上したことにより，新しい用途の探索ができるようになりました．

その結果，ハチや人手に頼らない人工授粉，忌避薬が効きにくい害虫に対する防除効果，帯電したフィルムの局所加振による静電気分布計測，毛布に自動的に絵が現れて消えるシステム，創傷治癒や発毛を促進する作用，3次元位置を自在に操れる音響浮揚など，多様な分野にわたる応用開拓を進めることができました．

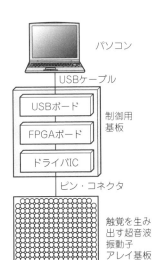

パソコン

USBケーブル

USBボード
FPGAボード
ドライバIC

制御用基板

ピン・コネクタ

触覚を生み出す超音波振動子アレイ基板

図3　非接触触覚ディスプレイの構成
非接触触覚ディスプレイは超音波振動子を多数搭載したアレイ基板と，パソコンとの通信にもとづいて振動子を駆動する制御用基板の2枚から構成されている．制御用基板には，パソコンと通信する機能，駆動信号を生成する機能，駆動信号を増幅する機能が実装されている

> 直径10 mmの超音波振動子が285個並んでいる

写真3　空中で触覚を生み出す超音波振動子アレイ基板

この取り組みに対して，文部科学省NISTEPから「科学技術への顕著な貢献」として表彰いただきました．

● 超音波振動子アレイ

　前提として，超音波によって触覚を感じさせるためには，かなり高い音圧が必要です．例えば，意識を集中しなくても感じられる音圧レベルは160 dB（2000 Pa）程度です．一方で，私のデバイスで採用している超音波振動子T4010B4（日本セラミック，一般には超音波センサと呼ばれているが，ここでは測定の意図では使わないため振動子と呼ぶ）は，1つあたり30 cmの距離で120 dB（20 Pa）弱です．触覚を感じさせるためには，単純計算で100個以上の超音波振動子が必要です．ほかにも超音波振動子の個体差や指向性などの要因もあるため，私のデバイスでは285（縦横に17×17個）の超音波振動子を並べることにしました．**写真3**に振動子アレイ基板の外観を示します．

　それぞれの超音波振動子が発する超音波を重ね合わせて高い音圧を実現するため，フェーズド・アレイ（位相配列）という制御方法を用います．小学校の理科で，虫メガネを使って太陽の光を集めて黒い紙を焦がす実験をしたことがあるかと思います．あれは虫メガネのガラスが厚い部分では光がそのぶんだけ遅く出てきて，薄い部分では早く出てくるという時間差（位相差）が生じることによって，それらが同時にたどり着く場所（焦点）で光が強め合うという現象です．

　超音波の場合はガラスの厚みではなく，**図4**に示すように，焦点からそれぞれの超音波振動子までの距離［**図4(b)**］に応じて駆動する波形に時間差（位相差）をつける［**図4(a)**］ことによって焦点を作ります．そのためには，285個の超音波振動子を285チャネルの信号で個別に駆動する必要があります．

　パターン設計においては，できるだけ省配線にしたいという意識があったため，**図5**に示すように超音波振動子の極性の片方をSignal（駆動信号はプラス/マイナスの電圧値をとる）として個別配線し，もう片方をGNDとして共通化することにしました．

● 信号生成

　285チャネルの信号を生成する部分を見ていきます．296本のI/Oを備えたFPGA評価ボードACM-202-55C8（ヒューマンデータ）を採用しました．FPGAとしてCyclone III EP3C55（インテル，旧アルテラ）を搭載しています．I/Oの内訳は駆動信号285本，通信10本，ドライバICへのイネーブル信号1本としました．そして，下記の通信，位相計算，波形生成の機能をVerilog HDLで実装しました．

▶通信

　超音波焦点を作りたい位置やタイミングをパソコンから制御するため，USB-シリアル評価ボードUSB-103（ヒューマンデータ）を採用しました．FTDI社がAPIを提供しているため，パソコンにおいてC言語な

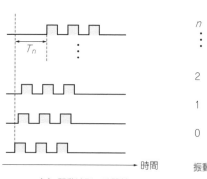

（a）駆動波形の時間差

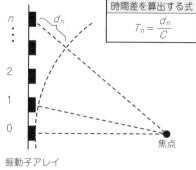

> 時間差を算出する式
> $$T_n = \frac{d_n}{C}$$

（b）焦点から振動子までの距離

図4　フェーズド・アレイによる焦点の作り方
焦点からn番の振動子までの距離d_n [m] を音速c [m/s] で割ると，ずらすべき時間差T_n [s] を得ることができる．焦点から遠い振動子ほど早く超音波を放射することで，すべての超音波が焦点に同時に辿り着いて強め合う

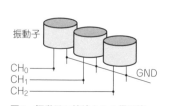

図5　振動子に接続される信号線
できるだけ省配線にするため，振動子の極性の片方をチャネルごとに個別配線し，もう片方をGNDとして共通化した

触れていないのに「触覚」を感じさせる実験

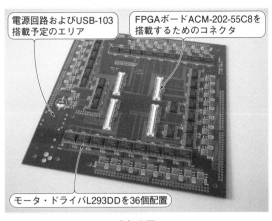

電源回路およびUSB-103搭載予定のエリア

FPGAボードACM-202-55C8を搭載するためのコネクタ

モータ・ドライバL293DDを36個配置

（a）表面

L293DDを36個配置

（b）裏面

写真4　制御基板
モータ・ドライバL293DD×72個を基板の両面に配置している

どで制御プログラムを作成することができます．FPGAではUSB-103からシリアル信号を受信し，XYZ座標値や超音波出力/停止コマンドに分解して，それぞれ該当する変数に格納します．

▶位相計算

1つの焦点を作るため，それぞれの振動子に対してその振動子から焦点までの距離を音速で割ることで伝搬時間を算出します．その伝搬時間を超音波の1周期（40 kHzの場合は25 μs）で割ると，余りとして時間差が得られます（ちなみにこの時間差を1周期で割ったものに2πをかけてラジアンにした値が位相差）．この時間差だけ，それぞれの振動子が超音波を発するタイミングをずらすと，すべての超音波が同時にたどりつく地点で超音波が強め合います．こうして焦点を形成することができます．

▶波形生成

FPGAのI/Oは"H"/"L"の2値を出力することから，矩形波信号によって超音波振動子を駆動することを考えました．例えば，12.5 μsだけ"H"を出力し，次に

12.5 μsだけ"L"を出力する，ということを繰り返すと40 kHz矩形波を作り出すことができます．実装上は時間方向に離散化して，時間の最小単位のいくつぶんだけ"H"あるいは"L"にすることにします．また，ほかの振動子の信号から時間の最小単位のいくつぶんだけずれているかによって，時間差/位相差を制御します．

私のデバイスでは1周期を16段階に離散化しました．すなわち1段階は1.5625 μsにあたり，FPGAの中では時間について，この何倍かで近似して表しました．

● 信号増幅

FPGAのI/Oは3.3 V系で動作するため，そのままの電圧では超音波振動子を十分に駆動することができません．そこで，電圧を増幅してから振動子に入れる必要があります．私のデバイスでは3.3 V_{0-p}の矩形波を24 V_{0-p}に増幅することにしました．これらを搭載した制御用基板を**写真3**に，回路を**図6**に示します．

実装ではモータ・ドライバL293DD（STマイクロエレクトロニクス）を採用することにしました．285チ

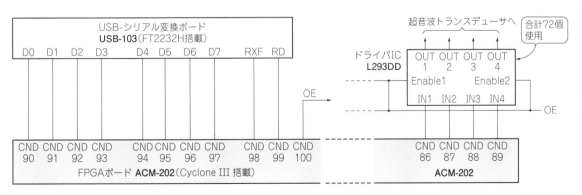

超音波トランスデューサへ　合計72個使用

USB-シリアル変換ボード
USB-103（FT2232H搭載）

D0　D1　D2　D3　　D4　D5　D6　D7　　RXF　RD

OE

ドライバIC
L293DD

OUT 1　OUT 2　OUT 3　OUT 4

Enable1　　　Enable2

IN1　IN2　IN3　IN4

OE

CND 90　CND 91　CND 92　CND 93　　CND 94　CND 95　CND 96　CND 97　　CND 98　CND 99　CND 100

FPGAボード **ACM-202**（Cyclone III 搭載）

CND 86　CND 87　CND 88　CND 89

ACM-202

（a）FPGAボード **ACM-202**とUSB-シリアル変換ボード **USB-103**の接続　　　（b）ドライバ **L293DD**との接続

図6　非接触触角ディスプレイのメイン制御回路（一部抜粋）

基礎　測定環境　製作　測る　加工・洗浄　回路のしくみ　デバイス　これから

ャネルの信号を個別に増幅するにあたって，1パッケージに4チャネル入っているのが魅力的であったためです．しかし，この回路は欠点を抱えていました．ただでさえ発熱するICを基板の裏表に密集配置したことで，デバイスを動作させているうちに熱暴走に至り，超音波焦点を結ばなくなってしまったり，長期的には基板が焦げて故障してしまったりしたのです．それでもファンによる空冷でだましだまし運用し続け，この設計のまま押し通していたことに「素人だったなあ」と自戒しています．

また，駆動波形を振動子に入れる前に直流成分を除くようにしました．超音波振動子に直流電圧を印加することで絶縁抵抗が低下して，故障に至る恐れに対する配慮のためです．285チャネルぶん配置する必要があるため，最小限の部品数で実現する方法として1次ハイパス・フィルタで直流成分を落とすことにしました．それを図7に示します．

本来は+12Vから-12Vで駆動すべきところ，このやりかたでは（PWMのデューティ比を変えたときに）上下の電圧値が固定されません．これが駆動にどのように影響してくるかは未検証です．また，振動子に入れる際に駆動波形にリンギングが出るのを抑えるため，ハイパス・フィルタの前段に応急処置的に直列に抵抗を入れて「よしよし，消えたぞ」とやっていました．この対策の妥当性も未検証であり，「ピエゾの専門家に話を聞くとか，望ましい駆動波形になっているかどうかを確認しながら，ちゃんと回路設計するべきだったなあ」と反省しています（当時の私にはそのための意識も知識もなかった）．

「触覚」を感じさせる超音波の制御

ここまで，おもにハードウェアの話をしてきました．これを踏まえて，ソフトウェアによって超音波の挙動を操ります．ここで基礎的な制御について紹介します．

● ON/OFFによる振動刺激

超音波を手のひらに照射して触覚が感じられる現象は，超音波が皮膚表面で反射される際に授受される運動量として説明できます．すなわち，超音波を照射している間は皮膚に対して定常的な圧力（音響放射圧）がかかり，超音波を停止すると圧力がかからない，というものです．超音波そのものが皮膚に浸透しているわけではないのです．超音波音圧と音響放射圧の関係を図8に示します．

このことから，超音波のON/OFFを繰り返すことで皮膚に振動刺激を与えることができます[1][2][3]．皮膚は粘弾性体であるため，局所的に圧力がかかると凹み，除荷すると元に戻ることによって，ON/OFFの周期に合わせた振動になるのです．人間の触覚はDC～1kHz程度の周波数の振動を知覚できると言われており，200Hz付近でもっとも感度が良いとされています．超音波によって生じる圧力は微弱であるため，できるだけ触覚を感じやすいように200HzでON/OFFさせる条件でデモをしていました．

なお振動刺激の副産物として，超音波の振幅変化が可聴音として放射されて耳に聞こえるという現象が知られています．人間の聴覚は20Hz～20kHz程度の周波数が聞こえるとされており，触覚で感じられる範囲を含むため，原理上避けられません．最近の工夫としては，ON/OFFよりも若干複雑な制御になってしまいますが，超音波の振幅を徐々に変化させて正弦波に近くすることで，放射される可聴音に余計な周波数成分が入らないようにし，聴覚的に認知しにくくすることも試みられています．そのように「徐々に変化」させるためには，PWM（Pulse Width Modulation）が使えます．

● PWMによる振幅制御

「波形生成」のところで述べたように，超音波振動子に入れる駆動信号は矩形波です．この波形を周波数分解すると，図9に示すように基本周波数40kHzに加えて3倍周波数120kHz，5倍周波数200kHz，…といった奇数倍の周波数が含まれています．超音波振動子は40kHzの狭帯域のバンドパス・フィルタなので，矩形波に含まれる周波数成分のうち40kHz成分によ

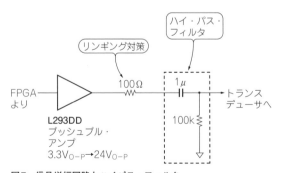

図7　信号増幅回路とハイパス・フィルタ
L293DDがディジタル信号を電圧増幅したあと，ハイパス・フィルタによって直流成分をカットした．またリンギングが発生したため，直列に抵抗を入れる応急処置を講じた

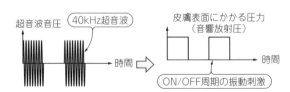

図8　超音波音圧と音響放射圧の関係
超音波が皮膚に照射されている間だけ，皮膚表面に圧力がかかる．超音波をON/OFFすることによって皮膚を押したり離したりして振動刺激を与えることができる

って駆動されます．電圧が+12Vと−12Vを行き来する矩形波の場合，基本周波数成分（正弦波）のピーク値は12Vの4/π倍です．この実効値はさらに√2で割った値であり，約10.8Vとなります．これに比例した音圧の超音波が振動子から放射されます．

矩形波をPWM制御することによって，超音波振動子を駆動する正弦波の振幅を変えることができます[1][2][3]．ちなみに，LEDなどのPWMではデューティ（W/T）と結果が線形の関係になることが多いですが，振動子がバンドパス・フィルタとして動作するため非線形な制御になることに注意が必要です．

具体的には，振幅変化は図10に示すようにデューティをDとして$\sin(\pi D)$に比例します．すなわち，デューティ50%のとき（"H"の期間と"L"の期間が同じとき）に振幅最大となり，そこからデューティが小さくなって0%に至るまでと，デューティが大きくなって100%に至るまでにおいて同様の振幅変化をします．

● **焦点移動時の騒音低減**

「位相計算」のところで述べたように，位相制御によって焦点位置を決定します．すなわち位相を変更することによって焦点位置を変更することができ，任意の位置に超音波を照射することができます．この焦点移動に伴ってバチバチという騒音が発生してうるさいことが，デバイス開発当初より課題として挙げられていました．これは共振系である振動子に，位相が不連続に変化する駆動信号を入れると，出力される超音波振幅が一時的に低下することに起因します．

この騒音を抑制する方法として，位相を徐々に変えることで振幅変化を最小限に抑えることを提案しまし

た[4][5][6]．「波形生成」のところで，1周期を16段階に離散化したことを述べました．そのような離散化のもとで，例えば位相を5段階変化させる必要があるとき一度に5段階変化させるのではなく，1段階変化させてはちょっと（数周期だけの時間）待って次の1段階を変化させる，という方法です．

このように徐々に位相を変化させた場合について図11に示します．変化させるべき位相の段階は振動子ごとに異なるため，1段階変化でよい振動子はすぐ完了するなど，タイミングがばらけることも騒音低減の一助となると考えられます．この制御を入れることによって，焦点移動時の騒音が気にならなくなるか，少なくとも不快感を低減させることができました．

おわりに

本章では空中超音波による非接触触覚ディスプレイについて，それが求められる背景と関連技術を紹介しました．また，筆者の実例を踏まえて，このデバイスの構成要素について解説しました．最後に，このデバイスで触覚を提示する際に感じやすくしたり不快感を低減したりするための超音波制御について説明しました．

このデバイスは非接触触覚に使われるだけでなく，最近は物体を浮かせて動かす音響浮揚の研究も盛んです．実際に作ってみたいという方には，本章の内容を再現するよりも，スペインの研究者Asier Marzoらが公開しているオープン・ハードウェア[7]がおすすめです．また，位相制御を不要にするため凹面に振動子を配置して自然に焦点が結ばれるようにしたデバイス

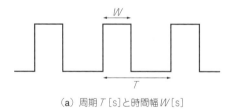

（a）周期T[s]と時間幅W[s]

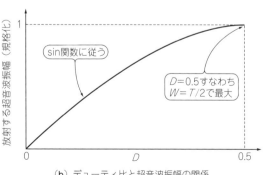

（b）デューティ比と超音波振幅の関係

図10 PWMによる振幅制御
共振系に対するPWMであるため，デューティDと超音波振幅の関係は（線形ではなく）sin関数に従う

図9 駆動信号（矩形波）が含む周波数成分
矩形波は基本周波数成分（1倍の周波数）だけでなく，3倍，5倍，…というように奇数倍の周波数成分も含む．超音波振動子は狭帯域のバンドパス・フィルタとしてふるまうため，基本周波数の超音波を正弦波として放射する

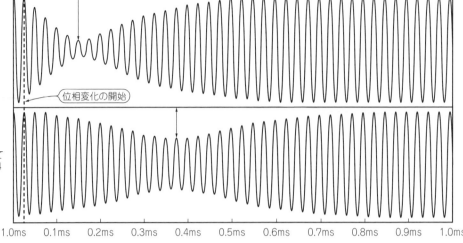

（a）不連続に位相を
　　π/4変えた場合

位相変化の開始

（b）14サイクルかけて
　　徐々に位相をπ/4
　　変えた場合

1.0ms　0.1ms　0.2ms　0.3ms　0.4ms　0.5ms　0.6ms　0.7ms　0.8ms　0.9ms　1.0ms

図11　位相を徐々に変えることによる超音波の振幅変化の比較
超音波振動子の等価回路について回路シミュレータを用いて振幅変化のようすを確認した例．位相を徐々に変えた場合に振幅の落ち込み量が小さくすみ，結果としてそこから放射される可聴音が抑制される

も試みられており，筆者[8][9]や Asier Marzo[10][11] らによって公開されています．ぜひ手元で再現し，素敵な超音波ライフを過ごしていただければと思います．

◆参考文献◆
(1) Takayuki Hoshi, Masafumi Takahashi, Takayuki Iwamoto, and Hiroyuki Shinoda；Noncontact Tactile Display Based on Radiation Pressure of Airborne Ultrasound, IEEE Transactions on Haptics, vol.3, no.3, pp.155-165, 2010.
http://doi.ieeecomputersociety.org/10.1109/TOH.2010.4
(2) 星 貴之；非接触作用力を発生する小型超音波集束装置の開発，計測自動制御学会論文集，vol.50, no.7, pp.543-552, 2014.
http://doi.org/10.9746/sicetr.50.543
(3) 星 貴之；特集 聞くぅ～♪最新サウンド技術 / 音の物理学の研究！超音波で空中浮遊実験，Interface，2014年3月号，pp.73-78，CQ出版社．
https://interface.cqpub.co.jp/magazine/201403-2/
(4) 星 貴之；空中超音波触覚ディスプレイにおける刺激点移動時の騒音抑制法，日本バーチャルリアティ学会論文誌，vol.22, no.3，pp.293-300，2017年．
https://doi.org/10.18974/tvrsj.22.3_293
(5) 星 貴之；静音化した超音波集束装置，特許第6643604号，登録日2020-01-09.
(6) 星 貴之；静音化した超音波集束装置，特許第6743947号，登録日2020-08-03.
(7) SonicSurface: Phased-array for Levitation, Mid-air Tactile Feedback and Target Directional Speakers.
https://www.instructables.com/SonicSurface-Phased-array-for-Levitation-Mid-air-T/
(8) 星 貴之；電子工作キットで自作するインタラクティブ音響浮揚装置，情報処理学会論文誌，vol.57, no.12, pp.2589-2598, 2016年．
http://id.nii.ac.jp/1001/00176387/
(9) 振動子アレイ用曲面3D CADデータ
https://make.dmm.com/item/273960/
(10) Asier Marzo, Adrian Barnes, and Bruce W. Drinkwater；TinyLev: A Multi-Emitter Single-Axis Acoustic Levitator, Review of Scientific Instruments, vol.88, 085105, 2017.
https://doi.org/10.1063/1.4989995
(11) Acoustic Levitator
https://www.instructables.com/Acoustic-Levitator/

column ▶ 01

アイデア製作!
超音波を可視化できる光るハイドロホン

中村 健太郎

● **圧電素子(ピエゾ素子)にLEDを直付けするだけ**

図A(a)のように,ピエゾ(PZT)素子片にチップLEDを直付けすると,強力な超音波用の「光る」ハイドロホンになります.超音波音場中にPZT素子を置けば電圧が発生しますが,その電力でLEDを点灯させてしまうわけです.

LEDが点灯するほど強い音場である必要がありますが,超音波洗浄器や集束超音波などに利用可能です.図A(b)のように2次元に多数並べれば,洗浄槽内の音圧ムラや超音波の集束状況などを直視できます.音圧が不足するときはLEDが点灯する直前まで直流バイアスをかけます.

この光るハイドロホンは,見方を変えれば,超音波による非接触給電であるといえます.

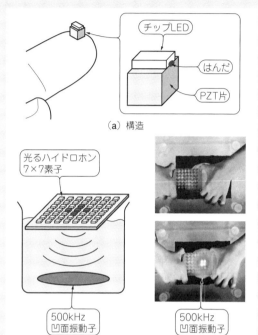

（a）構造

（b）集束超音波の観測

図A　2次元アレイとした光るハイドロホン

第4部

超音波計測の
メカニズム

第9章　なぜ魚群探知機は水中の魚を見つけられるのか

音響で空気中/水中/固体中を調べるメカニズム

小木曽　泰治　Yasuharu Ogiso

　超音波の利用方法はさまざまです．音が反射する性質を利用して，内部構造など直接目視することができない部分も分析できるため，魚群探知機，超音波流量計，医療診断装置などの，さまざまな分野で応用されています．

　本章では，超音波計測の原理に触れたあと，超音波の反射を利用した機器のしくみを紹介します．

超音波計測の基本メカニズム

その1：反射時間を利用する

● すべての基本…反射時間を利用して距離を知る

　空気中では可聴音が空気の振動で伝わったり，壁などで反射したりするのと同じように，超音波も媒質の振動により伝搬したり，境界面で反射したりします．

　可聴音が反射する現象といえばやまびこが有名です（図1）．やまびこが返ってくる時間を測ることで山までの距離がわかります．

　例えば，2秒後にやまびこが返ってきたとすると，音の伝わる速度は空気中では約340 m/sなので，次式より山までの距離が求められます．

$$\frac{340[\text{m/s}] \times 2[\text{s}]}{2} = 340[\text{m}] \quad\cdots\cdots\cdots\cdots\cdots (1)$$

　この340 mが山までの距離になります．2秒は往復の距離なので，片道の距離を出すために2で割っています．このように，音が反射する性質を利用することで，距離が測れます．

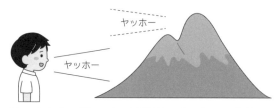

図1　やまびこが返ってくる時間を測ることで山までの距離がわかる

　超音波でも同様の計算で距離が求められます．超音波振動子から発信した超音波は，観測物で反射され，再び振動子で受信します．超音波の発信から受信までの往復時間を距離に換算し，深度（深さ）として表示します．

　また，水中での音速は約1500 m/sになります．0.02秒後に反射の応答があった場合は，次式で距離が求められます．

$$\frac{1500[\text{m/s}] \times 0.02[\text{s}]}{2} = 15[\text{m}] \quad\cdots\cdots\cdots\cdots (2)$$

　観測物まで約15 m離れていることになります．

● 音の縦波と横波と伝搬速度

　音の伝搬については，気体中と液体中では縦波（疎密波）のみが存在し，固体中では縦波と横波の両方が存在します．縦波とは媒質が波の進行方向と平行に振動することで起こる波で，横波とは媒質が波の進行方向と垂直に振動することで起こる波です（図2）．縦波の方が横波より早く伝搬します．

● 屈折と反射

　図3に示すように，音速が違う固体の2層構造内に斜めに超音波（縦波）を伝搬させる場合，境界面で屈折して横波が発生します．入射角と屈折角，音速との関係は，次式のように表されます．

$$\frac{\sin \theta_1}{\sin \theta_2} = \frac{v_1}{v_2} \quad\cdots\cdots\cdots\cdots\cdots\cdots\cdots\cdots\cdots\cdots (3)$$

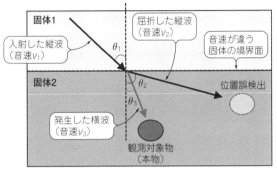

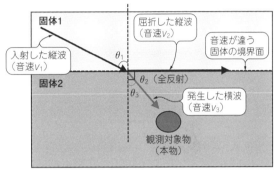

図2　縦波と横波は媒質の振動方向が異なる

（a）縦波

（b）横波

（a）反射波が横波で観測したものか縦波で観測したものかが不明だと，観測対象物の位置を間違える

（b）入射角を調整すると固体2へ伝わる縦波が全反射する

図3　音速が違う固体の2層構造内に斜めに超音波（縦波）を伝搬させる場合，境界面で屈折および横波が発生する

$$\frac{\sin \theta_1}{\sin \theta_3} = \frac{v_1}{v_3} \cdots\cdots\cdots\cdots (4)$$

ただし，θ_1：入射した縦波の入射角，θ_2：屈折した縦波の屈折角，θ_3：発生した横波の屈折角，v_1：入射した縦波の音速，v_2：屈折した縦波の音速，v_3：発生した横波の音速

入射角と屈折角の関係を表した法則は，スネルの法則（または屈折の法則）と呼ばれます．

縦波と横波で受信波形が分かれた場合，縦波の方が横波に比べて速いので，屈折角も2つに分かれます．2層目の内部を分析したい場合，図3(a)に示すように縦波・横波どちらからの反射信号なのかを間違えると，分析対象物の位置も間違って検出してしまいます．

$v_1 < v_2$の場合，図3(b)のように超音波の入射角を

縦波が全反射する角度にし，2層目は横波のみを使用するなど，測定には工夫が必要です．

その2：反射強度も利用する

● 音のインピーダンスを考えてみる

図4に示すように，光は固体/液体/気体の境界面で反射しますが，音は固有音響インピーダンスの値が異なる境界面で反射します．

固有音響インピーダンスをZ，音圧をp，粒子速度をuとしたときに，次式が成り立ちます．

$$Z = \frac{p}{u} \cdots\cdots\cdots\cdots\cdots\cdots\cdots\cdots\cdots (5)$$

固有音響インピーダンスは，電圧をE，電流をIと

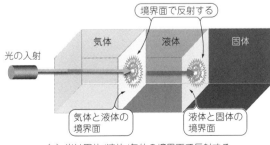

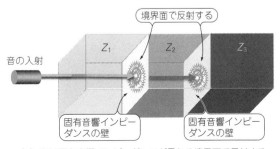

（a）光は固体/液体/気体の境界面で反射する

（b）音は固有音響インピーダンスが異なる境界面で反射する

図4　光は固体/液体/気体の境界面で反射するが，音は固有音響インピーダンスが異なる境界面で反射する

したときに表される電気インピーダンス$Z(=E/I)$と似ており，式(5)はまさにインピーダンスを表す値ということになります．

また，固有音響インピーダンスは，物質の密度ρ，物質固有の音速cを使って，次式で表すこともできます．

$$Z = \rho c \cdots\cdots\cdots\cdots\cdots\cdots\cdots (6)$$

つまり，超音波は密度や音速が異なる媒質の境界面で反射が起こるということになります．

図5に示すように，縦波である超音波が媒質1から媒質2に伝播する場合，媒質1の固有音響インピーダンスをZ_1，媒質2の固有音響インピーダンスをZ_2とすると，境界面での音圧の反射率Rは次式で表されます．

$$R = \frac{Z_2 - Z_1}{Z_2 + Z_1} \cdots\cdots\cdots\cdots\cdots\cdots (7)$$

このように，音圧の反射率は媒質1と媒質2の固有音響インピーダンスだけで決まる値となります．

例えば，軟部組織（密度$\rho_1 = 1$，音速$c_1 = 1.5$ km/s）

から骨（密度$\rho_2 = 1.5$，音速$c_2 = 4.0$ km/s）へ超音波が入射するときの反射率Rを求めてみます．

式(6)より軟部組織の固有音響インピーダンス$Z_1 = 1 \times 1.5 = 1.5$，骨の固有音響インピーダンス$Z_2 = 1.5 \times 4.0 = 6.0$から，反射率$R$は式(7)より次式のように求めます．

$$R = \frac{6.0 - 1.5}{6.0 + 1.5} = 0.60 \cdots\cdots\cdots\cdots\cdots (8)$$

つまり，60%が反射で返ってくることになります．このように，固有音響インピーダンスの差が大きい境界面からは，大きな反射が返ってきます．反射強度（反射波の振幅の大小）に対応した色を画面に出力することで，異なる媒質との境界面を画像として表示させることが可能になります．

● 物体の境界面の反射から形状を知る

写真1に示すように，アクリル水槽の底に沈めたアルミ・ブロックに，上部から超音波を当てる実験を行ってみます．図6に示すように，超音波画像は反射強度の強い部分を白く表示します．物質内部の材質が一様の場合は，その内部では反射が返ってこないため，水中に置いたアルミ・ブロックの界面だけが映像化されます．

一方，図7に示すようなスポンジのような複雑な形状をしたものでは，水とスポンジの境界が多数存在するため，スポンジの形状が画像として映ります．

なお，固有音響インピーダンスの差がある場所が反射に関わってきますので，単純に硬い物質は白く表示される，柔らかい物質は黒く表示される，ということではありません．画像を見る際には注意が必要です．

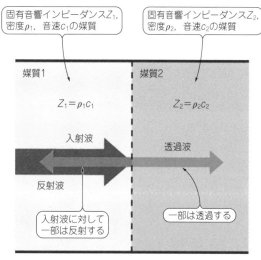

図5　固有音響インピーダンスが異なる境界面に音波が垂直入射した場合，一部は反射し，一部は透過する

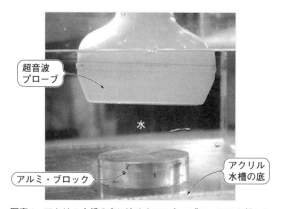

写真1　アクリル水槽の底に沈めたアルミ・ブロックに上部から超音波を当てる実験

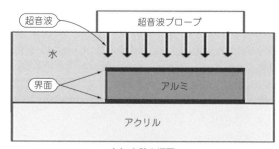

（a）実験の概要

（b）超音波画像

図6　アクリル水槽の底に沈めたアルミ・ブロックの超音波画像は界面だけ映像化される

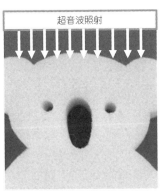

（a）水に沈めたコアラ型スポンジの上部から超音波を照射する

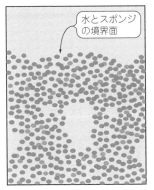

（b）水とスポンジの境界面は多数存在する

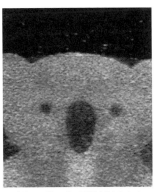

（c）スポンジの形状がそのまま画像となる

図7　水に沈めたスポンジに超音波を照射すると，形状がそのまま画像になる

その3：反射がない部分は一様として塗りつぶし表示する

● 固有音響インピーダンスの大きさに対応した色で画像を出力する

　反射時間と反射強度の両方を利用すると，境界面がどの場所にあるか確認できましたが，アルミ・ブロックでは内部が表示されませんでした．

　そこで，反射波形を受信したあとで，次に強い反射波形が現れるまでの間は一様な固有音響インピーダンスの物質で満たされている，とする考え方を用いれば**図8**のように画像は境界だけでなく内部も表示することが可能です．

　媒質1への入射波の電圧をV_i，反射波の電圧をV_r，透過波の電圧をV_tとすると，Z_0とZ_1の境界では反射率Rは次式で表されます．

$$R = \frac{V_r}{V_i} \cdots\cdots (9)$$

また，反射率は式(7)より次式で表されます．

$$R = \frac{Z_1 - Z_0}{Z_1 + Z_0} \cdots\cdots (10)$$

式(9)と式(10)より，次式の関係が導けます．

$$V_r = \frac{Z_1 - Z_0}{Z_1 + Z_0} \cdot V_i \cdots\cdots (11)$$

ここで，Z_0がわかっていれば，次式のようにZ_1が求められます．

$$Z_1 = \frac{1+R}{1-R} \cdot Z_0 \cdots\cdots (12)$$

透過率Tは次式の関係があります．

$$T = \frac{2Z_1}{Z_1 + Z_0} \cdots\cdots (13)$$

よって，透過波の電圧V_tは次式で表されます．

$$V_t = \frac{2Z_1}{Z_1 + Z_0} \cdot V_i \cdots\cdots (14)$$

ここで，Z_1とZ_2との境界面での反射波をV_{r1}とし，このV_tがZ_2に入射したと考えると，次式のようにな

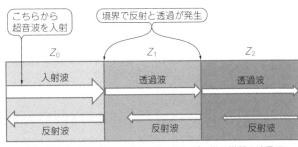

（a）音響インピーダンス（Z_0, Z_1, Z_2）が一様の媒質の境界で反射と透過が発生する

（b）通常画像は境界のみ線で表示される

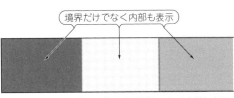

（c）Z-scope方式の画像は境界だけでなく内部も表示

図8　反射のない境界と境界の間は一様とみなして塗りつぶせば内部も表現できる

ります.

$$V_{r1} = \frac{Z_2 - Z_1}{Z_2 + Z_1} \cdot V_t \cdots\cdots\cdots\cdots\cdots\cdots (15)$$

式(12)で Z_1 を求めていれば, Z_2 も求められます. 同様に, 反射電圧を測定することで, Z_3, Z_4, Z_5, …, Z_n の値を求めることができます.

こうして求めた固有音響インピーダンスの大きさに対応する色を画面に出力すると, 1枚の画像に表示させることが可能になります. この方式はZ-scopeと呼ばれています. ただし, これは垂直入射が必須かつ, 多重反射や散乱が反射波/入射波に比べて無視できるほど小さい場合にのみ適用できる方法です.

超音波の周波数と解像度

超音波診断装置や超音波顕微鏡で使われている周波数と解像度の関係を**図9**に示します. 超音波を利用する機器において, 周波数の選定は非常に重要です. 周波数は低いほど指向角が大きくなり, 広範囲を探知できますが, 解像度が低くなり近距離分析には不向きです. 一方, 周波数が高いほど狭い範囲を正確に分析することが可能ですが, 減衰が大きいため遠距離分析には不向きです.

以上のように, ひとくちに「超音波の反射を利用する」といってもさまざまあり, 受信後の波形処理も重要になります.

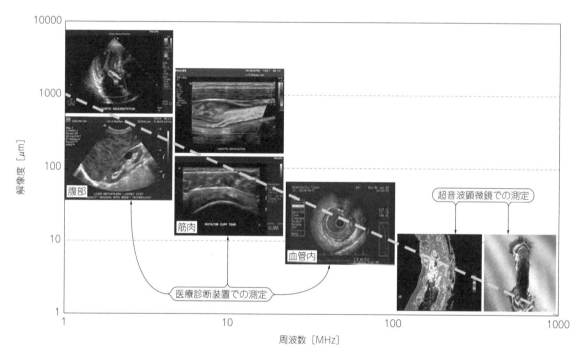

図9　周波数と解像度の関係…高周波ほど高解像度だが近くしか見られない
超音波診断装置や超音波顕微鏡で使われている超音波

超音波を利用した測定・診断機器のメカニズム

その1：超音波流量計のメカニズム

超音波流量計（**写真2**）は，主に半導体製造装置に使用されています．超音波流量計には次のような特徴があります．

▶ メリット
- 液と非接触で測定できる
- 流路をさえぎるものを設置しないため，圧損が比較的小さい

▶ デメリット
- 気泡などの異物が多いと測定ができない
- 超音波計測用の真っすぐな流路が必要

超音波流量計の原理を**図10**で説明します．**図10(a)**に示すように，流れの上流側の振動子をA，下流側の振動子をBとして配置します．**図10(b)**に示すように，振動子A→Bと振動子B→Aの検出波形を比較し，伝搬時間差から流速を求めます．

流速をV，伝搬経路長をL，流体中の音速をC，伝搬経路と流路とのなす角をθとすると，振動子A→Bの伝搬時間T_1，振動子B→Aの伝搬時間T_2は，次式で示されます．

$$T_1 = \frac{L}{c + V\cos\theta} \quad\cdots\cdots\cdots\cdots\cdots (16)$$

$$T_2 = \frac{L}{c - V\cos\theta} \quad\cdots\cdots\cdots\cdots\cdots (17)$$

式(16)と式(17)からCを消去し，Vについて解くと次式のようになります．

$$V = \left(\frac{L}{2\cos\theta}\right)\left\{\left(\frac{1}{T_1}\right) - \left(\frac{1}{T_2}\right)\right\} \cdots\cdots (18)$$

配管の断面積をSとすると，次式から流量（体積流量）Qが求まります．

$$Q = SV \cdots\cdots\cdots\cdots\cdots\cdots\cdots\cdots (19)$$

その2：魚群探知機のメカニズム

魚群探知機（**写真3**）は，直接海や湖の中を目視しなくても，魚群の密度，大きさを知ることができます．また，海底形状や底質も確認できます．具体的には次の性質を利用しています．

- 魚群の密度が高いほど，魚群からの反射波が強い
- 魚群が大きいほど，広範囲から反射波が返ってくる
- 岩場など底質が硬いほど，海底からの反射波が強い

反射波の強弱によって，これらを色別で画面に表示します．ただし，深度によって超音波の減衰量や探知領域が変わるため，反射波強度と深度とを総合的に判断して情報処理を行います．

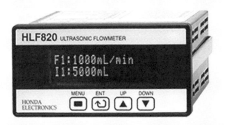

（a）流量を表示する変換器（HLF820）

（b）流量を測定する検出器（HLFS01）

写真2 超音波流量計（写真提供：本多電子）

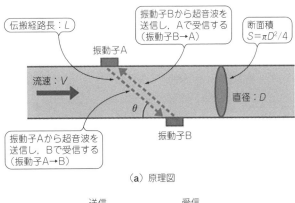

（a）原理図

（b）検出波形

図10[(1)] **超音波流量計の原理**

写真3　魚群探知機 HDX-10C
（写真提供：本多電子）

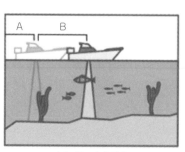

（a）船の移動状態

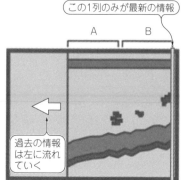

この1列のみが最新の情報

過去の情報は左に流れていく

（b）魚探画像の見え方

図11[(1)]　魚群探知機の画面の見え方

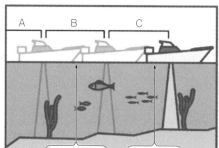
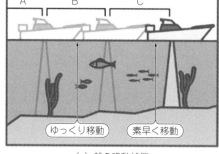

ゆっくり移動　　素早く移動

図12[(1)]　魚探画像は実物と横幅が異なって見える

（a）船の移動状態

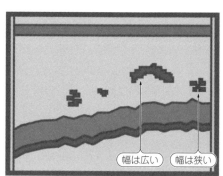

幅は広い　　幅は狭い

（b）魚探画像の見え方

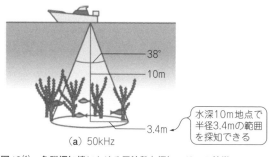

38°
10m
水深10m地点で半径3.4mの範囲を探知できる
3.4m

（a）50kHz

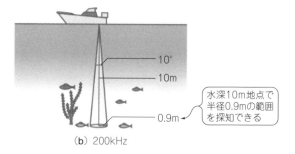

10°
10m
水深10m地点で半径0.9mの範囲を探知できる
0.9m

（b）200kHz

図13[(1)]　魚群探知機における周波数と探知エリアの特徴
低い周波数（50 kHz など）を使用すると，分解能は低いが広範囲を探知できる．高い周波数（200 kHz など）を使用すると，狭い範囲を詳細に探知できる

　魚群探知機の画面の見え方ですが，図11に示すように右端の縦1列が振動子の真下の情報となり，送受信するほど左に移動していきます．右端の縦1列の情報以外は過去のものになります．つまり，図12に示すように画面に残った反射部の横方向の長さは，船の移動速度に左右されます．反射部分の横方向の長さは，魚群の大きさとはならないことに注意が必要です．

　また，図13に示すように魚群探知機の周波数についてもさまざまです．低周波を利用すると分解能は低いですが，広範囲に深い場所まで探知が可能です．一方，高周波では狭く浅い範囲の探知が可能となっています．

その3：医療診断装置のメカニズム

　超音波医療診断装置（**写真4**）は，体表にプローブを当てるだけで体内の1断層面をリアルタイムで観察することができます．スポンジを例にすると，**図14（a）**に示すように振動子の真下の断層面のみを画像化しま

す．複数の振動子を束ねて，チャネルを切り替えながら送受信すれば，**図14（b）**に示すように一度に画像化することが可能です．

　ただし欠点もあります．チャネル切り替えの時間が遅く画像構築までの時間が長い場合，**図15**のように常に動いているものを観察するときには変形してしまう恐れがあります．

基礎　測定環境　製作　測る　加工・洗浄　回路のしくみ　デバイス　これから

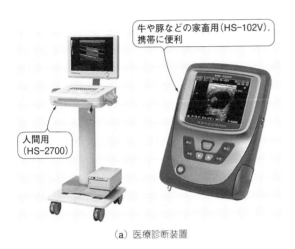

（a）医療診断装置

牛や豚などの家畜用（HS-102V）．携帯に便利

人間用（HS-2700）

（b）医療診断装置用の各種プローブ

写真4　医療診断装置とプローブ（写真提供：本多電子）

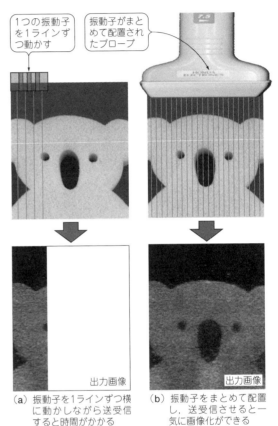

1つの振動子を1ラインずつ動かす

振動子がまとめて配置されたプローブ

出力画像

出力画像

（a）振動子を1ラインずつ横に動かしながら送受信すると時間がかかる

（b）振動子をまとめて配置し，送受信させると一気に画像化ができる

図14　医療診断装置では，超音波振動子が数個まとめて配置されたプローブを用いて一気に画像化させている

上から超音波を照射

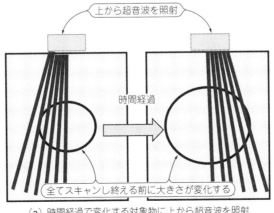

時間経過

全てスキャンし終える前に大きさが変化する

図15　時間経過で変化する対象物を観測した場合の出力画像

（a）時間経過で変化する対象物に上から超音波を照射

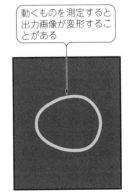

動くものを測定すると出力画像が変形することがある

（b）出力画像

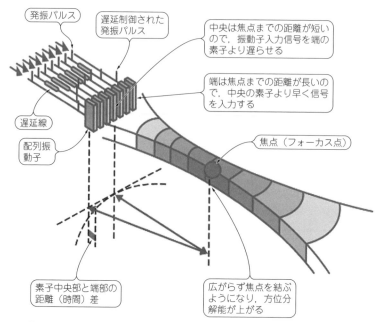

図16[(1)]　複数の振動子を使って集束波を作る

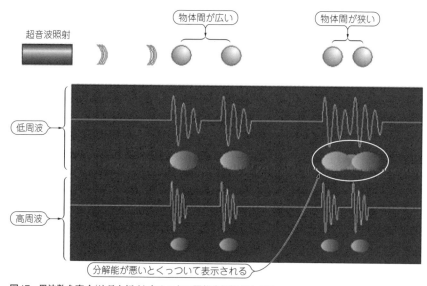

図17　周波数を高く（波長を短く）することで距離分解能が上がる

　また，1つの素子から送信された超音波は広がってしまうため，焦点を合わせることが難しく，そのままでは実際よりも横方向に間延びした画像になってしまいます．横方向の分解能のことを方位分解能と呼んでおり，方位分解能が悪い状態になります．

　方位分解能を上げる手段としては，図16に示すように複数個の振動子を1セットとして両端の振動子を先に発信させ，中央の振動子を遅らせて発信させれば，中央に焦点を結ぶ集束波を作ることができます．

　深さ方向の分解能のことを距離分解能と呼びます．

　図17に示すように距離分解能は周波数を高く（波長を短く）することで上げることができます．しかし，周波数を高くしすぎると深くまで測定できないので，周波数選定は被測定物の深度と距離分解能との兼ね合いが重要です．

◆参考・引用＊文献◆
(1)＊ 超音波ハンドブック，本多電子．
　　 https://www.honda-el.co.jp/attraction/handbook

第10章 幅広く実用化されている劣化診断の原理から測定器まで

厚みや傷…
非破壊検査のメカニズム

大平 克己 Katsumi Ohira

超音波による非破壊検査の方法についてはJISで規格化されているものが多くあります．ここでは，単眼の探触子を用いた検査方法について説明します．一度，JISハンドブック[1]もご覧ください．

非破壊検査に必要なもの

非破壊検査をはじめる前に，超音波探触子，ケーブル，超音波パルサ・レシーバ（または探傷器），接触媒質を用意します．以下に詳細を説明します．

● プローブに相当する超音波探触子

超音波による非破壊検査は，製品の品質管理，構造物の施工管理，構造物の劣化診断など多岐にわたります．検査内容により，用いられる超音波探触子もさまざまなものがあります[2]．

検査に用いる超音波探触子は，図1(a)のように保護板，圧電振動子，ダンパから構成されています．圧電振動子の下部電極をケースへはんだ付けし，グランドとして用います．上部電極は信号線として，コネクタの信号ピンにはんだ付けします．

図1(b)の垂直探触子では保護板をアルミナ板としており，被検体の金属面などとこすれても壊れない丈夫な構造にしています．一方，図1(c)の水浸探触子では，保護板としてエポキシ樹脂の整合層を用いています．これにより，水中でも効率良く送受信ができるようになっています．その反面，金属面などでこするとすぐに破損してしまいます．また，このようにケーブル直出しの場合，保管する際に邪魔になることがあります．

JIS規格では，2 MHzと5 MHzの中心周波数をもつ探触子を使うことが多いです．JIS規格にない方法で検査する場合，検査対象，検査内容に合わせて中心周波数，振動子の大きさなどを決める必要があります．

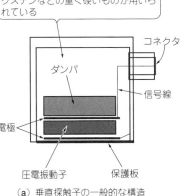

ダンパの程度により，探触子の性能は大きく変わる．ダンピングを強くすることで感度は落ちる，送信される波形は広帯域で短くなる．ダンパは，タングステンなどの重く硬いものが用いられている

コネクタ
ダンパ
信号線
電極
圧電振動子　保護板

（a）垂直探触子の一般的な構造

コネクタ（LEMO，小）
信号線

保護板アルミナ（白）
探触子を走査しても壊れない

（b）垂直探触子の例
（中心周波数5MHz，振動子径φ20mm）

ケーブル付きでは保管時などに邪魔になる

水と振動子の整合層を兼ねている
エポキシ樹脂（黒）保護層

（c）水浸探触子の例（ケーブル直接出し，中心周波数5MHz，振動子径φ10mm）

図1　非破壊検査のプローブに相当する超音波探触子（垂直，水浸）

● 超音波の送受信機本体

古くはアナログの超音波送受信機が用いられていましたが，現在ではおおむね，ディジタルの探傷器，厚さ計，パルサ・レシーバが非破壊検査に用いられるようになっています．

ディジタル探傷器の例として，日本非破壊検査協会の実技講習会で貸し出す探傷器を紹介しておきます．「JSNDIディジタル超音波探傷器」の基本操作仕様に対応し，さらに機能性を追求した使いやすい超音波探傷器として2つのタイプが用意されています．

(1)Gタイプ[2]：日本ベーカーヒューズ＆ベーカーヒューズ・エナジージャパン（旧GE製）
(2)Rタイプ[3]：菱電湘南エレクトロニクス

なおジャパンプローブ社では，超音波探触子の出荷検査のために，Gタイプはポータブル探傷器USM35，Rタイプは汎用探傷器UI-25，UI-27を用意しています．

超音波パルサ・レシーバの例として，JPR-50SDを写真1で説明します．理化学用/探傷用の汎用機として開発したものです．USB通信によりPCから操作でき，波形データ取得が可能となっています．とくに，スパイク・パルス［写真1(d)］を用いることで超音波探触子の短パルス性を発揮させることができます．スパイク回路の例としては参考文献(5)をご覧ください．

1探触子法で用いる場合は，T/R端子に超音波探触子を接続します．2探触子法で用いる場合は，送信探触子をT/R，受信探触子をRに接続します．外部トリガ入出力もあり，外部装置とのやりとりが可能で，ス

キャナなどを用いた自動探傷などにも利用できます．波形は内蔵したA-Dコンバータでディジタル化され，波形データをUSBによりパソコンに取り込むことができます．

● 間違えやすいコネクタが多いので注意する

理化学用途，精密電子機器で一般的なBNCですが，非破壊検査では抜き差し交換のやりやすさや防水が必要な場合などさまざまな場面に合わせて，写真2のような6種のコネクタも用いられています．とくに，LEMO（大），LEMO（小）についてはねじ式ではなく，抜き差しが楽に行えるため，頻繁に探触子を交換する場合に重宝されます．マイクロドット（C25）は探触子が小さく，スペースがないときに用いられます．

計測，検査するときに困ることが多いので必ず確認しておきましょう．

厚みを計測する

ここからは，JPR-50SDを用いた実際の非破壊検査例を説明していきます．

● 反射法で測る

図2(c)のように，被検体に接触媒質を塗布し，垂直超音波探触子を上から押し付けます．空気の泡を十分に追い出します．さらに，接触媒質が薄くなるように前後左右に操作します．

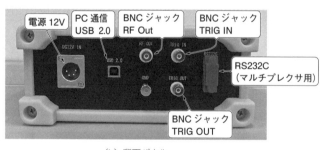

（a）正面パネル

（b）背面パネル

（c）外観

■波形
（選択）　スパイク・パルス
　　　　矩形パルス
　　　　（パルス幅可変）

■送信電圧　（可変）：　$-10V \sim -600V$
■アンプ　（可変）：　$0 \sim 80dB$
■A-Dコンバータ　100MSps，等価サンプリング　1GSps
■トリガ同期
　（Bモード：Cモード取り込みに対応）
■マルチプレクサ連動
　（複数プローブ，アレイ・プローブ対応）

（d）おもな仕様

写真1　超音波を送受信する本体…パルサ・レシーバの例（JPR-50SD，ジャパンプローブ）

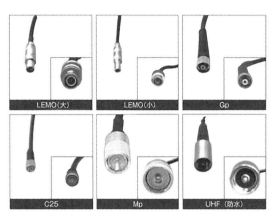

写真2[(2)] 非破壊検査で用いられるコネクタの例

図2(a)の測定例では，鋼6mm厚さからの底面(Botom)反射波(エコー)が計測されています．1回目の反射波B1と2回目の反射波B2，3回目の反射波B3，4回目の反射波B4までの反射波が計測されています．これらの反射波の時間差Δtを算出します．既知の被検体の縦波音速cを用いて，**図2(b)**中の式(1)から，板厚を算出します．

板が薄くなり，例えば板厚が1.5mmの場合，**図2(b)**のように送信波の残響でB1，B2などの反射波が邪魔されてしまうこと(不感帯)があります．この場合には，不感帯から十分に離れた反射波(Bn，B$n+1$，B$n+2$)を

利用して，時間差Δtを求めることで，厚さ計測が可能となります．ただし，多重エコーが長く続く必要があります．

● **導波棒を用いて測定してみる**

被検体が薄くても，多重エコーがあまり得られない場合があります．例えば，被検体の裏面に板が接着されていたり，ものが付着していたりする場合は，超音波は薄板の裏面から漏れてしまい，底面反射波がすぐに減衰してしまうことがあります．

こんなときに役立つのが**図3**に示す導波棒です．

送信波による不感帯と，被検体の表面反射波S1および被検体の底面反射波B1を時間的に分離することで，S1とB1の時間差Δtを容易に求められ，厚さを計測できるようになります．

一般の超音波探触子は常温での使用に限られますが，導波棒を高温強度のあるものにすれば，高温下での被検体の厚さ測定を行うことができるようになります．ただし，高温で利用できる接触媒質Bを選定することが大切です．

いずれにしても，S1反射波が適度な大きさになる必要があります．これには，以下で説明する界面での反射率を考慮する必要があります．また，導波棒を利用する際には「遅れエコー」の現象に気を付ける必要があり，超音波伝搬シミュレーションを行って，形状

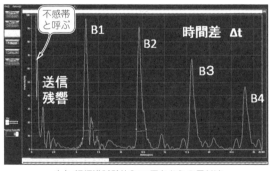

（a）鋼標準試験片6mm厚さからの反射波

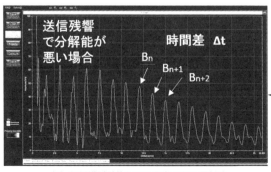

（b）鋼標準試験片1.5mm厚さからの反射波

図2 厚さ測定の例(鋼標準試験片)

被検体と探触子の間の空気を排除するため，接触媒質としてグリセリン・ベースのソニコートを用いることが多いが，錆びるので気を付ける．平坦度の良い標準試験片で利用する際は，機械油でやったほうが錆びなくて良い

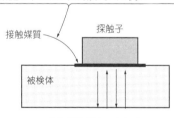

接触媒質　　　探触子

被検体

（c）厚さ測定のようす

被検体の縦波音速c
板厚：$d = 1/2\,(c \times \Delta t)\cdots$(1)

薄くなると送信残響(不感帯)で反射波B1，B2などが重なり測定不能となる．
そんなときは，影響のない後ろを使ってみる

基礎

測定環境

製作

測る

加工・洗浄

回路のしくみ

デバイス

これから

81

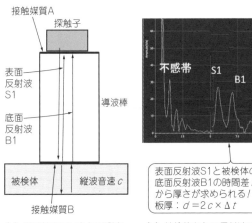

（a）導波棒を用いた板厚測定

接触媒質A
探触子
表面
反射波
S1
底面
反射波
B1
導波棒
被検体　縦波音速 c
接触媒質B

（b）被検体からの反射波の例

不感帯　S1　B1

表面反射波S1と被検体の底面反射波B1の時間差 Δt から厚さが求められる！
板厚： $d = 2c \times \Delta t$

図3　導波棒を用いた厚さ計測

を設計しておくことをお勧めします．参考文献(6)，(7) に例を挙げて説明しています．

また，厚さ測定ではありませんが，1200 ℃において，導波棒を用いてガラス融体の超音波物性を測定した例(8) があります．

● 界面での反射強度について

ここで，界面の反射強度を定量的に検討してみます．図4(a)のように定義される音響インピーダンス Z と，界面での反射率［図中の式(2)］で，垂直入射時の界面での反射率を求めてみます．空気，水，アクリル，鋼の音響インピーダンス Z は図4(b)のとおりです．密度が小さいため空気の Z が非常に小さくなります．このため，空気とほかの物質の界面での反射率は100 ％に近くなります．つまり，空気を通して検査，計測することは無理と考えられます．これに対して，水を介してアクリルや鋼の内部を見ようとする場合は，界

面での反射率がそれぞれ37 ％，94 ％となります．水浸での超音波検査の場合には，金属より樹脂のほうが内部を見やすいということになります．

一方，高温で鋼の肉厚を測定する場合，例えばアルミナ・セラミクス（密度4 g/cc，音速9 km/s，36 MRayl）を用いる場合，反射率が13 ％程度であることがわかります．接触媒質での伝達ロスを考えても，鋼内に超音波が十分に入射します．

傷を探す

● 垂直探触子による探傷

図5(a)のように，被検体に接触媒質をたっぷり塗布して垂直探触子を上から載せます．探触子を前後左右に動かしながら傷を探します．図5(b)のように，板厚に相当する裏面反射波B1の手前に，傷からの反射波Fが現れます．探触子を動かす際に，B1の手前を注視しておくことが大切です．

● 斜角探触子による探傷

溶接ビードがあるような場合は垂直探触子による探傷ができません．このような場合には，図6のように斜角探触子を用いて検査を行います．一般的に，アクリル樹脂（縦波音速2.72 km/s）をくさび材として用います．被検体の鋼（横波音速3.23 km/s）に屈折角 $\theta_r = 45°$ で入射させるには，スネルの法則から37° の入射角 θ_i とするくさびを用いればよいことになります．図6(b)のように，斜角探触子を前後左右に操作して傷を探します．また，正確な検査には技能の習熟が必要となります．

● 傷からの反射波F，それとも偽の信号？

傷からの反射の強度は，傷の大きさ，形状によって

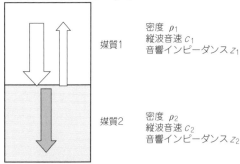

音響インピーダンス： $z = \rho \times c$

媒質1　密度 ρ_1　縦波音速 c_1　音響インピーダンス z_1

媒質2　密度 ρ_2　縦波音速 c_2　音響インピーダンス z_2

媒質1から媒質2へ垂直入射時の界面での音圧反射率

$$R = \frac{z_2 - z_1}{z_2 + z_1} \quad \cdots\cdots\cdots(2)$$

（a）音響インピーダンスと界面での反射率の式

図4　音響インピーダンスと界面での反射率（垂直入射，反射の場合）

	空気	水	アクリル	鋼
縦波音速 [km/s]	0.34	1.48	2.72	5.92
密度 [g/cc]	0.00129	1.0	1.18	7.9
Z [MRayl]	0.000439	1.48	3.21	46.8

（b）音響インピーダンス Z の例

媒質1 ＼ 媒質2	空気	水	アクリル	鋼
空気	0%	99.941%	99.973%	99.998%
水	−99.941%	0%	36.9%	93.9%
アクリル	−99.973%	−36.9%	0%	87.2%
鋼	−99.998%	−93.9%	−87.2%	0%

（c）界面での反射率 R の例

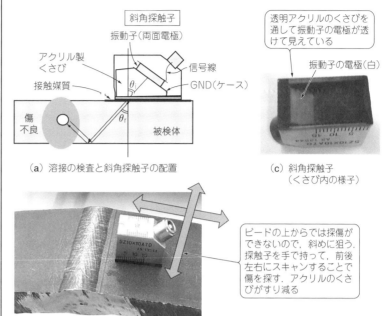

（a）手探傷のようす

（b）傷からの反射波の例

図5　探傷波形の例

（a）溶接の検査と斜角探触子の配置

（b）溶接パイプの斜角探触子による探傷の配置

（c）斜角探触子（くさび内の様子）

図6　斜角探触子

複雑に変わります．ここでも超音波伝搬シミュレータが有効になります．視覚的に超音波の伝搬のようすが見えるので，理解に役立つと思います．また，見落としがちな伝搬経路の確認に役立ちます．とくに超音波ビームの経路を考える際，矢印で超音波の伝搬を図示するようなやりかたでスネルの法則を用いることで，屈折角度，反射などを検討することができます．

　しかし，実際には超音波は波としての性格をもちあわせており，回折現象などもあり単純ではありません．また，単純化のため説明を省いていますが，界面に斜めに超音波が入射する際には，反射波は縦波と横波に分離したり，表面波が発生したりするなど，非常に厄介です．シミュレーションによる把握は大切です．

探触子のスキャンによる傷の映像化

　細かい傷も漏らさず検出する検査方法として，**図7**（a）のように，被検体を水中に沈めて水浸探触子を用いて検査する方法があります．水浸探触子を点集束とすれば，分解能を上げることができます．

　ここでは，超音波が通りにくい，模擬欠陥入りCFRP（9層，約4mm厚さ）の検査を行った例を示します．探触子の中心周波数は3.5MHz，焦点距離は25mmです．**図7**（b）に，0.5mmピッチで40mm×100mmの範囲を2次元XYスキャンして3D映像化し

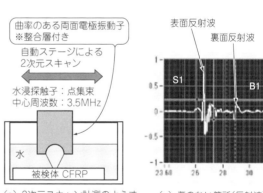

（a）2次元スキャン計測のようす

（c）傷のない箇所（反射波）

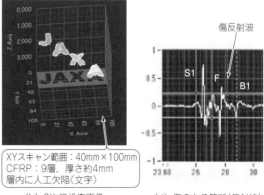

XYスキャン範囲：40mm×100mm
CFRP：9層，厚さ約4mm
層内に人工欠陥（文字）

（b）3次元検査画像

（d）傷のある箇所（反射波）

図7　水浸フォーカス探触子によるCFRP検査画像

た結果を示しています．**図7(c)**は，傷のない箇所の反射波形で，表面反射波S1と裏面反射波B1のみです．傷のある箇所では**図7(d)**のように，傷からの反射波FがS1とB1の間に検出されています．前出の**図7(b)**の3D画像は，この反射波Fの深さ情報をプロットしたものとなります．

水浸探傷には課題もあります．

(1) 水にぬらしたくないものは検査できない

(2) 水に浸すため，乾燥させる必要がある．乾燥機が必要になり，エネルギー・コストがかかる

(3) 検査体を入れるためのプールが必要となる．大きい被検体では，かなりの場所と費用がかかる

そこで，局部水浸という方法があります[(9)]．これは探触子と被検体の隙間だけを水で満たすことにより，大きなプールがいらない，水の量が減らせる，全没水浸よりは乾燥も楽などの利点があります．

テクノロジ①…
凹凸にフィットする柔らかい探触子

● 柔らかい探触子

セラミクスの振動子は硬く，またダンパも硬いです．そのため被検体の凹凸にフィットするような探触子は製作できませんでした．ただニーズは多くありました．

以前から市販のPVDF圧電フィルムを用いたソフト・プローブがありましたが，残念ながら感度が低く，利用できる場面が少ないものでした．

ジャパンプローブ社ではPZTコンポジット振動子の内製化を進めていくうえで，PZTの柱と樹脂埋め材料を見直すことで，柔らかい振動子を製作すること

に成功しました．しかし，感度は高かったのですが，波数が多く，不感帯も長く，使いにくいものでした．これは硬いダンパを載せてしまうと，柔らかくならなかったためでした．

そこでダンパ材も内製化し，試薬の調合，練り込みを繰り返し，悪戦苦闘の結果，なんとか柔らかいダンパの開発に成功しました．これを受けて，**図8**に示す「柔探」のように，円筒形状によくフィットさせつつ，波形の短パルス化に成功しました．

さらに改良を加え，振動子を分割することで，3次元曲面に蛸のように吸い付く，**図9**の「蛸探」の開発にも成功しています．

これらの開発により，斜角探触子を用いることなく，ビードの上から溶接のきず検出［**図8(c)**］を行えるようになりました．これにより，作業者に熟練技能は不要となります．また，蛸探ではパイプのエルボの減肉［**図9(c)**］なども容易に検出できるようになりました．しかし，ここでも接触媒質は必要不可欠なものです．接触媒質を被検体から拭き取るのも大変な作業で，また接触媒質は再利用できないので廃棄処分することになります．

接触媒質（液体）の代わりに，粘着性のあるシートを用いる例はあります．

先端の柔らかい振動子を持つ探触子（柔探）でビードの上から直接きず（不良）の検出を可能とした！スキルのいる斜角探触子は使わなくても大丈夫！接触媒質は必要

「柔探」

作り込みの横穴（途中まで）

（a）溶接パイプの垂直検査のようす

（b）正常部

（c）不良検出部

図8　柔らかい探触子「柔探」による探傷

先端の柔らかい振動子を，4分割してさらに柔らかく！ぐにゃっと凹凸に沿って，蛸のように吸い付く．接触媒質は必要

（a）蛸探の柔らかさを生かしたパイプ・エルボ部の探傷のようす

（b）正常部

（c）不良検出部（作り込み）減肉部

図9　柔らかさが進化した「蛸探」による探傷

テクノロジ②…なんと接触媒質が不要！空中超音波による検査

接触媒質を用いない検査方法についても開発が進んでいます。ただし、図4(b)のとおり、空中から被検体へ入射する際の反射率がほとんど100％となるため、1探触子による反射法の検査は現状では不可能です。ところが、図10のように2探触子透過法で検査をすることは、技術的困難さがありますが可能です。界面での反射は100％ではなく、わずかに透過します。そのわずかな透過波を、外部プリアンプで60 dB増幅することで検査が可能となります。そのほかに、送信はバースト波を用いたり、空中超音波探触子に適した整合層を工夫したりしています。

図7の水浸検査で用いたCFRP被検体を、図10(a)のように、点集束空中探触子(400 kHz)で上下に挟み込むように配置して、透過法で検査を行います。XYスキャンをすることで映像化した結果を図10(b)に示します。正常箇所では透過波が得られ、作り込み不良個所では透過波が得られていません。

2011年にJAXAに初号機を納入して以来、CFRP部材の検査、LIB(リチウム・イオン・バッテリ)の充填状態の検査、断熱材の均一性評価などで導入が進んでいます。吸湿性があったり、水浸させたくない被検体に重宝されています。

インライン検査ではマルチプローブにより、ライン速度に合わせた検査も行われています。

おわりに

残念ながら紙面の都合で、アレイ探触子を非破壊検査に利用する例についての説明は省略しました。最近では電子スキャン方式だけでなく、開口合成による映像化も主流になりつつあります。参考文献を(10)、(11)、(12)に挙げておきます。

◆参考・引用＊文献◆

(1) JISハンドブック43、非破壊検査、2020年、日本規格協会.
(2) ジャパンプローブ、製品カタログ
　　https://jp-probe.com/product/?ca=49
(3) 汎用探傷器UI-27
　　http://www.rsec.co.jp/inspection/UI-27.html
(4) デジタル探傷器USM-36
　　https://www.bakerhughesds.com/jp/ultrasonic-flaw-detectors/krautkramer-usm-36
(5) 稲葉 保；超音波振動子をバッチーン！ MOSFETで作る数ns高速パルサ、トランジスタ技術、2014年8月号、pp.123-128、CQ出版社.
(6) 田中雄介ら；日本非破壊検査協会秋期大会(2012年)、p.53.
(7) 超音波伝搬シミュレータSWAN21 2D版カタログ
　　https://www.jp-probe.com/catalog_pdf/SWAN21.pdf
(8) 井原 智則、檜 宏成、武田 靖、稲垣 彰、越智 英治；E213溶融ガラスの超音波特性と流速計測に関する基礎研究(OS9 熱・流動(計測・試験))、動力・エネルギー技術の最前線講演論文集：シンポジウム、2011年、pp.405-408、日本機械学会.
　　http://doi.org/10.1299/jsmepes.2011.16.405
(9) Peonix Inspection Systems HP WrapIt. CFRPを局部水浸で検査をしている動画あり
　　https://www.phoenixisl.com/product/wrapit/
(10) 中畑 和之、武藤 健太；アレイセンサを用いたコンクリート/アスファルトの超音波・電磁波イメージング、検査技術、2021年9月号、日本工業出版.
(11) 東芝検査ソリューションズ、3D超音波検査装置Matrixeye.
　　https://www.toshiba-insp-sol.co.jp/product/supersonic/spot.html
(12) オリンパス、OmniScan X3 64.
　　https://www.olympus.co.jp/news/2022/contents/nr02346/nr02346_00001.pdf

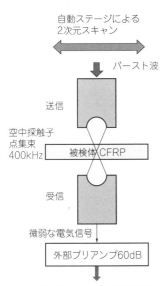

（a）2次元スキャン計測のようす

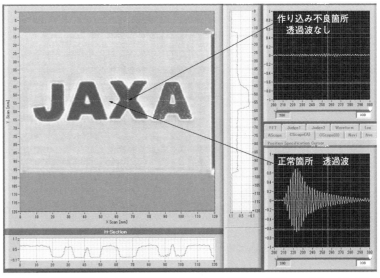

（b）JAXAのCFRPサンプル透過波映像化（スキャン120mm×120mm、0.5mmピッチ）

図10 媒質レスな空中フォーカス探触子によるCFRP検査画像

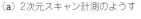

注：日本非破壊検査協会の用字用語では、"傷"は"きず"などとなっています。
参考http://www.jsndi.jp/aboutus/aboutus02.html?p=calendar&d=2021-1-1&bigcal=yeary

コウモリに学ぶ…混信しない超音波計測の研究

飛龍 志津子　Shizuko Hiryu

　視界の利かない暗闇で生きるコウモリは，超音波を使って物の位置や形などを把握します．しかし仲間と同時に集団で飛行してもなぜ超音波が混信しないのか，またお互いが衝突しないのかが謎でした．

　実験室で複数のコウモリを飛ばし，周波数を計測してみると，なんと混信しないようにお互い周波数を変えていることがわかりました（**写真1**，**写真2**）．

　この研究が進むと，ドローンや空飛ぶクルマで空の交通が混雑しても，衝突事故のない未来が来るかもしれません．

人間が知らないだけで動物たちには超音波はふつう

● 超音波を聞いたり発したりする生き物たちがいる

　超音波とは人間が聞くことができない音ということから，「音を超えた波」と書きます．この字が示すように，人間が聞こえない音はもはや音ではない，とついつい考えてしまいそうですが，実は私たちの身の回りには，超音波を聞いたり発したりする生き物がいることをご存知でしょうか．

　たとえば，身近な犬や猫も超音波を聞くことができますし（**図1**），昆虫の中には超音波を使ってコミュニケーションをする種もいます．ここでは超音波をとても高度に利用している生き物として，コウモリについて紹介します．

　コウモリは哺乳類の仲間ですが，翼を持って飛翔するユニークな生き物です．そして視界が利かない暗闇の中でも，自由に飛び回ることができます．その秘密は，コウモリが私たちには聞こえない超音波を使って，目の代わりに周囲を見る能力を持っているからです．それでは，コウモリが長い進化の過程で獲得した，ユニークで巧みな超音波技術を一緒に垣間見ていきましょう．

（a）アブラコウモリ

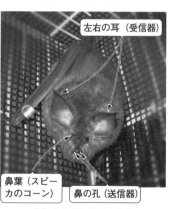

（b）キクガシラコウモリ

写真2　実験に協力してもらったコウモリ

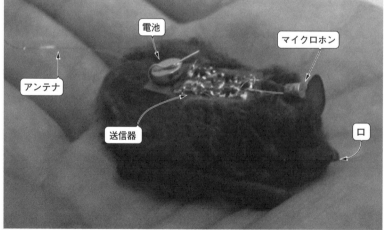

写真1　コウモリがなぜお互い混信しないか超音波マイクロホン（0.6〜0.7 g程度）を背中に搭載して実験で調べる

カエル ◀▮▯▯ 50Hz～10kHz

人 ◀▮▮▮▯ 20Hz～20kHz

イヌ ◀▮▮▮▮▮▯ 15Hz～50kHz

ネコ ◀▮▮▮▮▮▯ 60Hz～65kHz

ガ ◀▮▮▮▮▮▮▮▮▮▮▯ 3k～150kHz

イルカ ◀▮▮▮▮▮▮▮▮▮▯ 150Hz～150kHz

コウモリ ◀▮▮▮▮▮▮▮▮▮▯ 10k～200kHz

図1 人間が知らないだけで動物には超音波はふつう
生き物たちの使う・聞く音の周波数

● **超音波を発する目的…反響によって物体との距離や位置を知る**

　写真2(a)に示すのは，日本で最もよく見かけるアブラコウモリです．かわいらしい小さな目が印象的で，体重はおよそ5～6g程度と非常に小さな体のコウモリです．アブラコウモリは超音波を口から声として発します．つまり口が超音波の送信器の役割を果たします．

　一方，写真2(b)に紹介するキクガシラコウモリは，2つの鼻の穴から超音波を放射します．鼻の穴の間隔は，コウモリが放射する超音波（70kHz付近）の波長のちょうど1/2の長さになっています．2つの穴から放射されたそれぞれの超音波はお互いに干渉し，結果として超音波のビームがちょうどよい広さ（指向性）でコウモリの前面に放射されます．さらに鼻の穴の周辺には，鼻葉（びよう）と呼ばれる，スピーカのコーンのような形をした柔らかいひだのようなものが取り囲み，超音波が放射される方向や指向性を調整する役割を果たしています．

　図2に示すようにコウモリは超音波を放射した後，周囲から反射して返ってくる反響音（エコー）を左右の耳，つまり2つのマイクロホンで聞き取ります．コウモリの脳の中には，超音波を発してからエコーを聞くまでの時間差を検出する神経回路があることがわかっています．つまり，超音波を使った距離センサと同じしくみが，コウモリの脳の中には埋め込まれているわ

けです［図2(a)］．また，左右の耳に届くエコー情報の差（たとえば音圧の差）から，物体の方向を知覚しています［図2(b)］．このように生物が音を発してそのエコーを基に周囲の状況を検知することを，エコーロケーション（反響定位）と言います．イルカも光の届かない水中では目の代わりに，超音波を使ったエコーロケーションを行います．

物体検知の達人 コウモリが出す超音波のヒミツ

● **物体検知に適した超音波の周波数**

　表1に超音波の周波数と波長の関係を示します．コウモリとイルカの両方を想定して，空気中と水中での波長をそれぞれ示しています．コウモリが主に使う超音波の周波数帯域は10k～100kHzです．コウモリの超音波の空気中での波長は，数mm～1mm以下です．

　これはコウモリがエコーロケーションによって見つけたい獲物である蚊や蛾などの大きさに比べて，ほぼ1桁小さい値です．イルカも数十kHzの超音波を放射しますが，水中の音速は空気中より速いため，その波長は数cmとなります．こちらもイルカが餌とする魚の大きさの1桁小さい程度となっています．もちろん理由はほかにもありますが，おおよその目安として見たいものの大きさの1/10程度の波長の信号が，物体の検知には適しています．周波数が高すぎると減衰が大きくなってエコーが返ってきませんし，低すぎると物体の裏に音が回り込んでしまいます．コウモリとイルカが高校の物理で習う周波数と波長の関係式を知っているとは思えませんが，どういった音の性質が自分たちのエコーロケーションに最もふさわしいか，ということを長い進化の過程で理解し，その手法を確立したと考えることができます．

● **超音波距離センサの現状**

　現在，市販されている空中での超音波距離センサの周波数は，40kHzや60kHz付近のものが主流です．空気中の超音波の減衰はとても大きいため，超音波センサとしては効率よく大きい音圧の超音波を放射でき

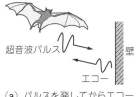

超音波パルス　エコー　壁

（a）パルスを発してからエコーを聞くまでの時間で，物体の距離がわかる

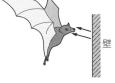

壁

（b）左右の耳に届くエコーの差の情報から，物体の方向もわかる

図2 コウモリの物体検知（エコーロケーション）

表1 超音波の周波数と波長の関係
（波長＝音速÷周波数）

周波数	空気中の波長 （音速340 m/s）	水中の波長 （音速1500 m/s）
10 Hz	34 m	150 m
100 Hz	3.4 m	15 m
1 kHz	34 cm	1.5 m
10 kHz	3.4 cm	15 cm
100 kHz	3.4 mm	1.5 cm
1 MHz	0.34 mm	1.5 mm
10 MHz	0.034 mm	0.15 mm

基礎

測定環境

製作

測る

加工・洗浄

回路のしくみ

デバイス

これから

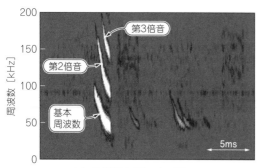

(a) FM型（アブラコウモリ）

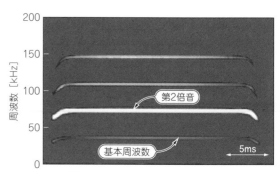

(b) CF-FM型（キクガシラコウモリ）

図3 コウモリの超音波のスペクトログラム

る共振型のセンサが用いられています．そのため，送信される超音波の周波数は単一の周波数，つまり周波数一定（Constant Frequency：CF）のCF音です．実際のコウモリの超音波はどうなっているでしょうか．

● **FM変調した超音波を出すコウモリ（FMコウモリ）**

図3はスペクトログラムと呼ばれる図で，横軸が時間，縦軸が音の周波数を示しています．図3(a)はアブラコウモリの超音波です．長さは3 msほどと短く，基本周波数はおよそ90 kHzから40 kHzくらいまで周波数が降下します．つまり周波数が変調する音（Frequency modulation：FM）ということでFM型，そしてFM型の超音波を高周波で対応しているコウモリのことをFMコウモリと呼んでいます．

エコーロケーションを行うコウモリの大半は，このFM型の超音波を用いるFMコウモリです．またコウモリの超音波は人間の声と同じく，声道で共鳴することで倍音成分も同時に放射されます．

アブラコウモリの超音波を高周波まで対応しているマイクロホンで計測した場合，第3倍音の成分もスペクトログラムからは確認できます．一般的にFM型の超音波は，時間の計測に優れていて，また広帯域の利点を生かすことで，物体の質感や形状などの情報もコウモリは得ているのではないかと考えられています．

● **一定した周波数の超音波を発する前後にFM音を出すコウモリ（CF-FMコウモリ）**

一方，キクガシラコウモリは，図3(b)に示すように数十 msの長い超音波を放射します．大半は周波数が一定のCF音ですが，立ち上がりと立ち下がりに，FM音がくっついています．このような超音波をCF-FM型，このタイプの超音波を放射するコウモリをCF-FMコウモリと呼んでいます．

キクガシラコウモリの超音波をよく見ると，35 kHz付近にうっすらと基本周波数成分が見られます．実際に最も強く放射されるのは，第2倍音の70 kHz付近の音です．図4はCF-FM型超音波の第2倍音付近を拡大した図です（この例ではコウモリが連続して5回，超音波を放射している）．CF音の最初と最後にはっきりとFM音が確認できます．一般的にエネルギーが集中するCF音は，FM音に比べて遠くまで音が届くことから，物体の発見に優れています．またCF音はドップラーの検知にも適しています．CF-FMコウモリ

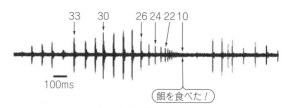

(a) 超音波の振幅波形

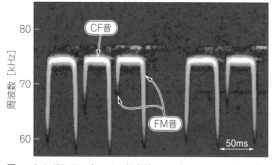

図4 キクガシラコウモリの超音波はCFとFMのいいとこどり
（60 k〜70 kHz付近を拡大）
5つの超音波パルスの第2倍音を拡大して表示

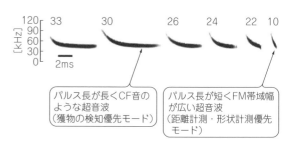

(b) いくつか抜粋した超音波のスペクトログラム

図5 餌を捕えるまでのアブラコウモリの超音波のパターン（野生で計測）

は，CF音とFM音を組み合わせることで，両方の良いところを利用しています．

● 獲物を捉えるまでの超音波のパターン

図5にアブラコウモリの超音波の例を示します．これは，野生のアブラコウモリが飛びながら獲物を捉えるまでの一連の超音波を計測したもので，図5(a)が振幅波形，図5(b)にいくつか抜粋した超音波のスペクトログラムを示します．獲物を探しているときは，アブラコウモリはまるでCF音のような超音波を発しています．つまり餌の発見に適した信号です．獲物を見つけて（30番目の超音波のあたり），捕獲に向かい始めると，超音波の長さを短くすると同時に，FM音に形を変化させています．こうすることで，餌までの距離を正確に知り，おそらくその虫の種類まで理解しているかもしれません．超音波を放射する頻度も上昇していますが，これは獲物を捕食する大事な場面で，情報の更新頻度を上げるためです．特に捕食直前は，フィーディング・バズ（feeding buzz）と呼ばれる1秒間に200回近くの高い頻度で，それまでよりも少し周波数の低い超音波を放射します．周波数を下げることで超音波の指向性を広げて，捕獲最後の瞬間に大事な獲物を取り逃がさないようしています．

このようにコウモリはその時々の状況に応じて，最も適したデザインに自らの超音波を自在に変化させています．これこそが生物に学ぶ面白さであり，コウモリに学ぶ超音波技術の極意と言えるのではないでしょうか．私たちコウモリの研究者にとっては，彼らがどのような場面でどういった超音波を用いているのか，ということが一番知りたいことです．そしてそのためには，コウモリが放射する超音波を正確に計測する技術を確立することが，とても大切な課題になります．

コウモリのFM超音波を室内で計測してみる

● ドップラー効果の影響を受けない計測法

飛行するコウモリが発する超音波を計測するには，ちょっとした工夫が必要です．たとえば，図6のように飛行するコウモリに向かって，実験者がマイクロホンを手にもってかざしても，正確な計測はできません．なぜなら，コウモリが発した超音波の周波数は，マイクロホンとコウモリとの相対速度に応じてドップラー効果が生じるからです．手元に持ったマイクロホンでは，本来コウモリが発した超音波とは違った周波数を記録してしまうことになります．音の強さに関しても，マイクロホンと飛行するコウモリの間の距離や方向は時々刻々と変化することから，本来コウモリが発した音の強さそのものを正確に記録することもできません．

それならば，コウモリ自身にマイクロホンを持って飛んでもらったらよいのではないか，というアイデアから，写真1に示したような手作りのテレメトリのマイクロホンを用いています．図7に送信機のハードウェア構成を示します．トランジスタによる増幅回路とFM変調回路というとてもシンプルな構成です．飛行する動物に背負わせるわけですから，できるだけ軽く作る必要があります．そのためフレキシブル基板や極細ワイヤのアンテナ線を使います．全体としての重さは電池込みで0.6〜0.7 g程度です．

● 超音波帯域も高感度なテレメトリ・マイクロホンを用いる

補聴器用のマイクロホンFG-23329-D65（ノウルズ・エレトロニクス）は，直径が小さいので実力的に超音波が十分に計測でき，コウモリの研究者は好んで使用しています（ただし現在はMEMSタイプが主流）．図8に示すようにマイクロホン単体の周波数特性は10 kHzまでしか公開されていませんが，図9に示すようにテレメトリ・マイクロホンを用いた計測システム全体の周波数特性を見ると，超音波帯域もしっかり感度があります．

マイクロホンは1.5 Vで駆動するので，電池は時計用の小さいものを選びます．計測できる時間は数十分と短いですが，室内の実験では十分な時間です．受信側に関しては，多チャンネルで同時計測可能なFMレシーバ（アルモテック特注品[3]）を使用しています．

図6 手元のマイクロホンを使っても飛行するコウモリの超音波は正しく計測できない

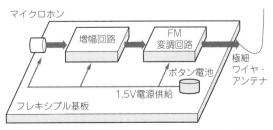

図7 コウモリにマイクロホンを背負ってもらえれば…送信機のハードウェア構成

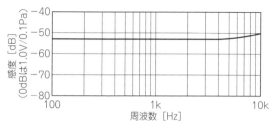

図8　補聴器用のマイクロホンFG-23329-D65(ノウルズ・エレクトロニクス)の周波数特性

● テレメトリ・マイクロホンで計測された超音波のスペクトログラム

　図10に示した飛行室の中を飛び回るアブラコウモリにテレメトリ・マイクロホンを搭載し，コウモリの背中で計測された音声の例のスペクトログラムを図11に示します．パルス(コウモリが放射した超音波)のあとに，いくつかのエコーが確認できます．これらのエコーは，コウモリが飛行する飛行室の壁や天井，床からの反射です．

　このようにコウモリに直接，マイクロホンを運んでもらうことで，ドップラー効果による周波数の変化や，コウモリとマイクロホンの距離によって音圧が変化する影響を取り除くことができます．そしてコウモリがどのような超音波を放射していたのか，というだけでなく，どのようなエコーを聞いているのか，ということもわかります．

図10　コウモリの超音波を計測する飛行室

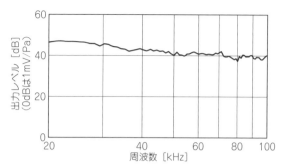

図9　テレメトリ・マイクロホンを用いた計測システム全体の周波数特性は超音波帯域にもしっかり感度がある

● グループで飛行するときは混信しないようにお互いに周波数を変える

　コウモリは多くの場合，仲間と一緒に暮らしています．周りに同様の超音波を放射する仲間がいる場合，それぞれの超音波は混ざり合って困らないのでしょうか．そこで先ほどのテレメトリ・マイクロホンを搭載した4個体のコウモリを同時に飛行させ，その超音波にどういった変化が生じるのかを調べました．

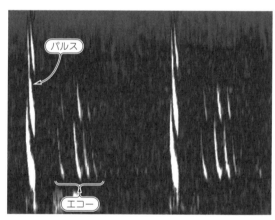

図11　テレメトリ・マイクロホンで計測された飛行中のアブラコウモリの超音波(コウモリが放射した超音波をパルス)

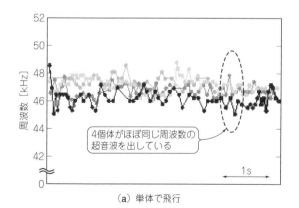

（a）単体で飛行

図12　仲間と一緒に飛行する際のコウモリの超音波の変化

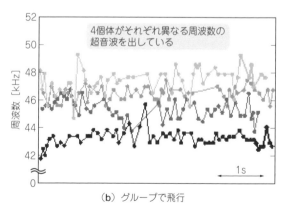

（b）グループで飛行

この実験では，ユビナガコウモリという洞窟に生息するFMコウモリを用いました．最初に，ユビナガコウモリをそれぞれ1個体ずつ飛行させて，そのときにコウモリが放射する超音波の周波数を調べます．ここではFM型超音波の一番終端部分の周波数（Terminal Frequency：TF）を指標にしました．

図12(a)はそれぞれ1個体で飛行した場合の4個体分の終端周波数の変化を示します．若干の個体差はあるものの，4個体はほぼ同じような終端周波数の超音波を放射しています．

次に4個体を同時に飛行させました．すると図12(b)のように，それぞれのコウモリが少しずつ，自身の終端周波数を変化させています．これは，お互いの超音波による混信を回避するために，終端周波数を調整する「混信回避行動」と考えられています[1]．

図13(a)は，4個体（A～D）のユビナガコウモリの超音波のスペクトログラムです．A～Dの終端周波数（TF）が少しずつ違っています．お互いの超音波を相互相関した結果を図13(b)に示します．自分（A）以外の仲間（B～D）の超音波との相互相関の結果は，ピークが劇的に小さくなっています．

TFがわずか1kHz程度異なるだけで，お互いの信号の相関度（類似度）を下げられます．ユビナガコウモリで観察されたTFの調整は，FM音のメリットを保ちつつ，お互いの超音波による混信を回避する，シンプルで賢い戦術ということがわかります．

野性のコウモリの超音波計測

● コウモリの動きを記録する「バイオロギング」

コウモリにマイクロホンを搭載する手法は，室内で飼育するコウモリに対しては有用です．しかし実際は，やはり野生の下，自由に飛び回るコウモリの超音波を計測したいところです．いま主流となりつつあるロガー・タイプの計測デバイスを紹介します．

近年，動物にGPSとともにカメラや加速度計などの小型のデバイスを装着するバイオロギングと呼ばれる手法が注目されています[2]．動物目線での映像などご覧になった方もおられるかもしれません．コウモリはその体の小ささから，装着するデバイスの小型化が特に求められ，バイオロギング研究はまさに始まったばかりです．写真3に示すのはアルモテック[3]と共同で開発したマイクロホン搭載型のGPSロガーで，重さは約2.4gです（アブラコウモリには搭載できませんが，日本にはアブラコウモリの約10倍ほどのコウモリ種もいます）．この装置は，超音波を放射したタイミングとGPSによる経路データを同時にメモリに保存できます．

図5で示したように，コウモリは探索や獲物の捕食，といった場面に応じて，超音波を放射する間隔を自在

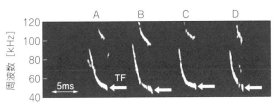

（a）ユビナガコウモリ4個体それぞれの超音波波形

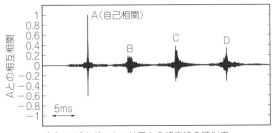

（b）ユビナガコウモリ同士の超音波の類似度

図13 ユビナガコウモリ同士の超音波波形とその類似度

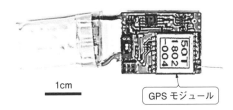

写真3 コウモリ用音響GPSロガー（特注品，アルモテック社製）

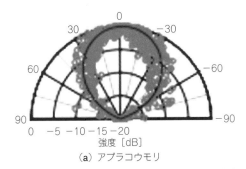

（a）アブラコウモリ

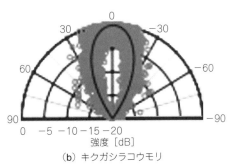

（b）キクガシラコウモリ

図14 アブラコウモリとキクガシラコウモリの超音波の指向性

に変化させます．超音波の放射タイミングから，どこで獲物を食べたのかなど調べられます．現在，あらゆる場面で，計測デバイスの小型化，長時間駆動，耐久性などが求められますが，生物の研究分野においても，同じこれらの課題が常に付きまとっています．工学技術の進化によって，生物研究にもブレークスルーがもたらされる時代になっているのです．

● 複数のマイクロホンをアレイ状に並べて音源位置（コウモリの位置座標）を推定する

コウモリが放射する超音波の指向性は，図14に示すように種によっても若干違います．アブラコウモリは±40°程度，一方キクガシラコウモリは周波数がアブラコウモリより高いこともあり，±20°とその半分ほどです．

真っ暗闇の中で懐中電灯1つ渡されたときに，おそらくあちこちに向けて周囲を確認すると思います．コウモリのエコーロケーションは，ついたり消えたりする懐中電灯を持って暗闇を進む場合に近いのかもしれません．コウモリの超音波の指向性と放射する方向は，人の視野と視線の向きにそれぞれ相当します．コウモリが飛行中，どこに向けて超音波を放射していたのかという情報は，コウモリのエコーロケーションの戦術を理解する上でもとても有用です．

そこで，複数のマイクロホンをアレイ状に並べて音源位置を推定する手法があります．この手法はロボットなどでもよく用いられています．人間もコウモリ自身も2つのマイクロホンから成るアレイ（左右の耳）を持ち，音源を定位する能力を持っています．

図15に示すのは，川の上空を囲むように32個のマイクロホンを配置した野外で用いている大型のマイクロホン・アレイです．この場所は，野生のアブラコウモリが飛翔する小さな昆虫を食べにやってくることから，観測場所としてとても重宝しています．

マイクロホン・アレイは，コウモリが超音波を発した位置だけでなく，放射された超音波の向きも測れます．さらにコウモリの位置座標と，フィーディング・バズのタイミングから，いつ捕食したのかということもわかります．T型に配置されたマイクロホン・アレイ基は，中央のマイクロホンを基準として，周囲3つのマイクロホンに届く超音波の時間差を用いて3次元の音源位置，すなわちコウモリが超音波を放射した位置を算出できます．

● マイクロホン・アレイによる計測結果

図16に示すのは，マイクロホン・アレイで計測したアブラコウモリの飛行軌跡と捕食位置です．黒丸がコウモリが超音波を放射した位置，×印がフィーディング・バズの位置（捕食した位置）です．これを見ると，コウモリが川の上空を飛翔しながら，4回の捕食を行ったことが確認できます．

図15に示したマイクロホン・アレイは，水平方向にマイクロホンがたくさん並んでいます．マイクロホンに受信される超音波の音の強さを比較することで，放射した超音波の方向（水平方向）が推定できます．

図17にマイクロホン・アレイで計測したアブラコウモリの飛行軌跡と超音波の放射方向を示します．矢印がコウモリが放射した超音波の方向になります．

図17(a)を見ると，コウモリが進行方向と左側とを交互に見ていることがわかります．進行方向を気にしつつ，左側に何か気になるものがあったようです．

図17(b)は，コウモリが連続して2回の捕食を行った場面です．このとき，2回の捕食場所は5mほど離れています．しかしコウモリは，1秒未満という極めて短い時間で，2カ所での捕食を行っていました．よくよく放射方向を見ると，1匹目の捕食の前に，コウモリは2匹目の方向に超音波を放射しているのがわか

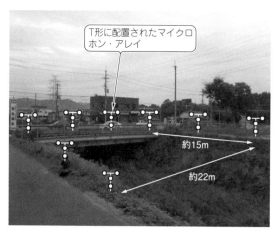

図15　川の周辺を囲むようにマイクロホンを設置
マイクロホン・アレイをT型に配置することで音源位置が算出できる

T形に配置されたマイクロホン・アレイ

約15m
約22m

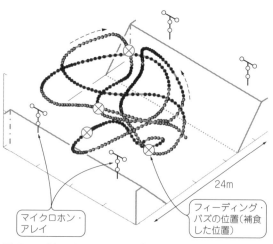

図16　マイクロホン・アレイで計測したアブラコウモリの飛行軌跡と捕食位置

マイクロホン・アレイ

フィーディング・バズの位置（補食した位置）

24m

コウモリに学ぶ…混信しない超音波計測の研究

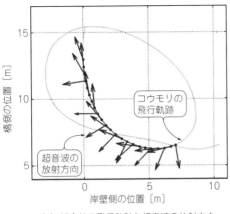 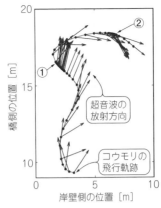

（a）捕食前の飛行軌跡と超音波の放射方向　　　（b）2回の捕食を行ったときの飛行軌跡と放射方向（①と②のところで捕食した）

図17　マイクロホン・アレイで計測したアブラコウモリの飛行軌跡と超音波の放射方向

ります．コウモリの視線は目の前の獲物だけではなく，次の獲物を事前に見ていたわけです．

　コウモリは飛びながら蚊などの小さな虫を捕まえて食べています．その量は一晩で体重の約1/3ほど，数百匹の虫を食べる大食漢です．いかに効率良く獲物を捕食するか，ということは，彼らにとってはとても大切な課題です．コウモリに学ぶ超音波技術からは，まさに生物にとっての命がけの戦術も垣間見ることができます．

> ## コウモリに学ぶ…
> ## 超音波センサに期待される進化

　コウモリのエコーロケーションを支える神経基盤，すなわち脳の中の信号処理に関して，現時点でわかっていることはごく一部に過ぎず，その大半はブラックボックスです．しかし，まずはコウモリの超音波の使い方を見習うだけでも，現存する空中超音波技術に，十分なブレークスルーをもたらすと筆者は感じています．そしてコウモリの超音波を模倣する場合，一番のネックとなるのが超音波センサです．

　現在の超音波センサの主流は共振型で，その帯域は非常に狭く，コウモリの広帯域な超音波を模倣することは不可能です．そこで，筆者たちは村田製作所と共同で，広帯域超音波が放射可能な熱音響素子（サーモホン[5]）を搭載した自律走行ロボットを開発しています（**写真4**）．このロボットはコウモリのFM音を模倣した超音波を放射し，障害物を避けて走行することができます．今までCF音で見ていた世界から，FM音の世界への飛躍は，白黒テレビからカラーテレビへ，と言ったら言い過ぎかもしれませんが，少なくともコ

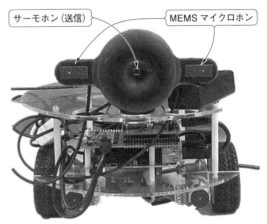

サーモホン（送信）　　　MEMS マイクロホン

写真4　サーモホン搭載型自律走行ロボット（村田製作所と共同開発）

ウモリの見ている世界に一歩近づくことができるのではないでしょうか．

◆**参考・引用*文献**◆

(1) K. Hase, Y. Kadoya, Y. Maitani, T. Miyamoto, K. I. Kobayasi and S. Hiryu；Bats enhance their call identities to solve the cocktail party problem, Communications Biology, Vol. 1 Pages Article number: 39, 2018.

(2) 日本バイオロギング研究会，https://japan-biologgingsci.org/home/discipline/

(3) アルモテック，https://www.arumotech.co.jp/

(4) E. Fujioka, I. Aihara, M. Sumiya, K. Aihara and S. Hiryu.；Echolocating bats use future-target information for optimal foraging, Proceedings of the National Academy of Sciences, Vol. 113, Issue 17, pp. 4848-4852, 2016.

(5) 浅田 隆昭；小特集―空中超音波センシングと応用技術―空中超音波トランスデューサの概要―現状と今後について―, 日本音響学会誌, Vol. 76, Issue 5, pp. 271-278, 2020.

column 01　コウモリの超音波計測に期待のデバイス「サーモホン」

浅田　隆昭

● 半導体の進化から研究が進み中

　サーモホンとは，電流によるジュール熱から直接音波を発生させるデバイスです．発明された19世紀終わりころ，thermo（熱の）phone（受話器）と命名されました．ここでの受話器とは，音波を発生するスピーカの意味です．導体に信号電流を流し，発生した熱で近傍の空気を膨張収縮させることで音波が発生する原理です．発明当初は金属はくが導体として用いられていましたが，電力から音波への変換効率が著しく低かったために実用性が低く，長い間研究が大きく進展することはありませんでした．

　サーモホンの変換効率は，導体の熱伝導度を高く，熱容量を小さく，また導体と接する空気の面積を広くすることで改善できます．半導体製造技術が進歩した20世紀末ころに至って，図Aに示すような構造のモノリシック型サーモホンが提案され，変換効率が大幅に改善されました．モノリシック型では導体に薄膜が用いられ，薄膜と基板の間には多孔質材など断熱性の良い材料が用いられています．これをきっかけに世界各地で研究が進展しており，カーボン・ナノファイバなど，さらなる変換効率の改善が期待できる材料も提案されています．

● 特徴…軽くて広帯域

　スピーカやブザーなど，従来の発音デバイスはいずれも電気信号をいったん機械振動に変換してから音波を発生するものです．この点でサーモホンは全く異なり，画期的な特徴を持ちます．

　まず，機械振動がないということは特定の周波数で共振することがないということで，平坦な周波数特性が得られます．同時にこれはリンギングがないことを意味しますので，非常に切れの良いパルスを得ることも可能となります（図B）．さらに，サーモホンの発音面は任意の形状で設計でき，基板を含め

ても1mm未満の厚さに実装できるので，例えばロボットやドローンなどに容易に搭載可能です．

● 実用性と応用のポテンシャル

　従来のスピーカと同じように信号電流をサーモホンに加えて同じ信号波形を音波として再現するためには，直流バイアス電流をつけ加える必要があります．このため発熱が大きく信頼性の確保が難しくなります．オーディオ機器などへの応用ではこれが最大の課題となっています．

　超音波域への応用に限れば，図Cに示すような矩形パルス電流での駆動方式が実用的です．矩形電流の立ち上がりと立ち下がりに応じて正の音圧パルスと負の音圧パルスが発生します．パルス幅は数μs程度なので，1パルスあたりの消費電力は僅少です．この音圧パルスを使い，マイクロホンと組み合わせることで，分解能の良い距離測定が可能となります．また，音圧パルスを適当な周期で繰り返せば，実効的に任意の周波数成分を発生できます．例えば周期を時間とともに変化させていくことでチャープと呼ばれる周波数変調波が作れます．チャープ音波を用いるとパルス圧縮法などの信号処理技術が適用でき，距離測定の際の位置精度や耐雑音性が著しく向上します．この技術を応用して，非接触で人体の心拍を検知することも可能です．

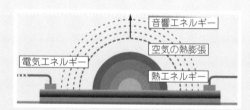

図A　広帯域な超音波を発生できるサーモホンのしくみ

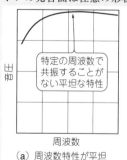

（a）周波数特性が平坦

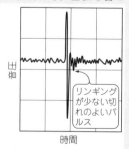

（b）切れの良いパルス波形

図B　サーモホンの特徴

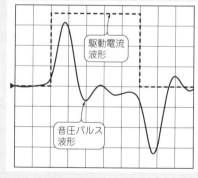

図C　駆動電流と音圧パルス波形

第5部

波エネルギーによる
加工・洗浄のメカニズム

研磨や切削…材料加工のメカニズム

神 雅彦 Masahiko Jin

超音波振動を材料加工に応用する

振動のエネルギーを利用した加工は，実は，はるか古代から行われています．日本では，さかのぼること2～3万年前の旧石器時代からになります．石器は石をたたいて割ることで刃部が加工されてきました．2300年前の弥生時代からは，鉄をハンマでたたいて鍛造し，工具や道具を作ってきました．そうして作った工具の1つの鑿ですが，それを使うときは後方から金槌でたたきながら木を削ります．すなわち，人の力には限界がありますが，ハンマによる衝撃力を利用することによって，硬い石や金属，あるいは木材が，機械を使わずとも人の手で加工できるようになるわけです．

超音波を加工に応用する技術は，これと同じです．

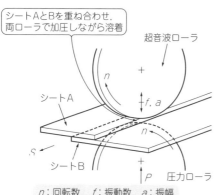

シートAとBを重ね合わせ，両ローラで加圧しながら溶着
超音波ローラ
シートA
シートB
圧力ローラ
n：回転数，f：振動数，a：振幅
P：圧力，S：送り

（a）プラスチック・シートや布の超音波溶着

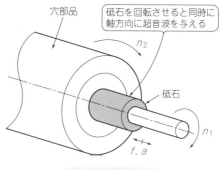

穴部品
砥石を回転させると同時に軸方向に超音波を与える
砥石
n_1：砥石回転数
n_2：穴部品回転数
f：振動数，a：振幅

（b）内面研削

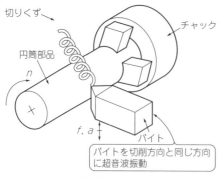

切りくず
円筒部品
チャック
バイト
バイトを切削方向と同じ方向に超音波振動
n：円筒部品回転数
f：振動数，a：振幅

（c）円筒切削

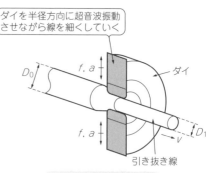

ダイを半径方向に超音波振動させながら線を細くしていく
ダイ
引き抜き線
D_0：素線径，D_1：伸線径
v：引き抜き速度
f：振動数，a：振幅

（d）伸線

図1　超音波振動の加工への応用

すなわち，加工工具の先端を機械振動させて，その振動変位や振動力（衝撃力）によって材料を加工しているわけです．この加工法は，強力な超音波振動の発生技術ができあがった直後から考えられていました．実際に工業的応用が研究され，実用されるようになったのは，効率的な電気-機械振動変換素子である磁歪型振動子や電歪型振動子が開発された1950年代からになります．

興味深いのは，超音波振動を応用した加工法が，ヨーロッパ，米国，あるいは日本で，切削，研削あるいは金属の塑性加工などのあらゆる分野で，ほぼ同時期に研究が開始されている点です．振動エネルギーの活用という，古代から人間がもっている感覚が超音波に出会い，そうなったのでしょうか．

現在，超音波振動を応用した加工分野は，図1に示すように，非常に多岐にわたっています．現在の利用度の高い順に，(a)金属/プラスチック接合（溶着），(b)研削/研磨，(c)切削/切断，(d)塑性加工（金属の変形加工）です．

産業分野別の分類では，LSIの内部配線加工であるワイヤ・ボンディング，自動車や航空機などのインパネの超音波溶着や超音波切断，食品容器の超音波溶着（パッケージング），衣料品の超音波溶着（超音波ミシン），ケーキ，寿司，海苔などの超音波切断，セラミックスやシリコン・ウェハの超音波研削，金型やガラスなどの超音波研磨，難切削金属部品の超音波切削，あるいはピンなどの超音波圧入などがあげられます．

加工に応用する場合の超音波の領域は，振動数20 k〜120 kHz程度で，振動振幅が1 μ〜20 μm（片振幅），投入電力は数〜数kWの超音波です．

筆者は，超音波応用加工に関して，切削/切断，研削/研磨あるいは溶着などについて，30年間以上研究してきました．その知見や経験の範囲において，目的，原理，加工方法あるいは効果などに関して解説します．

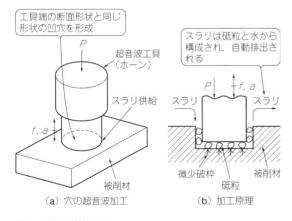

図2 超音波砥粒加工法
f：周波数，*a*：振幅，*P*：圧力

研磨と研削

砥粒加工法は，いわゆる研削や研磨加工の総称です．例えば，やすりや研磨紙による研磨（ポリッシング），回転する砥石による研削（グラインディング）において，やすりや砥石に超音波振動を与えて，加工能率や加工精度の向上などをねらった加工法です．

● 遊離砥粒加工

砥粒加工に対する超音波振動の最初の応用は，図2に示すように，超音波振動するホーン（工具）の先端にスラリ（遊離砥粒＋水）を供給しながら彫り込んでいき，ホーンと同じ断面形状のポケット，溝，穴あるいは輪郭などを加工する方法です．

最初に超音波振動が加工に応用されたので，この方法は単に超音波加工とも呼ばれています．各種の宝石類やガラス，単結晶/多結晶シリコン，各種のファイン・セラミックスなどの高硬度脆性材料（硬くて割れやすい）に対して，安価で効率的な加工法の1つになっています．

加工原理を図2(b)に示します．超音波振動により砥粒を被加工物に衝撃的に打ち付けて，微小破壊させながら穴を掘り下げていきます．砥粒は，水とともに連続的に供給され，排出されるので，切りくず詰まりがなく連続的に加工が進んでいきます．

● 研磨

研磨加工は歴史の長い加工法です．古代から，砂が固まってできた石である砂岩や空孔を有する火山岩などによって，石器（磨製石器）や金属を磨くことが行われてきました．日本では，青砥などの天然砥石が日本刀の研磨などに利用されてきました．現在では，さまざまな人造砥石が開発され，金型の鏡面仕上げ，ガラス・レンズの仕上げ，シリコンなどの半導体基板の仕上げなど，最先端産業において欠くことができない基盤技術となっています．

研磨加工は，表面粗さを向上させる（なめらかな状態に加工する）ことがおもな目的ですので，仕上げに近づくほど細かい番手の砥石を使うことになり，そのぶん加工能率が落ちてきます．この研磨加工に超音波振動を応用することで，加工能率を落とすことなく仕上げができるようになるといった特徴があります．ここでは，著者が最近研究している事例[1]により，その特徴を紹介します．

図3に示すように，一般的な研磨法による砥粒の軌跡は，砥石の移動方向のみですが，それに超音波振動の正弦波を乗せると研磨方向と直交方向の動きが追加されます．その結果，単位時間あたりの実質の研磨距

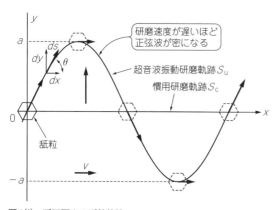

図3[1]　砥石面上の砥粒軌跡
x：研磨方向変位，y：振動方向変位，a：振動振幅，ω：振動角速度，
v：研磨速度　t：研磨時間，f：振動数，θ：砥粒交差角

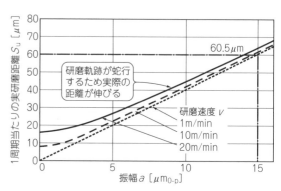

図4[1]　振動1周期あたりの実研磨距離
f：20 kHz，v：1，10，20 m/min，a：0〜16 μm

離が，**図4**に示すように数十倍に伸び，研磨効率が向上します．**図5**に示すように，超音波振動がない場合の研磨面は，研磨方向の研磨痕が観察されるのに対し，超音波振動研磨では，研磨方向に対して左右方向に細かく磨いていったような研磨面となります．例えば，難加工材であるステンレス鋼に対しても，大変良好な研磨特性が示されています．

　現在の各種研磨法に対する超音波振動の利用法を，実用されているものや現在研究中のものも含めて，網羅的に**図6**に示します．**図6(a)**のラッピングやポリッシングは液晶のカバー・ガラス，半導体基板の仕上げなどに，**図6(b)**の超仕上げは円筒面の鏡面加工に，

図6(c)のホーニングは各種シリンダやノズルなどの穴内面の鏡面仕上げにと，超精密加工の重要部分を占めており，超音波振動の活用が大いに期待されている分野の1つです．

● **研削**
　研削は，回転する砥石を用いて表面を除去する加工法です．焼入れされた金属，ファイン・セラミックス，ガラスなど，おもに硬質脆性材料の表面仕上げに用いられます．高い寸法精度と表面粗さに仕上げることができます．この研削加工法には，平面研削，円筒研削，

表面粗さ：0.285 μm R_a
（a）慣用研磨

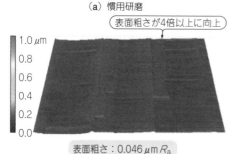

表面粗さが4倍以上に向上

表面粗さ：0.046 μm R_a
（b）超音波振動研磨

図5　SUS304研磨面の性状
cBN砥石＃800，f：20.05 kHz，a：0，10 μm_{0-p}，
v：50 mm/min，P：785 kPa，l：150 mm(15×10回)

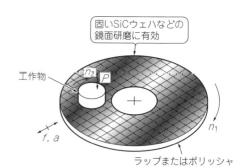

固いSiCウェハなどの鏡面研磨に有効

工作物
ラップまたはポリッシャ
（a）ラッピング・ポリッシング

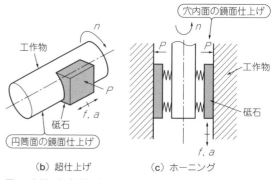

穴内面の鏡面仕上げ

工作物
砥石
円筒面の鏡面仕上げ
（b）超仕上げ

工作物
砥石
（c）ホーニング

図6　各種の超音波振動研磨法

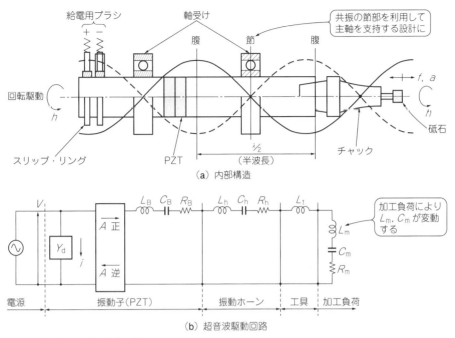

図7 超音波振動研削用主軸の例

内面研削，ねじ/歯車研削，工具研削など，多くの方法があります．この研削加工に対する要求事項は，加工能率が高いこと，仕上げ表面精度が高いことなどがあげられます．

　そのなかで，とくに小径の穴の内面研削は要求事項を達成するのが難しい加工で，超音波振動が積極的に応用されている分野です．超音波振動を発生させることのできる研削主軸が開発され商品化されており，それを使った加工が行われています．その内部構造の一例を図7に示します．研削主軸に電歪材料であるチタン酸ジルコン酸鉛（PZT）を組み込んでいます．主軸全体が超音波振動し，定常波を形成しています．その定

常波の節部を利用して軸受けを組み込むことにより，超音波を外部に漏らすことなく，主軸を固定および回転させることができます．

　主軸を駆動するための回路はおおよそ図7(b)のようになっており，電気系と機械系とが直列で共振しています．加工の負荷に応じて加工負荷系のインダクタンス（L_m）と電気容量（C_m）が変化しますので，この大きさを合わせるようにフィードバックをかけて，つねに共振状態を保つ回路を作っています．

　市販の微細加工用超音波振動主軸の一例を写真1に示します．この主軸では，超音波振動数40 Hz，振幅2 μm，主軸回転数2万回転の仕様で，主軸径ϕ16 mm

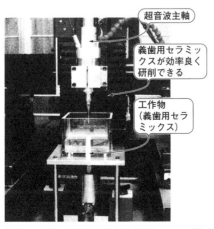

写真1　市販の超音波振動主軸の例（industria製）

写真2　超硬合金の加工例（V30）
直径3 mmおよび1 mmの2本のダイヤモンド砥石で72時間かけて削り出した

であり，主軸直径45 mm，全長2500 mmの小型主軸です．加工事例を**写真2**に示します．使用した研削工具はφ3 mmおよび1 mmのダイヤモンド砥石で，長さ40×幅20×高さ7 mmの超硬合金素材から，高さ2.5 mmのアルファベット文字を削り出しています．超音波振動研削によって研削効率が向上し，材料の砥石への目づまりを解消し，1本の砥石で72時間の加工により仕上げています．

切削と切断

　超音波振動切削の創案者は，著者の恩師の隈部淳一郎博士です．すなわち，この切削法は日本発の技術の1つで，1950年代に論文発表[2]されています．

　切削特性の一例を**写真3**[3]に示します．超音波振動切削による切りくずは，通常の切削に比べてかなり薄くて長く，きれいにカールした形状をしています．すなわち，切削するバイトに超音波振動を与えると，薄い切りくずがスムーズに排出されます．

　切削面の状況を**写真4**[4]に示します．鋳鉄を切削した場合ですが，金属中のグラファイト粒子がきれいに切断されているようすがわかります．切削面には，工具の送りピッチのほかに振動1サイクルごとの線（l_Tマーク）が見え，阿弥陀模様を形成しています．すなわち，断続的かつ衝撃的に切削が行われていることが，

この超音波振動切削の特徴と言えます．

　切削工具に超音波振動を与えながら切削する切削法には，いくつかの方式があります．現在までに研究あるいは実用されている超音波の振動方向は**図8**に示すようなものがあります．すなわち，主分力方向（切削方向と同方向），送り分力方向（切削方向に対して左右方向に相当する方向），背分力方向（材料の切り込み方向に相当する方向），および円ないしは楕円運動する方向です．このなかでも，主分力方向超音波振動切削が原則的な振動方向とされていますので，ここでは，この主分力方向振動切削機構に関して解説します．

● 主分力方向振動切削機構

▶ 刃先の運動機構と切削力

　超音波振動切削工具の切れ刃の運動機構，および切削力の波形を**図9**に示します．被削材は一定速度vで右側方向に移動します．一方，工具刃先は振幅（片振幅）aで切削方向と同方向に振動し，この状態で切削が行われます．

　刃先の軌跡から，幾何学的に切削機構を解析すると，刃先が原点Oから切削を開始したとすると，EFAおよびBGD間で切削がなされ，切りくずが生成されます．AB間では，刃先は切りくずと離れていて切削が行われません．この断続切削機構が超音波振動の周期で繰り返されます．

　次に，切削力の波形については，切削力は切削が生じている間のみに発生します．すなわち，EFAの間とBGDの間のみにパルス状切削力が発生し，それ以外の間では切削力はゼロになります．

▶ 工具と工作物とが離れる時間と臨界切削速度

　工具と工作物とが分離する条件は，切削速度をvとすると，次式となります．

$$v < 2\pi af \cdots\cdots\cdots\cdots\cdots\cdots\cdots (1)$$

　すなわち，工具が切削速度と同方向に後退するときに，最大振動速度$2\pi af$が，切削速度vよりも速い必要

写真3[3]　超音波振動切削による切りくず

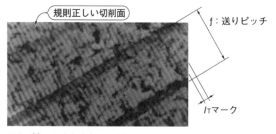

写真4[4]　主分力方向超音波振動切削面に見えるl_Tマーク

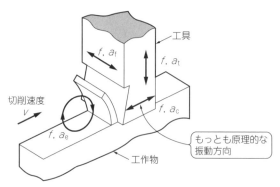

図8　現在の各種の超音波振動切削法
f, a_c：切削方向振動切削，f, a_f：送り分力方向振動切削，f, a_t：背分力方向振動切削，f, a_e：楕円振動切削

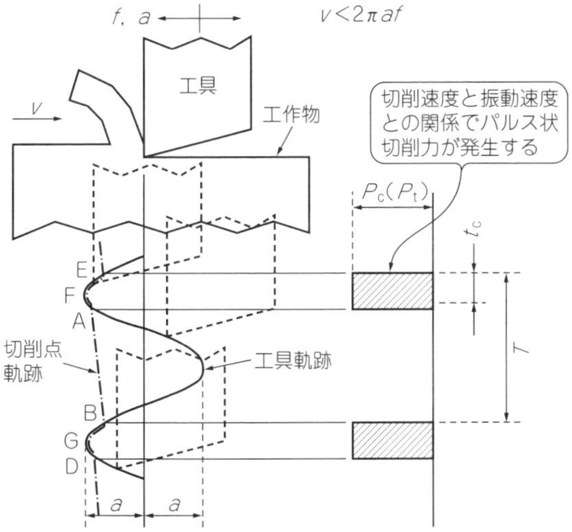

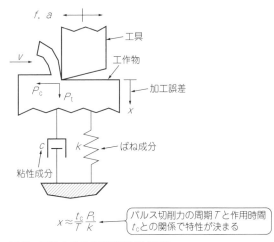

$v < 2\pi af$

切削速度と振動速度との関係でパルス状切削力が発生する

図9 振動切削における切削力

があります．切削速度vを高めていき，最大振動速度$2\pi af$と一致したとき（$v = 2\pi af$となったとき）に，工具と工作物とが常時接触した状態となり，振動切削特有の断続的な切削力波形が発生しなくなります．この条件を臨界切削速度と呼んでおり，この切削速度以上では超音波振動切削の効果が発現しません．

▶超音波振動切削における工作物の挙動

超音波振動切削における切削中の工作物の動的な挙動は，**図10**に示すような，1次の振動系モデルで解析することができます．

すなわち，工作物のx方向の変位は式(2)で表すことができます．

$$x \approx \frac{t_\mathrm{c}}{T} \cdot \frac{P_\mathrm{t}}{k} \quad\quad\quad\quad\quad\quad\quad (2)$$

この式は，ばね定数がkの工作物振動系に対して，静的な背分力P_tが作用したときの変位に対し，t_c/Tぶんだけx方向の変位が低減することを示しています．

加工誤差

ばね成分

粘性成分

パルス切削力の周期Tと作用時間t_cとの関係で特性が決まる

$$x \approx \frac{t_\mathrm{c}}{T} \frac{P_\mathrm{t}}{k}$$

図10 工具−工作物振動系単振動モデル

● 切断加工

パンやケーキなどの軟らかい菓子，すしなどの力を加えると崩れてしまう食品などは，金属やセラミックなどの工業用素材とは対照的に，切断すると型崩れしてしまう難切断材料です．これらの軟らかい材料の形を崩すことなく切断する方法として，超音波振動切断法は有効です．その切断原理を**図11**に示します．切断刃に対して切断方向に周波数20 kHz程度，振幅20 μm程度の超音波振動を作用させて切断します．

写真5はケーキを切断した例ですが，スポンジをつぶさず，クリームの切断刃への付着も防止できています．

接合

超音波接合法は，接合界面を超音波振動させ，かつ界面に圧力を与えることによって接合する方法です．おもな方法としては，金属同士を接合する金属接合法，およびプラスチックや化学繊維を接合するプラスチック接合法があります．

● 金属接合

金属接合法は，**図12**に示すように，接合界面に平行に超音波振動させて接合する方法です．この原理は，金属を溶融させて接合した後，固化させる溶接とは大きく異なります．すなわち，超音波接合の場合は金属

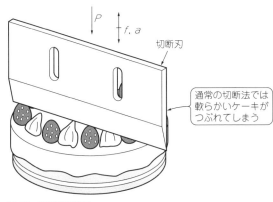

切断刃

通常の切断法では軟らかいケーキがつぶれてしまう

図11 超音波切断法

スポンジをつぶさずカット！

写真5 ケーキの切断面（精電舎電子工業）

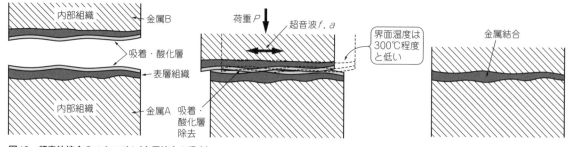

図12　超音波接合のメカニズム（金属接合の場合）

を溶融させない点に大きな特徴があります．その特徴は，超音波振動を界面に平行方向に作用させることにより，金属表面に形成されている酸化被膜を除去する点です．

金属表面は，酸化膜で覆われている状態が通常の状態で，化学的に安定しているわけです．その酸化膜が取り除かれると，金属原子は活性な状態となり，近くの原子と結合しようとします．

その性質を利用して，界面を平行方向に超音波振動させることにより，酸化被膜を除去しながら圧力をかけ，表面をつぶして（塑性変形させる）いきます．上下の金属の原子同士が真空状態で接近し金属結合して一体になるメカニズムです．

この金属の超音波接合法は，溶接と異なり溶融固化させないために，金属組織を変化させません．よって，電気特性が重要な電線同士の接合や，電線と電気接点の接合などに多く使われています．

● **プラスチック接合，シート接合**

固形のプラスチック同士や，プラスチック・シートあるいは化学繊維などの接合は，接合方向と同方向に超音波振動させるのが基本です．この場合の原理は，接合界面を超音波振動により衝突させながらつぶしていくことで，摩擦や変形熱を発生させ，接合部分を溶融させて接着させます．すなわち，金属の場合とやっていることは似ていますが，金属接合とは原理がまったく異なります．

塑性加工

金属は，一般的に大きな塑性変形能を有し，この性質を利用した塑性加工技術は素形材産業の基盤となっています．例えば，原材料を製造する圧延や伸線，筐体部品を製造するプレス加工，機能部品を大量生産する鍛造加工などです．この塑性加工に対して超音波振動を利用する技術も1950年代から研究されています．

● **ブラハ効果および伸線への応用**

初期のころの研究では，ブラハ効果の発見があります．F. Blahaと B. Langeneckerは，**図13**のように[5]，金属の引張試験において，試験中に超音波振動を付加することによって変形抵抗が大きく低下する現象（これは，付加時のみに発生して，それをやめるともとの状態に戻る）を調べて論文発表しました．この現象は，ブラハ効果と名付けられ，日本などにおいて，ほぼすべての金属で生じることが検証されています．

この効果を実際の伸線加工に応用した研究例は，**図14**に示すように[6]，森栄司先生らの研究があります．これによると，伸線用のダイに超音波振動を与えると，実験したすべての金属において引き抜き抵抗が振幅の増加（ダイ振動速度の増加に相当）とともに減少していることがわかります．このように，超音波振動によって金属を塑性変形させるときの力が低減する現象がわかっています．

● **各種の塑性加工への応用に関する研究**

伸線のほかにも，パイプの伸管，深絞り，剪断，圧延，鍛造など，さまざまな塑性加工への応用が研究されていますし，著者も研究してきました．塑性加工金型は一品一様な点が多く，市販の加工機などは存在しません．また，塑性加工は，概して加工力が高く生産効率も高い必要があります．それらの点において，超音波振動を導入しにくい要素もあります．工場の奥深

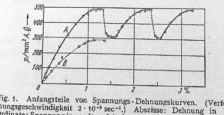

図13[5]　F. BlahaとB. Langeneckerによる論文

くでひそかに使われているという技術です.

まだまだ研究が必要な分野ではありますが, 最近の部品の微小化に伴い, 微細部品の製造には有効な方法であると考えています.

◆**参考文献**◆

(1) 神 雅彦, 坂本 慈英, 金井 秀生;超音波振動研磨法に関する基礎的研究, 第1報:ダイヤモンドおよびcBN電着砥石による高速度工具鋼の研磨特性, 砥粒加工学会誌, 65巻, 9号, 2021年, pp.487-492.

(2) 益子 正巳, 隈部 淳一郎;超音波振動旋削に関する研究(第1報), 精密機械, 24巻, 275号, 1958年, pp.56-60.

(3) 隈部 淳一郎;精密加工振動切削—基礎と応用—, 実教出版, 1979年, p.43.

(4) 隈部淳一郎;精密加工振動切削—基礎と応用—, 実教出版, 1979年, p.98.

(5) F. Blaha, B. Langenecker;Dehnung von Zink-Kristallen unter Ultraschalleinwirkung, Naturwissenschaften, 1955.

(6) 森 栄司, 井上 昌夫;超音波を利用した金属および合金の圧延と線引, 日本金属学会報, 7巻, 1号, 1968年, p.29.

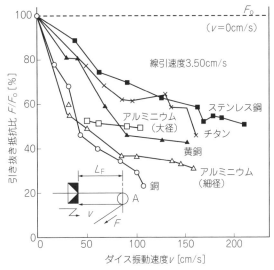

図14[6] 超音波引き抜きに関する初期の研究

---

column 01 お造りを美味しくするMy超音波包丁に挑戦!

神 雅彦

● **お造りはスパッと切れるとおいしい**

おいしいお造りは, 良い魚と包丁の入れ方で決まります. まな板に置かれた柵に, きれいに研がれた柳刃包丁を向こう側から入れ, まっすぐ手前に引きます. 細胞は壊さずに繊維をスパッと切っていきます. 角がしっかりと立ち, 切り口がキラキラ輝くお刺身をすっきりとした日本酒に合わせる. 至福のひとときです.

● **My包丁を超音波包丁に!**

はたして超音波切断はお刺身を美味しくするのでしょうか. 研究室にある超音波工具を使って, 簡単な実験をしてみました. 使った包丁は果物ナイフ(Zwilling製)です. 超音波工具は, 実験用に改造してもらったPolec-star PS-2030(ポーレック製)です. 周波数が25 kHzで工具先端の振幅は5 µm程度です. **写真A**のように, ナイフに超音波工具を押し当ててマグロの柵を切ってみました.

本文で紹介した専用フード・カッターの場合は, 振幅が15 µm以上ですが, 実験では切れ刃の振幅は, おそらく2 µm程度と小さく, かつ超音波工具とナイフとの接触音がうるさい状況でした. 耳に聞こえる数百Hzの振動も乗っていたことになります.

● **はたして実験結果は?**

結果は, それでも超音波振動を入れると, ナイフがスッーと入っていく感触が手に伝わってきます. たしかに切れ味は良好です. 実験に使用した超音波機器は25万円ほどしますが, ホビー用の超音波カッターなら数万円から購入できます.

肝心のお刺身の味は?というと…, どうやら, お魚の良し悪しに依存するようです. ぜひ, 高級クロマグロなどで試しましょう.

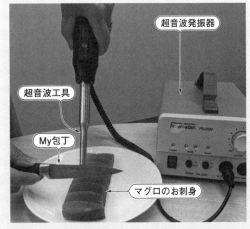

写真A お刺身を超音波でスパッと切ってみる
超音波工具の先端が縦方向に振動しており, その振動が伝わるようにナイフの背にあてがう

超音波による洗浄のメカニズム

長谷川 浩史 Hiroshi Hasegawa

超音波を水や洗浄剤に照射し，汚れを落とす機器を超音波洗浄機と言います．眼鏡店の店頭に設置されている超音波洗浄機を一度は目にしたことがあると思います（**写真1**）．水や洗浄剤を超音波洗浄機の洗浄槽に入れ，その中に眼鏡を浸してスイッチをONするだけで洗浄することができます．洗浄中は眼鏡のレンズ表面やフレームから，汚れが煙のように浮き出してくるのが観察できます．

このように，超音波洗浄機は，人が手やブラシで直接洗浄物をこすることなく簡単に汚れを落とすことができるため，多くの分野で幅広く活躍しています．本稿では，超音波洗浄機の仕組みや種類，活用事例について解説します．

超音波で洗浄できる原理

● 洗浄力の源「キャビテーション」

超音波を液体中に照射すると，キャビテーション（cavitation）という物理現象が発生します．この現象は，液体中に存在している微小気泡が超音波による圧力変化によって膨張収縮し，破裂することにより周囲に衝撃波を発生させるものです．

我々が汚れたものを洗うとき，洗剤を使いながらスポンジやブラシなどでこすりますが，超音波のキャビテーションによる衝撃波は，このスポンジやブラシでこする力に相当します．

● キャビテーションの発生メカニズム

図1にキャビテーションの発生メカニズムを示します．液体中には無数の微小気泡（数μm〜数十μm）が存在しています．この微小気泡に超音波が照射されると，圧力が下がっていくに従って気泡が膨張し，圧力が上がっていくに従って収縮するという膨張収縮運動が発生します．この際，気泡は膨張した状態から急速に収縮した状態に変化するため，ほぼ断熱圧縮に近い状態となり，内部が高温（数千〜数万℃）/高圧になると言われています．

この高温/高圧状態により気泡が圧壊して周囲に衝撃力を発生させます．この衝撃力が，洗浄物から汚れを剥ぎ取るスポンジやブラシの力になります．ちなみに，目視できるような大きな気泡に超音波を照射してもキャビテーションは発生しません．目視できるほど大きな気泡は超音波の伝搬を邪魔するだけです．

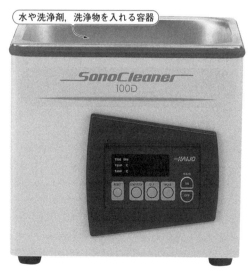

水や洗浄剤，洗浄物を入れる容器

写真1 卓上型超音波洗浄機（カイジョー）

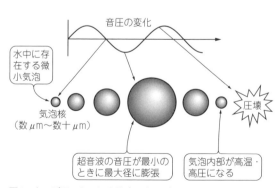

音圧の変化

水中に存在する微小気泡

気泡核（数μm〜数十μm）

超音波の音圧が最小のときに最大径に膨張

気泡内部が高温・高圧になる

圧壊

図1 キャビテーションの発生メカニズム

(a) 発振器　　　　　　　(b) 振動子　　　　　　(c) 洗浄槽

写真2　超音波洗浄機の構成

超音波洗浄機の構造

　超音波洗浄機は，**写真2**のように洗浄槽，振動子，発振器の3つの構成で成り立っています．それぞれの仕組みや役割について解説します．

● 洗浄槽

　水や洗浄剤を溜めて洗浄物を洗うための槽です．ステンレス製の容器が最もよく使われます．アルミニウム製の容器は，超音波によるキャビテーションによって早期に侵食されてしまうため，ほとんど用いられません．また，ステンレスに影響を及ぼすような薬液を使用する場合は，ビーカなどを用いて間接的に超音波を照射させて使用します．

● 振動子

　液中に超音波を照射する，いわばスピーカです．超音波洗浄機に使用されている振動子は，おもにステンレスの薄板に振動素子を接着した構造になっています．振動素子は，超音波の周波数により大きく2種類使用されています．低い周波数(200 kHz未満)は**写真3**に示すボルト締めランジュバン型振動子が，高い周波数(200 kHz以上)は板状振動子が使用されることがほとんどです．どちらの振動素子もおもにPZT(チタン酸ジルコン酸鉛)と呼ばれる圧電セラミックスが振動源として用いられています．

● 発振器

　振動子に交流信号を供給する機器です．最大出力電力は，小型なものでは100 W未満，大型なものでは2 kWを超えるものもあります．超音波洗浄でよく用いられる周波数は，20 kHz～2 MHzです．振動子は用途によって周波数やサイズ(超音波の照射面積)が異なりますので，発振器と振動子は常に同一のペアで使用されることがほとんどです．最近は高機能の発振器が開発されており，異なる周波数やサイズの振動子で

写真3　ボルト締めランジュバン型振動子

も1台で動作可能なものも登場しています．

超音波洗浄機の方式による分類

● 浸漬洗浄方式

　浸漬洗浄というのは，洗浄物を水や洗浄剤に浸して洗浄する方法です．このタイプの超音波洗浄機は，構造の違いにより4種類に分けられます．それぞれの特徴について解説します．

▶ (1) 洗浄槽型

　図2に示すのが，洗浄槽底面の裏側に直接振動素子を接着するタイプの超音波洗浄機です．洗浄槽と振動子が一体化されているので，ユーザによる振動子の取り付けや配線の引き回しなどの作業は必要ありません．ただし，故障時は槽全体を交換する必要があります．また，洗浄槽に直接振動子を接着するので，洗浄槽の材質や板厚にも制約があります．

▶ (2) 卓上型

　眼鏡店の店頭に設置されていることで知られています．洗浄槽タイプと構造は似ていますが，発振器まで一体型したものです．洗浄槽，振動子，発振器がすべて一体化されているため，ユーザは洗浄槽に洗浄液を入れ，電源を接続すればすぐに使用可能です．少量の

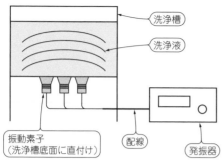

図2　洗浄槽タイプ

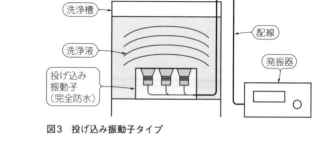

図3　投げ込み振動子タイプ

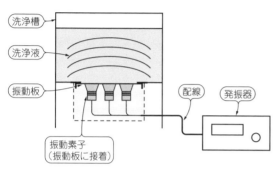

図4　振動板タイプ

部品を洗浄する場合に適しています．ただし，基本的に給排水は手動ですし，洗浄槽のサイズはメーカのラインナップから選択することになりますので，量産工場の洗浄ラインに組み込んで使用するには不向きです．

▶(3)投げ込み振動子型

図3に示すのが，完全防水の独立した振動子ユニットになっているタイプの超音波洗浄機です．洗浄液をためた洗浄槽に，この振動子を投入するだけで超音波洗浄を行うことが可能です．洗浄槽はユーザの洗浄物や洗浄方法を考慮して自由に設計することができます．また，振動子の洗浄槽への出し入れが簡単なので，メンテナンスが非常にしやすいというメリットがあります．デメリットは，発振器から振動子へ接続されている配線が通された蛇管や，振動子自身が洗浄槽内でスペースを取ってしまうことです．

▶(4)振動板型

投げ込み振動子型と同様に振動子が独立したユニットになっているのですが，洗浄槽に穴を開けて取り付けるタイプの超音波洗浄機です．構造を図4に示します．投げ込み振動子型と異なり，洗浄槽内に配線を通す必要がありませんし，振動子自身が洗浄槽内に出っ張ることがないため，無駄なスペースが極力少なくできるという点が特徴です．ただし，洗浄槽の設計段階から超音波洗浄を見込んでいれば問題ありませんが，既存の洗浄槽に追加で取り付けようと考えた場合，洗浄槽への追加工が必要になるため容易ではありません．

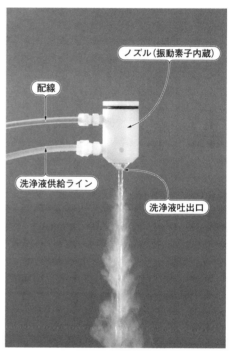

写真4　洗浄液が集中してふき出すスポット・シャワー・タイプ

● シャワー洗浄方式

シャワー洗浄は，水や洗浄剤を洗浄物に掛けながら洗浄する方式です．シャワー・タイプの超音波洗浄機は，超音波を伝搬させた洗浄液を洗浄物に直接照射する構造になっています．浸漬洗浄タイプの超音波洗浄機では洗浄しづらい形状（長い物，大きい物など）の洗浄物や，局所的に洗浄したい場合に使用されます．シャワーの形状により大きく2種類に分けられます．

▶(1)スポット・シャワー型

写真4に示すのが，超音波を伝搬させた洗浄液が円柱状に集中して照射されるタイプの超音波洗浄機です．おもにピンポイントで洗浄したい場合に利用されます．

▶(2)ライン・シャワー型

スポット・シャワー型と超音波の伝搬方式は同じですが，長いスリットから洗浄液が照射されるタイプの

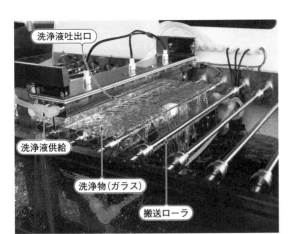

写真5 板状の洗浄に向くライン・シャワー・タイプ

超音波洗浄機です．おもに大型の板状の洗浄物を搬送しながら洗浄する場合に利用されます（**写真5**）．

超音波洗浄機の周波数による分類

超音波洗浄機は，洗浄液中に発生するキャビテーションという物理現象により洗浄しています．超音波の周波数を変えるとキャビテーションの発生状況が変わります．

周波数が低い（20 k～40 kHz程度）超音波は波長が長く音圧変化が大きいため，キャビテーションの発生密度は小さいものの，おのおののキャビテーションにより発生する衝撃力は強くなります．

一方，周波数が高くなるほど波長が短くなり，音圧変化が小さくなりますので，キャビテーションの発生密度は高くなりますが，おのおののキャビテーションにより発生する衝撃力は小さくなります．

表1に超音波洗浄機の周波数と特徴を示します．超音波洗浄機のキャビテーションによる物理力は，ブラ

シの毛に例えることができます．周波数が低い（20 k～40 kHz）超音波洗浄機のキャビテーションによる物理力は，亀の子たわしの毛をイメージしてください．それに対して，周波数が高い（1 MHz程度）超音波洗浄機のキャビテーションによる物理力は，刷毛や筆などの毛のようなイメージになります．

洗浄物に付着した細かい微粒子は，亀の子たわしでも除去できないわけではありませんが，毛が粗いためにムラが発生してしまい，すべてを除去するのは困難です．逆に，強固に付着した汚れを刷毛や筆で除去しようとしても，毛が柔らかすぎて困難です．超音波洗浄機は，洗浄物と汚れに適した周波数を選択する必要があります．

洗浄実験とその評価方法

超音波洗浄機の洗浄効果を確かめるにはさまざまな実験方法がありますが，代表的な例を紹介します．

● アルミはくによる物理力の評価

キャビテーションによる衝撃力を可視化する実験です．方法は非常に簡単で，市販のアルミはくを超音波洗浄機の中に入れるだけです．その際，アルミはく全体にテンションをかけてピンと張っておくことがポイントです．キャビテーションの衝撃力は非常に強いので，10秒程度でアルミはくに穴が開き始めます．

実際にアルミはくに超音波を照射した結果を**写真6**に示します．洗浄槽に入れる液の種類や条件（溶存気体量や液温など）によって穴の開き方が大きく変わりますので，いろいろ試してみると面白いと思います．

● 油汚れの除去効果の確認

写真7は，油が付着した面に水滴を垂らした状態です．対象面が油で汚れていると濡れ性が低くなってい

表1 超音波洗浄機の周波数と特徴

	周波数	対象の粒子サイズ（汚れ）	汚れ	傷の発生	用途例
低周波	19.5 kHz	油分 1 mm以上	大 ↑	大 ↑	乳化，分散，金属部品のバリ取り
	26 kHz				精密加工部品の洗浄（脱脂，加工屑除去）
	38 kHz				
中周波	78 kHz	1 μm以上			ハード・ディスク関連部品の洗浄，ガラス・マスク，水晶振動子，薄膜磁気ヘッド洗浄，など
	100 kHz				
	130 kHz				
	160 kHz				
	200 kHz				
高周波	430 kHz	1 μm以下			半導体，液晶ガラス洗浄，など
	950 kHz				
	2 MHz	0.1 μm以下	↓ 小	↓ 小	
	3 MHz				

物理イメージ

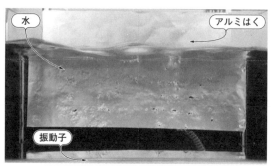

写真6　超音波によるキャビテーションで穴が開いたアルミ箔

（a）洗浄前　　　　　　　　（b）洗浄後

写真7　接触角による油脂の付着度評価

ますので，水滴を垂らすと水玉状になります．洗浄して油汚れを除去すると濡れ性が上がりますので，水滴を垂らしても水玉状にならず，水が広がったような状態になります．この現象を利用して，対象面にできた水玉の形状を屈折角で表すことにより，油汚れの除去効果を数値化します．

● 微粒子の除去効果の確認

半導体向けのシリコン・ウェハなどの洗浄では，微粒子除去を表面検査装置にて数値化する方法がよく用いられます．洗浄前のシリコン・ウェハを表面検査装置にて微粒子数をカウントします．次に，そのシリコン・ウェハを洗浄して，改めて表面検査装置にて残った微粒子をカウントします．双方を比較することにより，微粒子の除去率が計算できます．

洗浄方法のわずかな差を調べるために，あえて汚れを付着させたウェハにて評価することもあります．

超音波洗浄の活用

● 日用品

家庭用の超音波洗浄機は，眼鏡や貴金属類の洗浄に多く用いられています．超音波洗浄機は表面の汚れはもちろんですが，眼鏡のフレームや時計のバンドなど，細かい部分に入り込んだ汚れを除去することが得意です．超音波洗浄機を使用しないと，細かい隙間に入り込んだ汚れはなかなか出てきません．

● 半導体分野

半導体分野では，シリコン・ウェハを中心に，製造工程に利用されるさまざまな治具などの洗浄に超音波洗浄機が活躍しています．半導体分野では近年急速に配線パターンの細線化が進んでいるため，それに伴い洗浄にも超精密性が求められています．配線パターンに異物が付着していると，それが性能に影響して不具合を起こしてしまうからです．超音波洗浄は半導体製造に必須の存在になっています．

● 電子部品

電子部品の製造にも超音波洗浄機は幅広く活躍しています．例えば，抵抗器，コンデンサなどのディスクリート部品のリード部分をはじめとして，基板のフラックス除去や部品ケースの洗浄など，製造工程で付着してしまう異物を除去し，誤動作を防いでいます．我々が普段使用しているスマートフォンの大部分の部品は，製造時に超音波洗浄機が活躍しています．

● 自動車分野

自動車部品はエンジンや軸受けをはじめとして，常に過酷な摩擦にさらされるものが多いです．部品の加工精度の向上はもちろんですが，組み立て前に部品を超音波洗浄することにより，加工時に発生した異物を除去しています．また，最近は電気自動車やハイブリッド自動車が急速に増えていますので，それに伴って電子部品の割合が増加しており，ますます超音波洗浄機の活躍の場が増えてきています．

● 光学部品

ガラスやレンズなどの工学部品にも超音波洗浄は用いられています．ガラスで代表的なものは，液晶テレビや有機ELテレビのパネルです．近年は家庭用のテレビも大型化していますし，画面も高精細になっているため，製造時の洗浄はますます重要になっています．

● 分散，乳化

超音波洗浄機を応用して，材料の分散や乳化に使用することが可能です．例えばインクの塗料などは顔料を均一に分散させることが重要ですが，機械的な撹拌に加えて超音波を照射することにより，さらに均一に分散させることが可能です．すでに一部の塗料量産工場で使用されています．

第6部

超音波発振回路
のしくみ

超音波発振器の回路構成

笠井 昭俊 Akitoshi Kasai

　超音波を用いた技術は各分野で応用されており，今や我々の生活に身近な存在となっています．

　本章では，超音波振動子(以下，振動子)を安定して駆動するための，超音波発振器の回路構成とそれぞれの制御内容について解説します．

超音波振動子を駆動するための発振器

● 超音波のキー・テクノロジ…発振器＆制御

　超音波発振器(写真1)は，振動子を効率良く安定動作させるために周波数や電圧，電流の制御を行います．発振器は，かつてはアナログ回路を使用していましたが，現代では多くがディジタル処理に変わり，多様な機能(通信や外部制御など)が搭載されています．

　特に超音波溶着機(コラム1参照)に用いられる発振器は，振動子や溶着物(加工物)の状態に追従し，安定した再現性ある溶着ができるように制御する必要があります．

● システムの構成

　図1に，振動子を駆動する一般的な超音波発振システムの概略系統を示します．振動子を駆動するためには，振動子のもつ機械共振周波数で発振する発振回路，その電圧を所定の電力まで増幅する電力増幅回路，電力増幅回路と振動子を最も効率良く電気的に接続するためのインピーダンス整合回路が必要です．

　特に安定性が重要な発振回路には，振動子のもつ機械共振周波数を追尾する回路方式として，PLL(Phase-

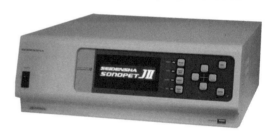

写真1　超音波発振器(写真提供：精電舎電子工業)

lock Loop)発振回路が多く用いられます．PLL発振回路は，振動子が共振したときに電圧と電流の位相差がゼロになることを利用した位相同期型回路です．振動子の機械的品質係数が高い場合は手動で同調をとることが困難であるため，マイクロプロセッサを使用した自動同調型の発振回路が用いられます．

　PLL発振回路は他励発振方式で共振周波数を自動で追尾しながら振動子を駆動するため，発振が停止することはありません．PLL発振回路はインピーダンス整合回路から電圧と電流を検出しながら，振動子の周波数変動を自動で追尾して発振周波数を制御します．

各構成回路について

　ここからは，超音波溶着機に使用される安定性を重視した発振器を例に，超音波発振システムの回路構成とそれぞれの回路について説明します．図2に示すのが，システム全体の回路構成です．

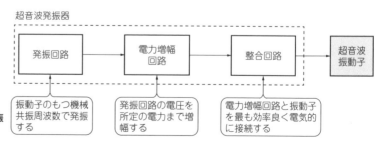

図1　振動子を駆動する超音波発振システムの概略系統

column 01
ますます重要に!
超音波振動を利用したプラスチックの溶着機

笠井 昭俊

● 広く使われているプラスチックの超音波溶着

　超音波による熱可塑性樹脂（熱で溶けるプラスチック）を溶かす技術は，高品質な溶着が瞬時にでき，前後処理が不要，自動化しやすい，生産性が高いなど多くの特徴をもつことから，自動車の部品や各種容器，医療機器，生活用品，玩具，家電の溶着など幅広い業界で用いられています．

● これからますます重要になるプラスチックの溶着制御

　プラスチック材は，材質の異なるプラスチック素材の混合，微細なガラス・金属素材の混合により作られる強化プラスチックや，食品由来の成分の使用により廃棄処理しても自然環境に帰するプラスチック，リサイクルされたプラスチックなどが製品化されています．プラスチックの用途はますます拡大し，部品の小型軽量化や食品の包装，内容物の長期保存，真空封入または水密性を伴う部品などに多く使用されています．

　近年，成形技術の向上により，肉薄で小さく高精度の成形加工が可能となりました．軽量化が求められる自動車業界や医療業界などの部品は，安全性や生産性の要求がさらに高まり，超音波溶着の安定性，再現性がより求められるようになってきています．

● 超音波溶着機の構成

　超音波による熱可塑性樹脂の溶着機（超音波ウェルダ，または超音波溶着機とも呼ばれる）の一般的な構成を図Aに示します．装置は，発振器，振動子，固定ホーン（またはブースタ），工具ホーン，加圧プレスおよび制御装置からなります．

　発振器より振動子に電気エネルギーを供給し，振動子は電気エネルギーを超音波振動エネルギーに変換します．固定ホーンは変換された超音波振動を増幅し，工具ホーンにて，溶着物に必要な振動振幅を供給します．

　プレスで加圧することで超音波振動が溶着物の溶着リブにて衝突振動し，その際に衝突エネルギーが熱エネルギーに変換されます．超音波振動は1秒間に15万〜60万回行われるため，その回数分，衝突運動（もしくは摩擦運動）が行われます．衝突のたび変換された熱エネルギーが蓄積し，プラスチックを溶融（溶着）します．ほかの溶着・接着技術と比べ瞬時に溶着を可能としているため，多くの利点があります．

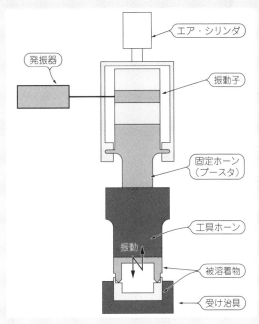

図A　超音波溶着機の一般的な構成

（エア・シリンダ）
（発振器）
（振動子）
（固定ホーン（ブースタ））
（工具ホーン）
振動
（被溶着物）
（受け治具）

● CPU回路

　CPU回路では，電力値の表示や外部インターフェース回路，発振回路，外部I/O，発振全体の制御などを行います．マイクロプロセッサを使用し，発振時間設定や超音波パワー計測，発振器の状態監視，PLL発振回路からの位相/周波数を取得し，リアルタイムにデータ表示と制御を行います．

　主な発振制御機能とアラーム機能の例を表1に示します．発振制御機能の発振出力ソフト・スタートと発振出力ソフト・ストップは，振動子印加電圧の立ち上げと立ち下げをゆっくり行う機能です（そうしないと振動子が破損する場合がある）．周波数サーチ機能は振動子の共振周波数を自動で検出します．検出した周波数は振動子の最適な共振周波数になるため，不要な共振周波数で発振することを防ぎます．

● PLL発振回路

　PLL方式にはアナログPLL方式とディジタルPLL方式があります（図3）．アナログPLL方式［図3（a）］は，2種類の交流信号を位相比較器に取り込んで，電圧制

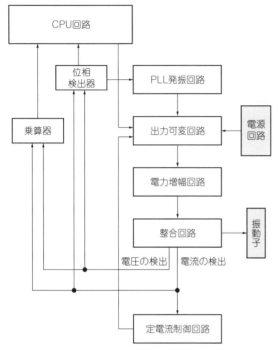

図2　超音波発振回路システムのブロック構成

表1　発振器の機能

機能	項目
発振制御	時間制御
	エネルギー制御
	ピーク・パワー制御
	AND/OR制御
	出力振幅設定
	発振出力ソフト・スタート
	発振出力ソフト・ストップ
	周波数サーチ
アラーム	周波数サーチ・エラー
	周波数上限エラー
	周波数下限エラー
	過電流
	パワー・リミット
	エネルギー超過

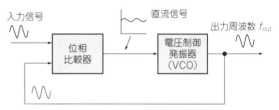

（a）2種類の交流信号を位相比較器に取り込みVCOで
　　出力するアナログPLL方式

（b）アナログPLLの構成要素をソフトウェアで処理する
　　ディジタルPLL方式

図3　PLL回路のブロック構成

御発振器（VCO）で出力します．ディジタルPLL方式
［**図3(b)**］は，アナログPLLの構成要素をソフトウェ
アで処理します．高機能な発振器ではディジタルPLL
回路が使用されます．

　実際のディジタルPLL回路のブロック構成を**図4**に
示します．交流入力信号をアナログ・フロントエンドで
波形形成し，入力波形データをA-Dコンバータでマイコ
ンやDSP（Digital Signal Processor），PLD（Programmable
Logic Device）などに取り込み，位相比較と周波数制
御をディジタル処理で行います．

　PLLの処理後の波形出力にはDDS（Direct Digital
Synthesizer）を使用し，任意の波形を出力します．そ
の後，D-Aコンバータで波形生成した後にローパス・
フィルタでクロック成分を除去することで，純度の高
いアナログ信号を得ることができます．

● **出力可変回路**

　通常のインバータ回路はフルブリッジ回路で構成し，

スイッチングはPWM制御します．PWM制御でパワ
ー・デバイス素子をスイッチングすると，すべての素
子がOFF（ハイ・インピーダンス）になる状態が発生
するため，振動子のような誘導性の負荷の場合はライ
ン電位が安定しません．

　そこでスイッチング駆動に，位相シフトPWM制御
（または位相シフト・フルブリッジ回路）を用います．

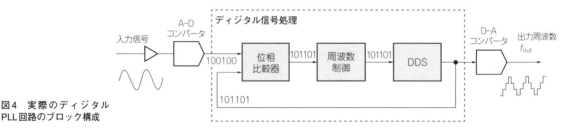

図4　実際のディジタル
PLL回路のブロック構成

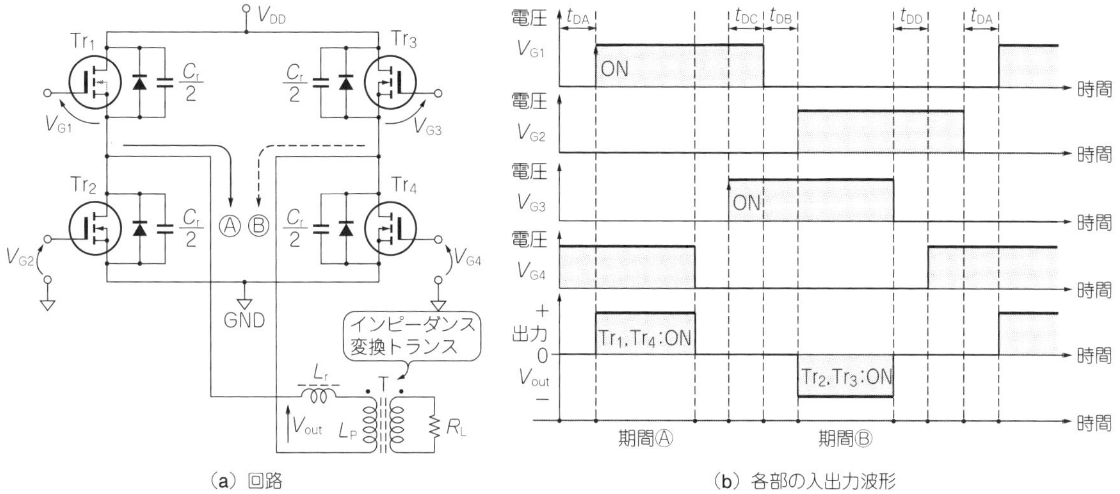

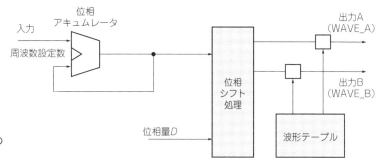

図5(1)* 位相シフト・フルブリッジ回路

（a）回路　　　　　　　　　　　（b）各部の入出力波形

図6 ディジタル処理の位相シフト回路の
ブロック構成

スイッチング素子は常にデューティ50％で駆動し，互いの位相ずれを180°でスイッチングします．スイッチング素子がゼロ電圧スイッチング動作をすることにより，スイッチング損失を大幅に低減できるため，より大きな電力を扱うことが可能となります．

図5に位相シフト・フルブリッジ回路の概要を示します．フルブリッジ回路の$Tr_3 \sim Tr_4$のPWMスイッチング信号は，$Tr_1 \sim Tr_2$のPWMスイッチング信号に対して位相シフトさせます．この位相シフトの量により，対角線上に位置するスイッチ間の重複（overlap）の量が決まります．つまり，出力電圧がPWMされた出力電圧の実効値を可変することになります．

デューティ50％なので，パルス・トランスを使用したシンプルな回路で構築し，パワー・デバイスを駆動することができます．

実際の位相シフトPWM制御は専用ICやアナログ回路上で制御できますが，ディジタルPLL回路内のDDSの構成を工夫することで位相シフトPWMを作成することができます．DDSは位相アキュムレータによって任意の周波数を生成した後，波形テーブルを参照することで任意の波形を生成できることが特徴です．

図6に示すように，位相アキュムレータの後に，基本周波数成分に対し任意の位相角の位相シフト処理を行うことで，所定の位相角をもった波形を生成できます．基本波とその位相シフト波形を出力することで，位相シフト・フルブリッジ回路のゲート波形を生成できます．ディジタルPLL回路内で位相シフトPWM生成でき，結果として振動子に印加する電圧を調整することができます．

● 電力増幅回路

電力増幅回路は，絶縁ゲート・ドライブ回路とインバータ回路で構成されます．

インバータ回路は振動子を駆動するための出力回路であり，発振周波数の大電流が流れ込みます．インバータ部のパワー半導体は，超音波の周波数に合わせて使い分けます．周波数が低く（～30kHz）耐電圧が必要な場合はIGBTを使い，周波数が高く（30kHz～）耐電圧が低い場合はMOSFETを使って，フルブリッジ・インバータで構成します．近年，IGBTやMOSFETのシリコン・デバイスの代替としてSiCデバイスやGaNデバイスを使用したパワー半導体が出てきており，発熱低減が期待されています．

絶縁ゲート・ドライブ回路は，インバータ回路に供

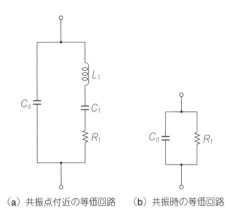

（a）共振点付近の等価回路　　（b）共振時の等価回路

図7　超音波振動子の等価回路

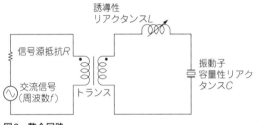

図8　整合回路

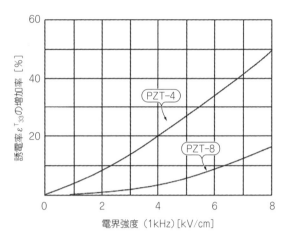

図9　高電界時に変化する誘電率

給する電流が外乱からスイッチング精度を確保するためのものです．パルス・トランスや絶縁型ゲート・ドライブICで絶縁し，パワー半導体を駆動します．

● **定電流制御回路**

　振動子は負荷変動によって振動振幅が変化するため，一定の振動振幅で駆動させる定電流制御回路を使います．振動子の振動振幅は振動子の等価回路の負荷成分に流れる電流に比例するため，この電流を検出することで出力電圧を可変し，振動振幅を一定にすることができます．

　検出方法としては電流を直接検出することができないため，振動子を含むブリッジ回路を用いて，振動振幅（振動速度）に比例する値をブリッジ回路から得ます．ブリッジ回路の各辺には振動子に相当する疑似インピーダンスや，低損失のインピーダンスとしてコンデンサを使用して平衡をとることで，振動子の等価回路の抵抗成分に流れる電流に相当する信号を検出します．ブリッジ回路は振動子が容量性負荷のため，回路上計算しやすいコンデンサで構成するか，抵抗やインダクタで構成することもできます．

● **整合回路**

　インバータ回路から出力トランスを介して振動子を駆動します．振動子の共振点付近の等価回路は図7（a）のようになり，共振時は図7（b）になります．

　振動子は負荷変動によるインピーダンスの変化があ

るため，常に共振状態のインピーダンスと整合する必要があります．振動子は共振周波数で容量性のインピーダンスを持っているため，電力を効率良く供給し，動作を安定させるためには，振動子の容量性リアクタンス（静電容量C）と等しい誘導性リアクタンス（チョーク・コイルL）を直列，または並列に挿入して，リアクタンス成分を打ち消す必要があります．誘導性リアクタンスLを直列接続したときの整合回路は図8で構成されます．

　リアクタンス成分は次の共振条件の式（1）より，式（2）で算出できます．

$$\omega^2 = \frac{1}{LC} \cdots\cdots\cdots\cdots\cdots (1)$$

$$L = \frac{1}{(2\pi f)^2 \cdot C} \cdots\cdots\cdots\cdots (2)$$

　ただし，ωは角周波数，fは周波数，Cは振動子の静電容量，Lは整合用のインダクタンス．

　振動子に用いられる圧電セラミックスPZT-4やPZT-8の特性は，図9に示すように高電界時に誘電率が変化するため，駆動電圧に応じてチョーク・コイルのインダクタンス値を算出するときに，振動子の静電容量の変化として考慮することが望ましいです．

　整合回路部では，超音波パワー計測用の振動子電圧と振動子電流の検出や，PLL回路へ帰還するチョーク・コイルの前の電圧と電流を検出しています．PLL回路へ帰還する信号にチョーク・コイルの前の波形を帰還する目的は，電源回路から見える力率（Power Factor）を1.0に近づけることができるため，インバータ回路の電力損失の低減が可能になります．

● **電源回路**

　国内の電波法（第8章 雑則 第100条，電波法施行規則 第45条）において，超音波発振器（洗浄用，加工機

column▶02 メーカ製の超音波発振器に備わる発振以外の機能

笠井 昭俊

超音波発振器は，本来の発振制御機能のほかにも多様な機能を備えています．その一部を紹介します．

● 発振結果データを専用ソフトウェアで表示

写真1に示した超音波発振器（精電舎電子工業）には発振結果データが保存されているため，動作後にデータを取得できます．

パソコンに専用アプリケーション・ソフトウェア（図B）をインストールし，発振器とパソコンを接続することで，超音波発振器の設定や発振結果の表示，動作状況のモニタ，超音波のパワーのグラフ表示などができます．

● 産業用ネットワークに対応

近年，産業用ネットワークを使用した自動機設備が多くなっています．産業用ネットワークには，Ethernet/IP や EtherCAT など各種規格がありますが，それぞれに対応した超音波発振器があります．

● 安全機能，安全規格対応

安全機能として，発振器内部温度上昇異常や強制空冷ファンの動作検出，入力電流の過電流から回路を守るサーキット・プロテクタ，入力電源電圧の監視など，発振器を保護する機能が組み込まれています．

日本の電波法や海外の製品安全（CEマーキングやUL認証）を満たした発振器もあります．

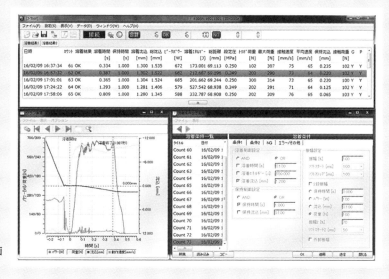

図B　溶着管理ソフトウェアの画面例

など）の型式指定を取得する際に，電源端子における妨害波電圧測定（伝導エミッション測定）により高調波電流規制があり，最大許容高調波電流が規定されています（2015年より施行）．

通常，インバータ回路部に直流電圧を供給するため，多くはAC-DC電源を使用し電源入力部にコンデンサが使用された電源を使用しています．このような電源は，商用電源の入力交流電圧は整流回路を通って入力平滑化コンデンサに印加され，その結果，AC入力電圧が入力平滑コンデンサの充電時間より高いときのみ電流が流れます．その結果，入力電流波形に多くの高周波成分を含み，力率が1.0よりも大きく低下します．電波法の規制を満たすことができない場合があります．

そのため，PFC（Power Factor Correction）制御機能付き AC-DC スイッチング電源を使うことが増えています．PFC回路付き電源は，入力電流波形がほぼ正弦波に近づくため高い力率が得られ，高い電力負荷でも0.98を超える力率を実現でき高周波電流を抑制することが実現できています．今後はより多くの発振器の電源回路に採用されると考えられます．

◆参考・引用＊文献◆

(1) ＊稲葉 保：フェーズ・シフトPWM方式ZVS可変電源の製作，トランジスタ技術，2004年6月号，p.229，CQ出版社．

超音波振動子を数ns駆動！高速ドライブ回路

稲葉 保 Tamotsu Inaba

超音波振動子のドライブ回路（パルサ）を作る

● なぜ立ち上がり数nsの高速パルサ回路が必要か

毎年，健康診断をすると必ずお世話になる超音波診断装置のプローブには，数百個の超音波振動子がアレイ状に内蔵されており，立ち上がり時間が数n〜数十のパルス信号で駆動されています．

最近は，画像分解能を高めるために，超音波の周波数が上がってきています．従来は，立ち上がり時間数十nsのパルス信号で駆動していましたが，最近は数nsにまで高周波化が進んでいます．

例えば，金属内部のキズを探す非破壊検査や，超音波顕微鏡，厚み測定装置などの分野では，高周波化が進んでいます．周波数を高くすると，距離分解能が改善されるので，より高い周波数成分をもつパルサ回路が必要になります．

本章ではカスコート回路をスイッチング回路に接続して，ドレイン-ソース間電圧の立ち上がり時間 t_r が10 ns以下の高速パルサ回路の作り方を解説します．例として数十MHz帯域で使われているパルサ・レーバ装置の基本構成ブロックを図1に示します．

超音波で何かを調べる場合，1〜1/4波長が目安になるといわれています．超音波の伝わる速度は人体や水の場合1500 m/s程度です．例えば40 kHzの超音波なら1波長が34 mm，1/4波長が8.5 mmです．ここで1.7 MHzの超音波を使えば，1波長が0.88 mm，1/4波長が0.2 mm程度となり，分解能の向上が見込めます．

● 立ち上がりは数ns，出力は数μJ

パルサ回路の出力は，だいたい数十〜数百μJ（ジュール）くらいです．この値は，コンデンサや負荷抵抗の容量により異なります．ジュールは電力×時間の単位です．周波数が高い，時間の短いパルスを出力しようとすると，高速なパルスを出力することになり，広帯域なパワ 回路が必要です．

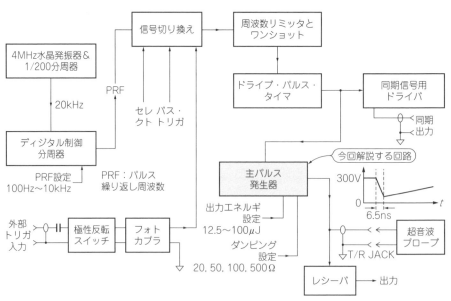

図1　数十MHz帯域で使うパルサ・レーバ装置の基本構成ブロック

column 01 数nsの立ち上がり時間は帯域500 MHz以上のオシロでないと測れない

稲葉 保

高速信号を測定する場合は，数GHzの広帯域なオシロスコープを使いたいところですが，高価です．

十分広帯域なオシロスコープがない場合でも，測定した立ち上がり時間に，オシロスコープの立ち上がり時間を考慮にいれると，真の値を算出できます．

筆者は500 MHz帯域で測定しました．オシロスコープが観測できる最短立ち上がり時間 t_r [s] は次式で求まります．

$$t_r = 0.35/f_{BW} \cdots\cdots\cdots\cdots\cdots (A)$$
ただし，f_{BW}：帯域幅[Hz]

0.35/500 MHz＝0.7 nsなので，数nsの信号測定では誤差が大きくなり，真のt_rがわかりません．

真の立ち上がり時間t_{rT}は次式で求まります．

$$t_{rT} = \sqrt{t_{rm}^2 - t_{ro}^2} \cdots\cdots\cdots\cdots (B)$$
ただし，t_{rm}：測定波形のt_r[s]，t_{ro}：オシロスコープのt_r[s]

測定波形のt_rが3 nsのときは，500 MHzオシロスコープのt_rは0.7 nsなので，次式のようになります．

$$t_{rT} = \sqrt{3^2 - 0.7^2} \fallingdotseq 2.92 \text{ ns} \cdots\cdots\cdots (C)$$

100 MHzオシロスコープを使って計算しようとすると次式のように答えが出せなくなり，値が求まらないことが分かります．オシロスコープの帯域が足りず，正しく測定できない状態です．

$$t_{rT} = \sqrt{3^2 - 3.5^2} \cdots\cdots\cdots\cdots\cdots (D)$$

超音波振動子にパワーを伝えるためのパルス幅の検討

写真1に示すのは，パルス・ジェネレータで発生させたパルス信号の高調波スペクトラムです．パルス幅を変えながら，スペクトラムを観測してみます．パルス幅が短いとエネルギが小さくなります．超音波振動子に十分なパワーが伝わらないことがあります．

パルス幅t_{PW}＝50 ns，立ち上がり時間と立ち下がり時間は6 nsで，20 MHzごとに，エネルギが減衰する周波数（減衰極）が存在します．

$$f_P = (1/t_{PW})n \cdots\cdots\cdots\cdots\cdots\cdots\cdots (1)$$
ただし，f_P：減衰極の周波数[Hz]

パルス幅を極端に短くすると，写真2のt_{PW}＝10 ns

で減衰極は100 MHzになります．

このように，立ち上がりを速く，パルス幅を短くするほど共振周波数の高い超音波素子を駆動することができます．

実験その① 高速スイッチングが得意なMOSFETを選ぶ

● 選択のポイント1…データシートだけに頼らない

データシートだけを見てスイッチング特性の優れたパワーMOSFETを抜粋したのが表1です．選定のポイントを次にまとめました．
(1) t_r, t_fが短い
(2) 低電極間容量であること
(3) オン抵抗$R_{DS(on)}$が低いこと（高い素子は並列接

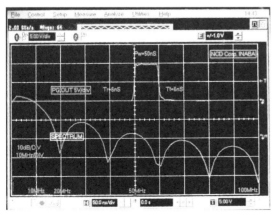

写真1 パルス・ジェネレータでパルス幅を変えたときの高調波スペクトル①（t_{pw}＝50 ns，t_r＝6 ns）
20 MHzごとに減衰極がある

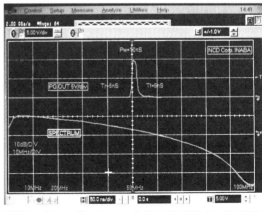

写真2 パルス・ジェネレータでパルス幅を変えたときの高調波スペクトル②
t_{PW}＝10 ns：減衰極は100 MHz

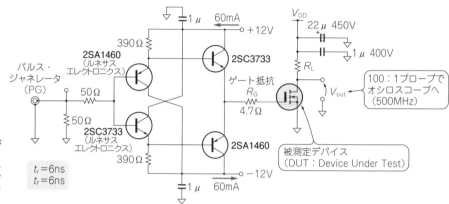

図2　スイッチング速度がわかるテスト回路
パルス発生器の出力インピーダンスを下げるためにバッファ・アンプを加えた．ゲート抵抗R_gは4.7Ω

続で対応）

　一般的には伝搬遅延も重要な特性ですが，超音波パルサの場合，同期信号を遅延して対処できるので，考慮に入れていません．負荷抵抗R_Lによってt_fが左右されます．データシートの値は負荷抵抗がMOSFETによって異なるので，参考値にしかなりません．

● 選択のポイント2…デバイスの性能は使う前に実測で確認

　メーカ提供のデータシートは，ユーザの使い方を想定していない数値です．自分の用途に合ったデバイスを選ぶために，データシートに表記されている値と実測値とのスイッチング特性の違いを確認しました．

▶テスト回路

　図2はこれからテストするパワーMOSFETの測定回路です．パルス発生器の出力インピーダンスを下げるために，バッファ・アンプを加えます．ゲート抵抗R_gは4.7Ωとしました．スイッチング特性はV_{DD}や負荷抵抗に依存するので，実際に近い条件で測定します．
　ゲート駆動電圧は通常，オン抵抗を小さくするため

に，高くしますが，オーバ・ドライブすると$t_{D(off)}$が遅くなる場合があります．

　写真3は測定治具で，電源ラインの線長を無視できるよう，22μFのアルミ電解コンデンサを実装します．

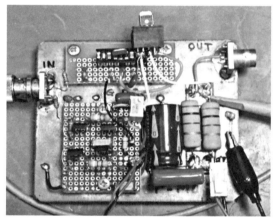

写真3　MOSFETパルサ回路のスイッチング速度測定治具
電源ラインの線長を無視できるように22μFのアルミ電解コンデンサを実装している

表1　スイッチング特性の優れたパワーMOSFETの例

メーカ名	型　名	V_{DS} [V]	I_{DS} [A]	P_D [W]	R_{on} [mΩ]	C_{iss} [pF]	C_{oss} [pF]	C_{rss} [pF]	t_r [ns]	t_f [ns]	$t_{D(on)}$ [ns]	$t_{D(off)}$ [ns]	備　考
ビシェイ	IRF820	500	2.5	50	3000	360	92	37	8.6	16	8	33	$R_{DS(on)}$が高い
	IRF1620G（写真7）	200	4.1	30	800	260	100	30	22	13	7.2	19	−
	IRFR110	100	4.3	25	540	180	80	15	16	9.4	6.9	15	−
	IRFB17N20D	200	16	140	170	1100	190	44	19	6.6	11	18	電極間容量大
東芝デバイス＆ストレージ	2SK3669（写真4）	100	10	20	95	480	220	9	2	2	12	12	C_{oss}が大きい
	TPCP8003	100	2.2	1.68	140	290	75	22	7	3	14	17	4V駆動，高速
ローム	2SK2887（写真5）	200	3	20	700	230	100	35	12	10	34	26	−
	2SK2504	100	5	20	180	520	175	60	20	20	5	50	4V駆動
オンセミ	FCP9N60N	−600	−9	83.3	330	930	35	2	8.7	12.7	10.2	36.9	Pチャネルで高速
STマイクロエレクトロニクス	STF9N60M2（写真6）	650	5.5	20	780	320	18	0.68	7.5	13.5	8.8	22	−
	STF6N60M2	650	4.5	20	1200	232	14	0.7	7.4	22.5	9.5	24	−
リテルヒューズ	IXKP10N60C	600	10	−	385	790	38	−	5	5	10	40	−

（注）選定したデバイスには，生産中止品があります．この他にも優れたデバイスがたくさんあるので各社のデータブックを参照してください．

パワーMOSFETのソケットが2個付いているのは，カスコード(カスケード)接続に対応するためです．ソケットは，TO-3P，TO-247，TO-220，パワー・モールド・パッケージに対応できるようになっています(リード線を付け足し)．負荷抵抗R_Lは50/100Ωを選択できます．

▶実験

実験結果を**写真4～写真7**に示します．波形だけ見ればデバイスの性能が閲覧できるように，実験条件は，$t_{PW}=50$ nsとして，時間軸はすべて20 ns/divに統一しました．

実験その② 高速動作が得意なカスコード接続にする

● 選択のポイント3…パワーMOSFETの電極間容量は小さいほうがよい

MOSFETの電極間容量は，スイッチング速度に大きく関係します．

データシートに記載されている入力容量C_{iss}は**図3**のようにゲートとソース間容量C_{GS}とゲート-ドレイン間容量の合成です．帰還容量はC_{GD}，出力容量C_{oss}はC_{ds}とC_{GS}の合成値です．注目すべきことは，入力容量C_{iss}はミラー効果によって増大されることです．

$$C_{iss}=C_{GS}+(1-A_V)C_{GD} \quad\cdots\cdots\cdots (2)$$
ただし，A_V:増幅度

式(2)では，増幅度A_Vを1倍になるようにすればカッコ内の$1-A_V$が0になります．その結果，入力容量C_{iss}が減って，スイッチングが速くなります．A_Vを1倍にする回路が，次に紹介するカスコード接続です．

● MOSFETを1個追加して遅延の素「寄生容量」の影響を最小限に

図4はカスコード回路で，スイッチON時の特性を高速化できます．MOSFETが2段直列に接続されています．Tr_1のドレイン負荷はTr_2がゲート接地動作なので極めて低い値なので，Tr_1の電圧増幅度は1倍，

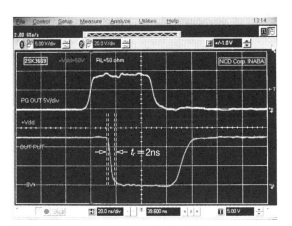

写真4 MOSFET 2SK3669のスイッチング速度
今回測定したデバイスの中で最もきれいな波形．カスコード回路のTr_1に使用した

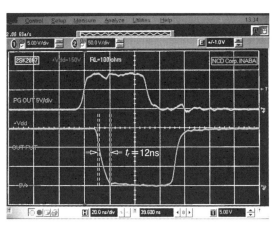

写真5 MOSFET 2SK2887(ローム)のスイッチング速度
データシートでは$t_{D(on)}$は34 ns，$t_{D(off)}$は26 nsだが，かなりt_fが速くなっている

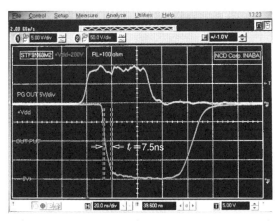

写真6 MOSFET STF9N60N(STマイクロエレクトロニクス)を実際に評価
データシートでは高速

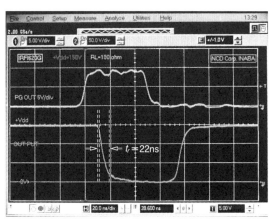

写真7 MOSFET IRF1620G(ビシェイ)を実際に評価
データシートではt_fは22 nsと表記されているが実測値では10 ns．t_fも速い

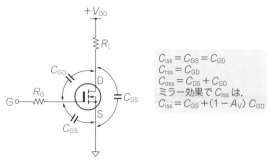

図3　すべてのパワーMOSFETに寄生している3つの電極間容量

$C_{iss} = C_{GS} = C_{GD}$
$C_{rss} = C_{GD}$
$C_{oss} = C_{DS} + C_{GD}$
ミラー効果で C_{iss} は,
$C_{iss} = C_{GS} + (1 - A_V) C_{GD}$

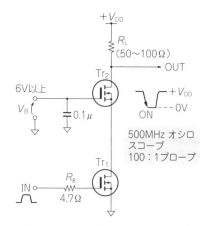

図5　カスコード回路にしてスイッチング速度を測定

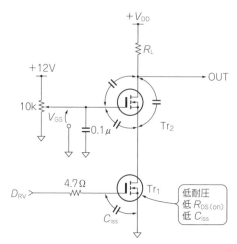

図4　カスコード接続するとMOSFETのスイッチング・スピードがグンと速くなる
$t_{D(on)}$ を高速化する

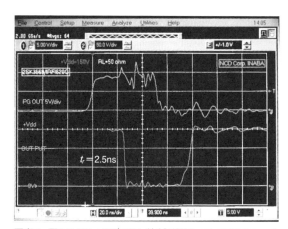

写真8　図5のテスト回路でTr_1は2SK3669, Tr_2はIRFI620Gを使ったときの出力波形

C_{GD} は増大されません.

Tr_2 はゲート接地動作なので, 高周波では交流的に接地されています. ゲート接地回路は電流ゲインが1倍ですが, 負荷抵抗R_Lにて電圧に変換し, トータルで電圧ゲインを得ています. Tr_1 は耐圧が低くてもよいですが, I_D はTr_2と同じ電流が流れます.

欠点はTr_1とTr_2のオン抵抗が加算されるのと, ON時の伝搬遅延時間が若干長くなります. しかし超音波パルサ回路では, 同期信号に遅延回路(ロジックICなど)を挿入してタイミングを合わせられます.

● 数nsで立ち上がるようになった

図5は負荷R_Lを50Ωから100Ωでスイッチングするテスト回路です. Tr_2のゲート・バイアスV_BはTr_2が完全にONできる電圧を設定します.

写真8と写真9の波形では, 電源電圧$+V_{DD}$, 負荷抵抗R_Lはデバイスごとに異なるので, 各画面の左上を参照してください. 入力信号条件はすべて同じです.

● 実験その③…カスコード接続+CR微分回路でさらに高速化

図6はカスコード接続パルサ回路にCRの微分回路

を追加したものです.

ドレインにつながっているのはコンデンサCを充電する抵抗Rで, Tr_2がOFFしたときに充電を開始します. 充電時間t_{chg} [s] は式(3)で求まります.

$$t_{chg} = 2.2 \times C_D R_D \cdots\cdots\cdots (3)$$
ただし, C_D: コンデンサの容量 [F], R_D: MOSFETのドレインの抵抗 [Ω]

$R = 33\,k\Omega$, $C = 1500\,pF$ の場合は約$109\,\mu s$です. OFF時のダイオードはプラス電位をクランプします. ON時に導通するダイオード出力は負電位だけ出力します.

負荷抵抗R_Lはダンピング抵抗と呼ばれ超音波振動子の波形改善を行います. 出力波形はスパイク・パルス波と呼ばれ, 負出力電圧はほぼ$+V_{DD}$です.

▶動作波形

パルス発生器の出力パルス幅は400 ns, 繰り返し周期は1 msです.

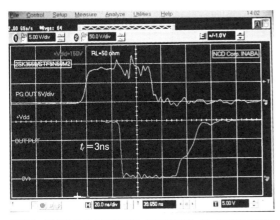

写真9 図5のテスト回路でTr₁は2SK3669, Tr₂はSTF9N60N
を使ったときの出力波形
t_rは3nsに高速化された

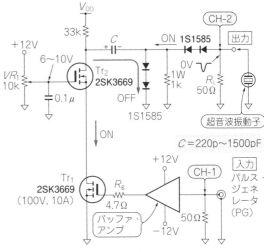

図6 カスコード接続のns高速パルサ

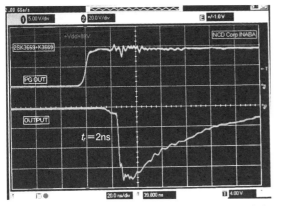

写真10 図6の回路で2SK3669/3669を使ったときの出力波形

写真10はTr₁, Tr₂が2SK3669のカスコード, 耐圧
が100Vなので, +V_{DD}＝80Vに設定しています.

t_rは約2nsで, ソース接地動作に比べてかなりスピー
ドが改善されています.

写真11に示すのは. Tr₂をSTF9N60N, +V_{DD}を

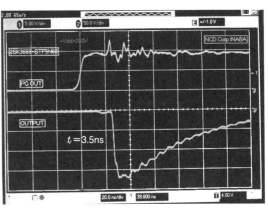

写真11 図6の回路で2SK3669/STF9N60N使ったときの出力
波形
t_r≒3.5ns

200Vに設定したときの出力波形です. t_rは約3.5ns
でかなり改善されています.

column > 02 **本章のMOSFETスイッチング時間の定義**

稲葉 保

▶$t_{D(on)}$：turn-on delay time…ON遅延時間
● ゲート-ソース間電圧V_{GS}の立ち上がり10％から,
  ドレイン電流T_Dが10％に達するまでの時間です.
  V_{GS}(th)電圧に達するとドレイン電流が流れ始め
  ます.

▶t_r：rise time…立ち上がり時間
● ドレイン電流が立ち上がって10％から90％に達
  するまでの時間です. ON時間t_{on}は$t_{on}=t_{D(on)}$
  ＋t_rで表せます.

▶$t_{D(off)}$：turn-off delay time…OFF遅延時間
● ゲート電圧V_{GS}の立ち上がり90％からドレイン
  電流が90％(10％降下)に降下するまでの時間で
  す.

▶t_f：fall time…立ち下がり時間
● ドレイン電流の立ち下がり90％から10％まで降
  下する時間で, OFF時間t_{off}は$t_{off}=t_{D(off)}+t_f$で
  表せます.

第7部

超音波を生かした
電子デバイス

第15章 超音波を電気信号にしたり振動を発生したり

力学振動と電気をつなぐ大黒柱 圧電セラミックス入門

稲葉 克文 Katsufumi Inaba

　超音波は，自動車や医療，民生分野，工業分野に至るまで多くの分野で使用されています．具体的には，自動車のバック・ソナー，超音波加湿器，超音波洗浄機，超音波診断装置，超音波加工機，魚群探知機，液体流量計など，書ききれないほど多くの製品で利用されています．

　超音波を発生する素子には，圧電セラミックスやフェライト(磁性セラミックス)，光音響素子などがあります．ここでは，多くの製品で使用されている圧電セラミックスについて説明します．

圧電セラミックスの基礎知識

● 機械エネルギーと電気エネルギーを相互に変換する

　圧電セラミックスは，機械エネルギーを電気エネルギーに変換したり(図1)，電気エネルギーを機械エネルギーに変換したり(図2)する素子で，圧電体とも呼ばれます．

　圧電体に圧力や振動を加えると電気が発生し(圧電効果)，逆に電気を加えると圧電体が伸び縮みします(逆圧電効果)．このエネルギー変換を利用して，超音

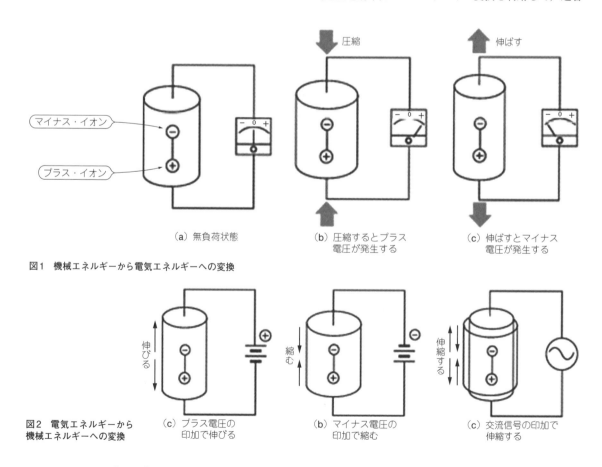

（a）無負荷状態　　（b）圧縮するとプラス電圧が発生する　　（c）伸ばすとマイナス電圧が発生する

図1　機械エネルギーから電気エネルギーへの変換

図2　電気エネルギーから機械エネルギーへの変換　　（c）プラス電圧の印加で伸びる　　（b）マイナス電圧の印加で縮む　　（c）交流信号の印加で伸縮する

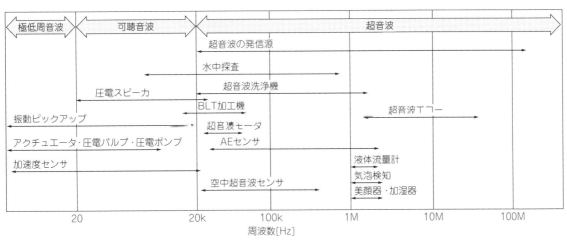

図3 圧電セラミックスの用途

波を出したり受けたりできます．また，モノを動かす（アクチュエータ）こともできます．

● **形状や駆動周波数によって使い分ける**

圧電セラミックスは1000℃以上の高温で焼いた焼き物です．加工性が良く，いろいろな形状に加工することができます（**写真1**）．

圧電セラミックスは，**図3**に示すように超音波領域だけでなく，可聴音波や極低周波音波でも使用され，駆動周波数によって用途が使い分けられます．圧電セラミックスは形状により駆動周波数を変えることができるため，振動モード（後述）や材質を選択して設計を行います．

圧電セラミックスに電圧を印加することで，変形・ひずみが発生します．直流電圧や低い周波数の電圧を印加する場合は，圧電セラミックスはアクチュエータとして機能します．

圧電セラミックスが超音波の周波数で発振する場合は，交流電圧の周波数と圧電セラミックスの形状による固有振動周波数が一致したときに共振現象が起き，より強力な超音波を発生することができます．

● **圧電セラミックスの作り方**

▶材料

圧電セラミックスの材料は，圧電特性が高いことから，チタン酸ジルコン酸鉛系セラミックス（PZT）が非常に多く使用されています．ほかにチタン酸バリウム，チタン酸鉛，チタン酸ビスマスナトリウムなどがあります．

PZTは，チタン酸鉛（$PbTiO_3$）とジルコン酸鉛（$PbZrO_3$）を基本組成としています．混合比率を変えることで圧電特性などをコントロールできるので，用途に合わせて材質を選択します．

▶作り方

数種類の純度の高い原料を所定の配合比で混ぜ合わせて仮焼きを行います．焼成での反応性を高めるために数μm以下の粒子径に粉砕し，金型で成型しやすいようにバインダと呼ばれる結合剤を入れて，造粒粉体を作製します．

この粉体を金型に入れて円板，矩形，円筒形状などを作り，1000℃以上の高温で焼結します．

最終形状に研磨・切断など加工を行った後で，電気を出し入れするための電極を形成します．この状態での圧電セラミックスは，内部の自発分極の向きがバラ

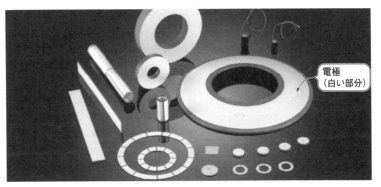

電極（白い部分）

写真1 圧電セラミックスは加工性が良いため，いろいろな形状に加工できる

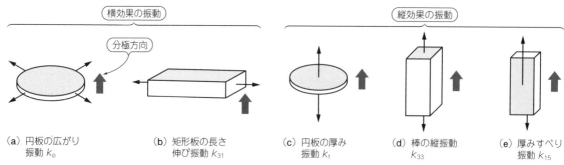

図4　圧電セラミックスの振動モード例

（a）円板の広がり振動 k_p
（b）矩形板の長さ伸び振動 k_{31}
（c）円板の厚み振動 k_t
（d）棒の縦振動 k_{33}
（e）厚みすべり振動 k_{15}

k_p は厚みが直径より十分に小さい円板の広がり方向の振動を表す．k_{31} は矩形形状の長さ方向の振動［および，円筒形状の呼吸振動（太くなったり細くなったり）］を表す．k_t は厚み方向の振動を表す．k_{33} は広がりの影響を受けない十分に厚い棒状の縦方向の振動を，k_{15} は矩形形状の長さ方向で上下に滑る方向の振動を表す

表1　PZTセラミックスの諸特性（富士セラミックス）

材質	電気機械結合係数			周波数定数			比誘電率	圧電定数		機械的品質係数	キュリー温度
	k_p [%]	k_t [%]	k_{33} [%]	N_p [m·Hz]	N_t [m·Hz]	N_{33} [m·Hz]	$\varepsilon^T_{33}/\varepsilon_0$	d_{33} [×10^{-12} m/V]	g_{33} [×10^{-3} V·m/N]	Q_m	T_c [℃]
C-201	60	46	71	2170	2100	1500	1550	330	24.3	900	290
C-213	58	48	70	2230	2090	1540	1470	310	23.4	2500	315
C-6	66	52	76	1960	2010	1350	2130	472	25	80	295
C-84	69	52	79	1900	2000	1290	4760	774	18.4	46	186

バラで，いろいろな方向を向いているため，セラミックス全体では極性がない状態です．ここに高電圧（数kV/mm）を印加することで（分極処理と呼ばれる），自発分極が同じ方向にそろい，極性をもち圧電セラミックスとして機能するようになります．

電極材は一般的にはスクリーン印刷法による3 μ～8 μm程度の焼き付け銀電極が使用されます．近年では医療用途での高周波化により圧電セラミックスの厚みも薄くなり，電極厚みの影響も無視できない用途では，電極厚みが1 μm以下のメッキやスパッタなども増えてきています．

● 振動モード

圧電セラミックスの振動モードとは，形状と振動方向の違いをモードとして分類したものです．図4に示すように，振動モードには大きく分けて横効果の振動と縦効果の振動があります．横効果は分極方向と振動方向が直行している場合で，縦効果はそれらが平行の場合をいいます．

横効果には円板の広がり（k_p）や矩形板の長さ（k_{31}）の伸びがあり，比較的低い十数kHzから数百kHzで多く使用されます．一方，縦効果は板・円板の縦伸び（k_t），棒の縦伸び（k_{33}）があり，数百kHzから数十MHzで使用されます．広がり方向（k_p）または縦伸び方向（k_t）の振動モードのどちらかを選ぶことで，違う周波数で使用することができます．

圧電セラミックスの基本特性

表1に，チタン酸ジルコン酸鉛系セラミックス（PZT）の材質ごとの諸特性を示します．電気機械結合係数k，比誘電率（$\varepsilon^T_{33}/\varepsilon_0$），圧電歪定数$d$，圧電出力定数$g$，機械的品質係数$Q_m$，キュリー温度$T_c$などの諸特性を理解することで，どの材質を選択するか判断できます．ここでは，圧電セラミックスの各諸特性について説明します．

なお，圧電セラミックスを使用する上で設計上必要となる「駆動する周波数をいくつにするか」，「振動方向はどのモードにするか」，「静電容量はどのぐらいにするか」，「使用温度範囲」などの項目は，別途確認しておく必要があります．

● 機械的品質係数 Q_m

圧電セラミックスを選択する上で，最初に確認する項目は機械的品質係数Q_mです．これは，電気機械共振スペクトルの鋭さを表すパラメータであり，Q_mの逆数は機械損失（$\tan\delta$）と等しくなります．

Q_mは共振ひずみの大きさを評価するのに重要です．共振時の振幅は，非共振時の振幅と比較してQ_mに比例して増幅されます．つまり，Q_mが高いほど損失が少なく，共振現象が強くなります．

圧電セラミックスは，Q_mの値によってソフト系材

表2 圧電セラミックスの振動モードと係数a, bの値

振動モード		係数a	係数b
板の幅振動（k_{31}）		0.405	0.595
円筒の呼吸振動（k_{31}）		0.500	0.750
円板の広がり振動（k_p）		0.395	0.574
棒の縦振動（k_{33}）		0.405	0.810
板の厚み振動（k_t）		0.405	0.810
厚みすべり振動	横効果（k_{15}）	0.405	0.595
	縦効果（k_{15}）	0.405	0.810

ただし, ポアソン比 $\sigma = 0.3$

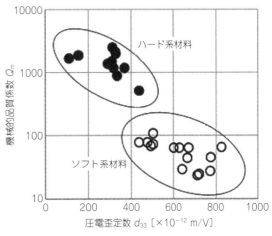

図5 圧電歪定数と機械的品質係数の関係
一般的に，Q_mが100以下をソフト系材料，1000以上をハード系材料と呼んでいる

料とハード系材料に分けることができます．一般的には，Q_mが100以下をソフト系材料，1000以上をハード系材料と呼んでいます．ハイ・パワーで駆動させる用途ではQ_mが高いハード系材料が，センサやアクチュエータ用途ではQ_mが低いソフト系材料が適しています．

● **電気機械結合係数k**

電気機械結合係数は，電気的エネルギーと機械的エネルギーとの変換能力を表す係数であり，圧電効果の大きさを表す量の1つです．「生じた機械的エネルギー」と「与えた電気的エネルギー」（または「生じた電気的エネルギー」と「与えた機械的エネルギー」）の比の平方根で定義されます．

共振と反共振周波数から，電気機械結合係数kを求める実用式を示します．

$$1/k^2 = (a \cdot f_r/\Delta f) + b, \quad \Delta f = f_a - f_r \cdots\cdots\cdots (1)$$
ただし，f_r：共振周波数 ，f_a：反共振周波数 ，a, b：振動モードの係数（**表2**参照）

k_pは厚みが直径より十分に小さい円板の広がり方向の振動についての電気機械結合係数で，k_tは厚み方向の振動です．k_{33}は棒状の縦方向の振動を表します．これらの添え字は振動方向を示しており，周波数定数Nや圧電定数d，gにおいても同様の添え字が使用されます．

● **周波数定数N**

圧電セラミックスの駆動周波数は，使用する振動モードと圧電セラミックスの形状に大きく左右されます．使用する共振周波数f_rから圧電セラミックスの形状を決定するには，周波数定数N［m・Hz］を利用します．

周波数定数Nは振動モード方向の長さと共振周波数f_rの積から決定されるため，圧電セラミックスの周波数定数と共振周波数がわかれば，圧電セラミックスの振動モード方向の長さを求めることができます．

例えば，**表1**に示したC-6材を使用して，1 MHzの円板状の縦伸び方向の振動を使用する場合は，振動モードはk_tモードとなります．このときの周波数定数N_tは2010 m・Hzですので，$t = N_t/f_r$により，圧電セラ

ミックスの厚みは2.01 mmとなります．しかし，ここで注意する点があります．厚みと外径の寸法比率が近い場合は，それぞれの振動の干渉を受けて結合振動が現れ，周波数定数Nでは算出することができなくなります．そのため，それぞれの寸法比率を十分にとることを推奨します．

● **キュリー温度T_c**

圧電体の誘電率εは，温度Tの上昇と共に∞へ増大します．その結果，結晶が不安定となり，ある温度を境に急激に結晶系が変化します．この温度がキュリー温度T_c（点）で，この温度に近づくほど圧電性が低くなり，この温度以上では圧電性を失い，元の温度に戻っても圧電性は消失したままとなります．

駆動条件などにもよりますが，連続使用温度は，キュリー温度T_cの1/2から1/3程度が目安となります．

● **圧電定数**

圧電定数には圧電歪定数d［m/V］と圧電出力定数g［V・m/N］があります．

圧電歪定数dは，圧電材料に電圧をかけたときの変形量と電圧の比であり，電気-機械変換の指標となります．圧電歪定数が高ければ電圧に対する変位量が大きくなり，アクチュエータなどに適しています．

圧電出力定数gは，圧電材料に力を加えたときに発生する電圧と力の比であり，機械-電気変換の指標となります．圧電出力定数が高いと，ひずみに対する出力電圧が高いため，信号のピックアップに適しています．

圧電歪定数dと機械的品質係数Q_mはトレードオフの関係にあります（**図5**）．機械的品質係数Q_mが低いソフト系材料は圧電歪定数dが高い傾向にあり，機械

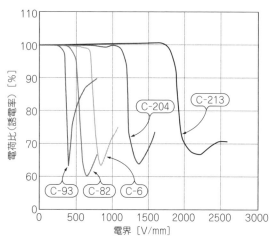

図6　誘電率の電界特性
自発分極の極性と逆の大きな電圧を印加すると，自発分極が乱れて減極することで誘電率が低下する

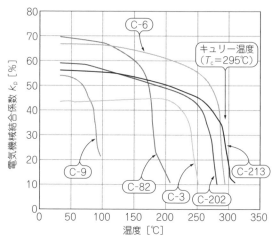

図7　電気機械結合係数の温度特性
素子温度が高くなり，キュリー温度に近づくと圧電セラミックス自身の特性が劣化する（材質C-6の例では，キュリー温度T_c＝295℃）

的品質係数Q_mが高いハード系材料は圧電歪定数dが低い傾向にあります．

　先ほども述べたように，機械的品質係数Q_mの逆数は機械損失tan δになります．高電圧を印加して使用する強力超音波では，機械損失が小さいハード系材料を選択することで，発熱を抑えられます．

　一方，圧電歪定数dが高く機械的品質係数Q_mが低いソフト系材料は，印加電圧に対するひずみ量が大きいので，アクチュエータ用や超音波センサ，医療用超音波プローブなどに使用されます．

● 圧電セラミックスを使用する上での注意点

▶極性と逆の電圧印加

　圧電セラミックスは分極処理により自発分極の方向をそろえて極性を決定します．この極性と逆の高い電圧を印加すると，自発分極が乱れ減極することで，図6に示すように誘電率が変化して特性が低下します．さらに高い電圧が印加されると，自発分極の向きが逆方向となってしまいます．

▶駆動電圧による発熱

　また，駆動電圧を高くして負荷に大きなパワーを入力することによって，機械損失が大きくなり自己発熱します．発熱により素子温度が高くなり，図7に示すようにキュリー温度に近づくと，圧電セラミックス自身の特性劣化や接着強度の低下が発生する可能性があります．適正な駆動電圧が必要です．

▶加工温度

　圧電セラミックスは一般的に金属板やプラスチックに接着することが多いですが，キュリー温度より高い温度で接着剤を硬化したり，ほかの加工を行ったりすると圧電特性が消失してしまいます．製造プロセスでは加工温度に注意しなければなりません．

▶接着の剥がれ

　圧電セラミックスを金属などに接着した場合は，駆動電圧によりひずみが常に発生して振動しているので，圧電セラミックスと金属の熱膨張差により接着層にひずみが発生し，接着層の剥がれが発生することがあります．圧電セラミックスから発生した超音波を金属などに効率よく伝搬する必要があるため，接着には十分な注意が必要です．

ハイ・パワー用途の圧電セラミックス

　ハード系材料は，強力超音波と呼ばれる分野で使用されます．具体的には，ボルト締めランジュバン型振動子が使われる洗浄機，加工機，ワイヤ・ボンディング機をはじめ，美顔器，加湿器などです．ハード系材料は，高電圧駆動による高振幅が必要とされる，ハイ・パワー系に適した材料です．

● 洗浄機や加工機の圧電セラミックス

　ボルト締めランジュバン型振動子（BLT）は，洗浄機や加工機に使われます．圧電セラミックスを金属ブロックで挟み込み，ボルトで締め込んだ構造になっています（図8）．金具部分を含め1つの共振体として使用され，主に数十kHzから百kHz帯で使用されます．

　図9に示すように，圧電セラミックスの機械的強度は，圧縮強さの方が引張強さに比較し非常に大きくなっています．BLTの場合，ボルトによる締め付け圧を適正にして，圧電セラミックスに常時圧縮応力が加わるようにすることで，接着式よりも大きな振動振幅が得られます．

　BLTの用途は，大きく洗浄機と加工機に分かれます．洗浄機用はキャビテーションによる衝撃波が周波

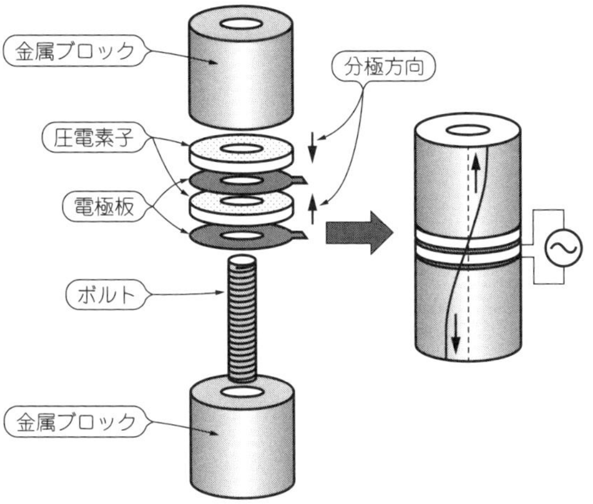

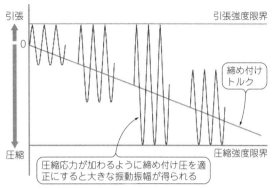

図8 ボルト締めランジュバン型振動子(BLT)の構造
圧電セラミックスを金属ブロックで挟み込み，ボルトで締め込んだ構造．金具部分を含め1つの共振体として，接着式よりも大きな振動振幅が得られる

図9 締め付けトルクと変位の関係
引張強さより圧縮強さの方が非常に大きい．圧電セラミックスに常時圧縮応力が加わるように締付け圧を適正にすると大きな振動振幅が得られる

数により異なり，周波数が低くなるほど衝撃波は強くなります．頑固な汚れを落とす強力な洗浄には28 kHzが，傷がつきやすくソフトに洗浄したいものは40 kHzが向いています．半導体などの精密部品やごく小さなゴミを落とす洗浄機では数百kHzから数MHz帯域を使用していますが，こちらはBLTではなく圧電セラミックス単体の厚み振動を使用しています．

加工機用はプラスチックの溶着や金属溶着，超音波カッタ，医療用メス，歯科用スケーラなどで使用され，基本的には大きな出力が必要となります．また，大きな振幅を得るために，ホーンを取り付け振幅拡大を行っています．

共振周波数が高くなると全体的に小さくなります．そのため，周波数が高くなるにつれて最大出力も低下していきます．超音波加工で大きな出力が必要な場合は，低周波20 kHzが使用されます．

● 美顔器の圧電セラミックス

超音波美顔器で使用される周波数帯域には，主に1 MHzと3 MHzの2種類があり，**図10**に示すように目的により使い分けられています．皮膚から深い部分で効果を得る場合には1 MHz[**図10(a)**]，浅い表面部分で効果を得る場合には3 MHzが適しています[**図10(b)**]．

一般的には，金属板に圧電セラミックスを貼り付ける構造になっています．圧電セラミックスは厚み振動で駆動させ，駆動周波数と同じ周波数で振動するように圧電体の厚みを調整します．また，金属板の厚みも同じ周波数となるように厚みを調整して，効率的な振動となるようにします．一般的には，金属板の厚みを調整するには，$1/2\lambda$法が用いられます．

1 MHzの圧電セラミックスを振動させたい場合，金

属板にアルミを使用したときの適切な板厚は，アルミ板の厚みをL[mm]とすると，次式のように算出されます．

$$f = c/2L \cdots\cdots\cdots\cdots\cdots\cdots (2)$$
$$L = c/2f = 3.2 \text{ mm} \cdots\cdots\cdots\cdots\cdots (3)$$

ただし，アルミ板の音速c：6380 m/s，駆動周波数f：1 MHz．

よって，理論上は1 MHzの圧電セラミックスと3.2 mmのアルミ板を組み合わせることで，最も効率の良い振動体が得られます．ただし，金属に接着することで周波数が下がるため，設計時は金具を若干厚めに設計するなどの工夫が必要です．

● 霧化器の圧電セラミックス

霧化器は，家庭で使用される超音波加湿器のほか，工業用途では湿度調整や静電気防止用に，医療用途で

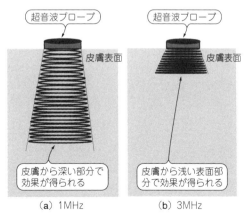

(a) 1MHz **(b) 3MHz**

図10 超音波美顔器における周波数帯の効果
超音波美顔器で使用される周波数帯域は，主に1 MHzと3 MHzの2種類があり，目的により使い分けられる

はネブライザ(吸入器)用に使われています．周波数帯域は主に2MHz前後で使用されます．

霧化する原理を説明します(**図11**)．圧電セラミックスのキャピラリ波(表面波)により，液体の表面にさざ波が発生します．このさざ波が大きく振動することで波の先端から液体が粒状に飛散し，これが連続的に発生することで霧化します．

さざ波の動きは周波数に依存し，高い周波数ほど噴霧粒子径が微細化します．使用用途により周波数を調整します．噴霧粒子径は，数十kHzでは100 μm程度，2MHzでは5 μm程度以下となります．

センサ等の微弱用途の圧電セラミックス

ソフト系材料は，機械的品質係数Q_mが低いことにより共振周波数でのインピーダンスの先鋭度が低く，超音波の送受などのセンサ用途に適しています．

自動車のバック・ソナー，超音波距離計などで使用されている空中超音波センサ，超音波式の液体流量計，ガス濃度計，探傷，圧電スピーカ，医療用超音波プローブなどに使用されています．

また，ソフト系材料は比誘電率が高く，アクチュエータ(コラム参照)にも多く使用されています．

● 超音波センサの圧電セラミックス

超音波センサには20 kHz〜60 kHzの低周波仕様と，75 kHz〜400 kHzの高周波仕様があります．低周波型は高周波型に比べて検知距離が長く，指向性が広くなっています．短い距離を精度良く測定するには，高周波型が適しています．

低周波型には防滴仕様［**図12(a)**］と開放仕様［**図12(b)**］があります．防滴仕様は金属ケースで覆われており屋外で使用できるため，自動車のバック・ソナーや液面計などに用いられています．一方，開放型は屋内で使用され，距離センサや動体検知などに用

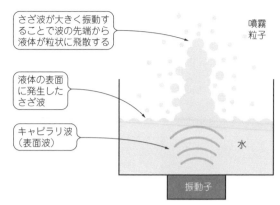

図11　霧化器のしくみ
さざ波の動きは周波数に依存し，高い周波数ほど噴霧粒子径が微細化する．噴霧粒子径は2MHzでは5 μm程度以下

いられています．

高周波型［**図12(c)**］は，スキャナやコピー機などの紙の重送検知や，ガス濃度計などに使用されます．

例として，紙重送センサの検知のしくみを**図13**に示します．紙が1枚だと超音波の減衰が少ないため受信側センサに高感度で受信されますが，紙が2枚だと減衰が大きくなって感度が下がり，重送を検知できます．

送信センサと受信センサの配置方式は，用途に応じて変わります(**図14**)．

● 気泡センサの圧電セラミックス

気泡センサは液体中の気泡を検知します．輸液ポンプなどの医療機器では，液体中に気泡が入ると人体や機器に大きな影響を与えます．この気泡を検知するために超音波が使用されます．

超音波は液体中を伝搬しやすい性質をもっています．液体中に空気(気泡)がある場合は，超音波が減衰して受信感度が下がるので，気泡を検知できます(**図15**)．

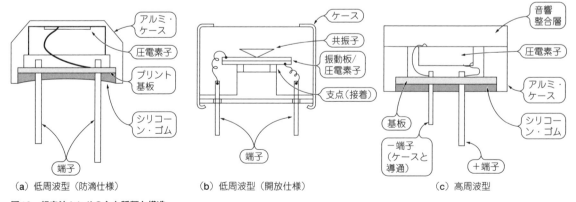

(a) 低周波型(防滴仕様)　　(b) 低周波型(開放仕様)　　(c) 高周波型

図12　超音波センサの主な種類と構造
超音波センサを大別すると，低周波型と高周波型があり，低周波型には防滴仕様と開放仕様がある

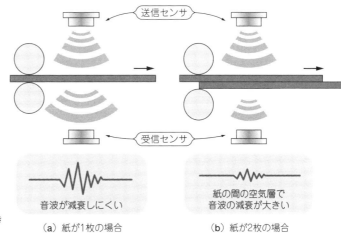

図13 紙重送センサの検知のしくみ
紙が2枚重なると，紙の間の空気層で音波の減衰が大きくなり，それを受信センサが検知して重送と判断する

（a）紙が1枚の場合　音波が減衰しにくい

（b）紙が2枚の場合　紙の間の空気層で音波の減衰が大きい

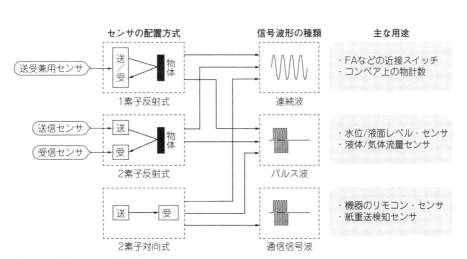

図14 超音波センサの配置方式
超音波センサの配置方式を大別すると，1素子反射式，2素子反射式，2素子対向式の3種類がある．用途に応じて配置を変えて使用する

センサの配置方式 / 信号波形の種類 / 主な用途

送受兼用センサ → 送/受 → 物体 （1素子反射式）／ 連続波 ／・FAなどの近接スイッチ・コンベア上の物計数

送信センサ → 送，受信センサ → 受 → 物体 （2素子反射式）／ パルス波 ／・水位/液面レベル・センサ・液体/気体流量センサ

送 → 受 （2素子対向式）／ 通信信号波 ／・機器のリモコン・センサ・紙重送検知センサ

　超音波の発生は，圧電セラミックスの厚み振動を利用します．駆動周波数は1 MHz〜3 MHzです．周波数を高くすると，より小さな気泡を検知できるようになります．

◆参考文献◆
(1) 圧電セラミックス製品カタログ，富士セラミックス，2019年.
(2) 髙橋 弘文：はじめての圧電素子の選び方，日本音響学会誌，72巻5号，2016年.
(3) テクニカルハンドブック，富士セラミックス，1990年.
(4) 日本電子機械工業会 編；超音波工学，コロナ社.
(5) 電子情報技術産業協会規格；JEITA EM—4501A，圧電セラミック振動子の電気的試験方法，2015年10月.

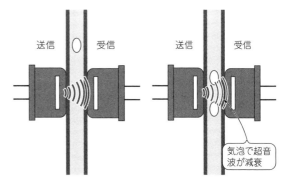

（a）気泡がない場合

（b）気泡が通過した場合

気泡で超音波が減衰

図15 気泡センサの検知のしくみ
液体中に空気（気泡）がある場合は，超音波が減衰して受信感度が下がり気泡が検知される

column⟩01　超音波以外でも活躍する圧電セラミックス

稲葉　克文

電気を加えるとひずむ特性をもつ圧電セラミックスは，超音波を発生したり受信したりするだけでなく，アクチュエータ素子や振動ピックアップ素子としても多く使用されています．

アクチュエータ素子としては，パーツ・フィーダ，圧電バルブ，nm/μm微動ステージ，インクジェット・プリンタ，マイクロ・ポンプなどに使われています．振動ピックアップ素子としては，振動計測や圧電発電などに使われています．

● 圧電セラミックスがたわむ性質を利用したアクチュエータ素子

アクチュエータは，金属板の両面に圧電セラミックスを張り付けた構造になっています．薄い金属などに接着することで，圧電セラミックス1枚では発生しないたわみの振動を発生させ，変位を大きくする用途に用いられます．

たわみが発生するしくみを図Aに示します．金属との接着面は拘束されて非接着面は拘束されていないため，電圧を印加すると圧電セラミックスの上側が縮んで下側が伸びます．その変位量の差が金属のたわみを生みます．

アクチュエータ素子の接続方式には，2線式と3線式があります（図B）．たとえば，3線式に接続したバイモルフ型（2枚の圧電素子を貼り合わせた）ア

クチュエータ（全体の厚みが約0.6 mm，自由長23 mm）では，順方向に200 Vの電圧を印加すると先端が1 mm程度動き，切り替えスイッチにより逆電圧を印加すると逆方向に1 mm動き，合計で2 mm動かすことができます．

このような動きを利用して，点字セルのピンの上げ下げに利用しています．ほかには，風を送るバイモルフ・ファン，エアーの開閉を行うための圧電バルブにも利用されています．

また，円板状の圧電セラミックスを金属板の両面または片面に貼り付け，円周方向を固定することで，アクチュエータの中心部が上下に動き，圧電ポンプとしても使用されています．

● 圧電効果を利用した振動ピックアップ素子

振動ピックアップ（振動を電気的信号に変換する素子）の構造はアクチュエータとほぼ同じで，圧電効果を利用しています．圧電セラミックスをたわませることで電圧が発生し，振動計測や発生した電気を貯めて圧電発電に利用しています．

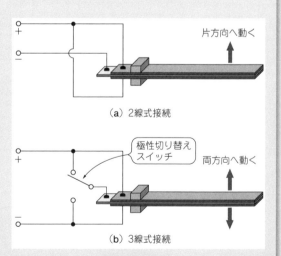

（a）2線式接続

片方向へ動く

極性切り替えスイッチ

両方向へ動く

（b）3線式接続

図B　アクチュエータ素子の接続方式
3線式に接続したアクチュエータでは，極性切り替えスイッチにより両方向に動かせる

圧電セラミックス

上面は順バイアスのため縮む

薄い金属

下面は逆バイアスのため伸びる

固定端

図A　アクチュエータが動くしくみ
表裏の電極に対して同じ極性の電圧をかけることにより，順バイアスの上面が縮み，逆バイアスの下面が伸びる．結果として順バイアス側にアクチュエータが反る

国際標準化が進む圧電センサ&SAWセンサ

近藤 淳 Jun Kondo

圧電素子の1つである弾性表面波(Surface Acoustic Wave；SAW)デバイスは，フィルタなど通信用電子部品としてだけでなく，センサとしても優れた特性を有しています．

本章では，SAWデバイスを用いたセンサについて解説します．SAWセンサはさまざまな用途で利用されており，温度，圧力，トルク，ひずみなどが計測できます．

圧電を生かしたSAWセンサの基本

● SAWを励振する動作原理

図1に示すように，圧電結晶上に設けたすだれ状電極(Interdigital Transducer；IDT)に交播電界を印加することによって，弾性表面波(SAW)を励振することができます．誘電体である圧電結晶に交播電界を印加すると，逆圧電効果によりひずみが発生し，SAWとなって伝搬します．半導体のように直流バイアスを必要としないということも圧電デバイスの特徴です．つまり，SAWを発生させるには，IDTの設計で決まる高周波信号のみが必要ということになります．

● ワイヤレス化が可能

このため，送受信装置とSAWデバイスにそれぞれアンテナを接続し，高周波信号を無線で伝送してもSAWを励振することができます(図1)．IDTから励振されたSAWは反射電極で反射し，IDTに戻ってき

ます．圧電効果によりSAWから高周波信号に再変換され，アンテナを介して送受信装置に戻ります．このため，センサ部に電源を必要としないパッシブ・センサが実現できます．このことはメンテナンス・フリーにつながり，メンテナンスが困難な"過酷な環境"に設置することも可能になります．ワイヤレス・パッシブSAWセンサとして，共振子タイプ，遅延線タイプの両方が利用されています[1]．図1は遅延線タイプです．

また，図2は応答信号の例です．入力したトーン・バースト信号と応答信号を示しています．

● SAWで温度を計測する

圧電結晶の材料定数は温度に依存します．その依存度は結晶により異なります．このため，SAWの伝搬速度も温度によって変化します．一般的に，電気エネルギーから機械エネルギー(またはその逆)の変換効率である電気機械結合係数の値が大きい圧電結晶ほど，SAWの伝搬速度に対する温度の影響は大きくなります．スマートフォンなどに利用されているSAWなどの圧電デバイスでは，温度変化に対する対策がなされています．

一方，温度センサ応用では，伝搬速度の温度による変化を積極的に利用します[2]．すでに製品化もされています．SAW温度センサでは，圧電結晶を選択することにより500℃を超える高温での温度測定も可能です．ただし，IDTに用いる電極材料である金属も高温にさらされるので，高温環境下でも長時間利用可能な電極材料開発が必要となっています．

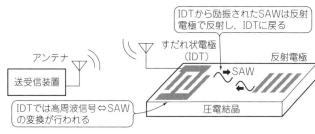

図1 ワイヤレス・パッシブSAWセンサの動作原理

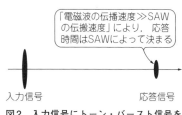

図2 入力信号にトーン・バースト信号を用いた場合の遅延線タイプのワイヤレス・パッシブSAWセンサの時間応答

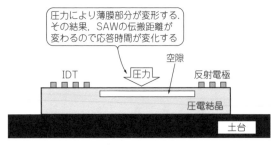

圧力により薄膜部分が変形する．その結果，SAWの伝搬距離が変わるので応答時間が変化する

IDT　圧力　空隙　反射電極

圧電結晶

土台

図3　SAW遅延線タイプを用いた圧力センサの一例

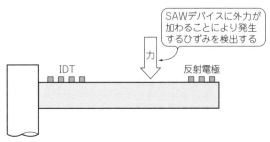

SAWデバイスに外力が加わることにより発生するひずみを検出する

力

IDT　反射電極

図5　片持ち梁を用いたひずみセンサの一例

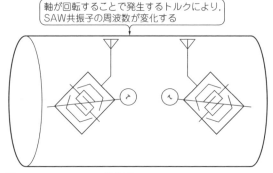

軸が回転することで発生するトルクにより，SAW共振子の周波数が変化する

図4　トルク・センサの構成例

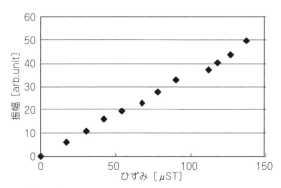

図6[5]　ひずみとSAWセンサの出力電圧の関係

● SAWで圧力やトルクを計測する

　例えば，図3に示すように，SAWの伝搬路の下に空隙を設けます．圧力によってSAWが伝搬する薄膜部分が変形しますので，SAW伝搬距離が変化します．このため，時間応答の変化から圧力を得ることができます．遅延線タイプだけでなく，SAW共振子タイプを利用した圧力計測も可能です．なお，温度によるSAWの変化を補正するため，SAW温度センサとの集積化も行われています[3]．

　パッシブかつワイヤレスのセンサの利点は，回転系への応用です．すでに，SAW共振子を用いたタイヤ空気圧センサの開発が行われています[3]．そのほかの回転計への応用として，車軸のトルク測定があります．図4の場合，軸に貼り付けられた共振子タイプSAWセンサに回転によるトルクが働き，共振周波数が変化します[4]．

● SAWでひずみを計測する

　ひずみ計測には，一般的にひずみゲージが利用されます．ひずみゲージには2本の配線が必要となるので，複数点でひずみを測定する場合には，少なくともひずみゲージの個数の2倍の配線が必要となります．しかし，SAWデバイスを用いると配線が不要になります．

　例えば，図5のようにSAWデバイスを用いて片持ち梁を構成します[5]．外力によって生じるひずみにより伝搬距離が変わりますので，遅延時間が変わります．また，振幅も変化するので，ひずみに対する振幅変化に着目した研究も行われています[5]．図6は，ひずみに対するSAWセンサ出力の振幅（出力電圧）の関

係を示しています．図より，ひずみと出力電圧の間に線形関係があることがわかります[5]．

　図5の構造を振動している物体上に設置すると，片持ち梁部分も振動します．振動により生じるひずみを連続的に測定することにより，振動周波数の測定も可能となります．

インピーダンス負荷SAWセンサ

● 既存のセンサをワイヤレス・パッシブで利用する

　図1で紹介したワイヤレス・パッシブSAWセンサは，SAWデバイス自体を検出器として利用しました．図7に示すインピーダンス負荷SAWセンサは，IDT型の反射電極に，インピーダンスが変化するセンサを接続した構成になっています[1]．

　一例として，応答信号の振幅と抵抗または静電容量の関係を図8に示します．インピーダンスに応じて応答信号の振幅が変わるので，インピーダンスを測定できます．この場合，SAWデバイスは遅延素子として働きます．SAWの伝搬速度は電波の伝播速度より遅いため，時間軸上で入力信号と応答信号を分離できます．図9は，インピーダンス変化型センサとして湿度センサ（HS15P, GE）を用いたときの，ネットワーク・アナライザによる測定結果を示しています．応答信号の振幅から湿度測定が可能であることがわかります．

column 01　圧電センサのIEC国際標準

近藤 淳

　圧電センサに関する3編の国際標準が，2017年から2021年にかけて出版されました．ここでは，圧電センサに関する国際標準，とくに回路記号について紹介します．

● 物理センサも化学センサも！圧電センサは国際標準に

　センサは一般に，物理センサと化学/バイオ・センサに分類することができます．圧電デバイスを用いたセンサもそれらに分類できます．物理センサでは，温度，圧力といった物理量が圧電デバイスに直接作用することにより，圧電デバイスの出力(周波数，位相，振幅など)が変化します．一方，化学/バイオ・センサでは，測定対象を識別する膜が圧電デバイス表面に固定化されます．ガス種を識別するための分子や，抗原と反応する抗体が固定化膜に対応します．圧電センサ上に設けられた識別用固定化膜で生じる反応を，圧電デバイスの周波数，位相，振幅などの変化として検出します．

　本稿執筆(2023年)時点で，IECのTC49/WG13から出版した圧電センサに関する国際標準は以下の3編です[A]～[C]．

- IEC 63041-1 Ed. 2.0 2021-09 Piezoelectric sensors – Part 1: Generic specifications
- IEC 63041-2 Ed. 1.0 2017-12 Piezoelectric sensors – Part 2: Chemical and biochemical sensors
- IEC 63041-3 Ed. 1.0 2020 – 08 Piezoelectric sensors – Part 3: Physical sensors

　Part 1では，圧電デバイスを用いた物理センサや化学/バイオ・センサの定義，さらには用語の定義がされています．また，Part 1およびPart 2の第1版が出版されたことに伴い，それぞれに記載されている用語が"IEC DTS 61994-5 PIEZOELECTRIC, DIELECTRIC AND ELECTROSTATIC DEVICES AND ASSOCIATED MATERIALS FOR FREQUENCY CONTROL, SELECTION AND DETECTION – GLOSSARY – Part 5: Piezoelectric sensors"にまとめられています．現在，改訂作業が行われていて，用語は最終的にElectropedia(https://www.electropedia.org/)に掲載される予定です．

● 圧電センサの回路記号とSAWデバイス

　IEC 63041-1では，圧電センサを3種類に分類しています．

- (1)共振子タイプ
- (2)遅延線タイプ
- (3)非音響タイプ

　(1)にはバルク弾性波(BAW)やSAWを用いた共振子が含まれます．音叉型デバイスや水晶マイクロバランス(Quartz Crystal Microbalance；QCM)も(1)に含まれます．(2)は，おもに遅延線形SAWデバイスが該当します．(3)の非音響タイプは，準静的な力，トルクなどにより生じる電荷(圧電効果による生じる電荷)を検知するセンサとなります．

　水晶振動子，SAWなど圧電デバイスには回路記号が定義されており，一般的に利用されています．そこで，現在使われている圧電デバイスの回路記号を基に，圧電センサの回路記号をIEC 63041-1で定義しました．図Aにその記号を示します．(a)は音叉型を含むBAW共振子タイプ，(b)がSAW共振子タイプ，(c)がSAW遅延線タイプ，(d)が非音響タイプとなります．図中の○の中に，測定対象を表す文字が入ります．現在定義されている文字を表Aにまとめました．

◆参考・引用＊文献◆

(A) ＊IEC 63041-1 Ed. 2.0 2021-09 Piezoelectric sensors - Part 1: Generic specifications
(B) IEC 63041-2 Ed. 1.0 2017-12 Piezoelectric sensors - Part 2: Chemical and biochemical sensors
(C) IEC 63041-3 Ed. 1.0 2020-08 Piezoelectric sensors - Part 3: Physical sensors

斜めの線が可変，すなわちセンサ・デバイスであることを表す
○の中に測定対象を表す文字が入る

(a) BAW共振子タイプ　(b) SAW共振子タイプ　(c) SAW遅延線タイプ　(d) 非音響タイプ

図A[A]　圧電センサの回路記号

表A　図1の○に入る測定対象を表す文字一覧

測定対象	文字	測定対象	文字
膜厚	d	トルク	τ
力	F	粘度	η
質量	m	生化学	Bi
密度	ρ	化学	Ch
圧力	P	ガス	Ga
温度	T		

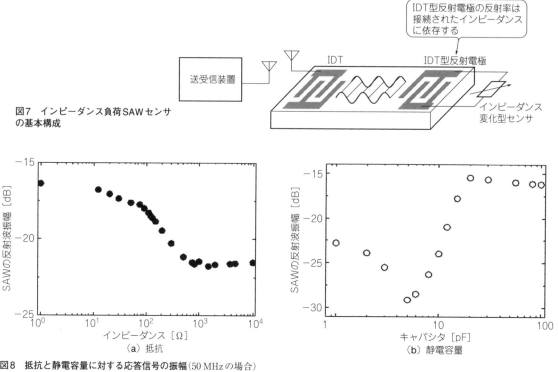

図7　インピーダンス負荷SAWセンサの基本構成

図8　抵抗と静電容量に対する応答信号の振幅(50 MHzの場合)

（a）抵抗

（b）静電容量

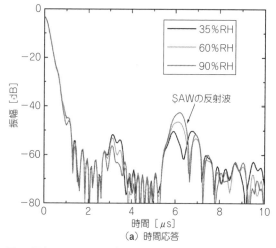

（a）時間応答

図9　湿度センサをSAWデバイスに接続した場合の測定結果

（b）湿度に対する応答信号振幅

$$y = 0.134x - 54.8$$
$$R^2 = 0.998$$

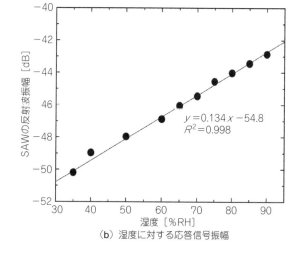

図10[6]　板の振動測定用インピーダンス負荷SAWセンサの構成

● 振動発電素子を利用する

　インピーダンス負荷SAWセンサを用いた応用測定の例として，振動計測について紹介します[6]．SAWデバイスに接続するのはジオホンと呼ばれる振動発電素子です．図10に示すように，振動によって生じたジオホンの出力電圧を，可変容量ダイオードを用いて容量変化に変換しました．

　この装置を1000 mm×500 mmのアルミ板の上に設置し，自作の起振機を用いて20 Hzの振動測定を行い

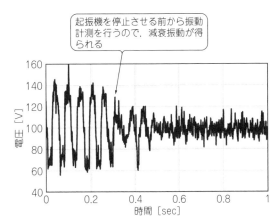

起振機を停止させる前から振動計測を行うので，減衰振動が得られる

図11[6]　図10のセンサを用いて測定した時間応答の一例

ました．応答信号の最大値を10 ms間隔で1000点取得したところ，**図11**の時間応答が得られました．この応答波形を信号処理することにより，アルミ板の損傷評価が行えます．橋梁などの大型構造物のヘルス・モニタリングに応用することを目的とした研究が行われています．詳細は文献(6)を参照ください．

これからの技術…複数配置のための SAWセンサ識別方法

● 反射電極のパターンを利用する

ワイヤレス・パッシブSAWセンサを複数配置して，多点の情報を得ることは重要です．このためには，SAWセンサを識別する方法が必要です．時間応答が反射電極の位置や本数に依存することを利用するとSAWセンサの識別が可能となります[1]．

図12，**図13**にその例を示します．ただし，複数のSAWセンサから1つの送受信装置に戻ってきた応答信号から，個々のSAWセンサを分離するための方法が必要になります．

● 直交周波数法を利用する

IDTにチャープ型IDTを利用するによる直交周波数法を利用した例もあります[7]．**図14**に示すように，反射電極を周波数ごとにSAWデバイス上に作成します．電極の位置を変えると応答信号の周期が異なることになるので，識別が可能となります．ただし，広い周波数帯域幅を必要とするので，特定小電力周波数帯で利用するには注意が必要です．

◆参考・引用*文献◆

(1) L. Reindl, G. Scholl, T. Ostertag, H. Scherr, U. Wolff, F. Schmidt；"Theory and Application of Passive SAW Radio Transponders as Sensors," IEEE Transactions on Ultrasonics, Ferro electrics, and Frequency Control, vol.45, pp.1281-1292, 1998.

(2) 工藤 高裕，古市 卓也，窪田 正雄，門田 道雄，田中 秀治，森田 晃；特定小電力無線局対応パッシブ無線SAW温度センサの8ch.化，電気学会論文誌E, vol.141, pp.90-95, 2021年.

(3) B. Dixon, V. Kalinin, J. Beckley, R. Lohr；"A Second Generation In-Car Tire Pressure Monitoring System Based on Wireless Passive SAW Sensors," Proceedings of the. 2006 IEEE International Frequency Control Symposium and Exposition, 2006.

(4) X. Ji, Y. Fan, J. Chen, T. Han, P. Cai；"Passive Wireless Torque Sensor Based on Surface Transverse Wave," IEEE Sensors Journal., vol.16, pp.888-894, 2016.

(5) *T. Nomura, K. Kawasaki, A. Saitoh；"Wireless Passive Strain Sensor Based on Surface Acoustic Wave Devices," Sensors & Transducers Journal., vol.90, pp.61-71, 2008.

(6) *S. Baba, J. Kondoh；"Damage evaluation of fixed beams at both ends for bridge health monitoring using a combination of a vibration sensor and a surface acoustic wave device," Engineering Structures, vol.262, 114323, 2022.

(7) M. W. Gallagher, D. C. Malocha；"Mixed Orthogonal Frequency Coded SAW RFID Tags," IEEE Transactions on Ultrasonics, Ferro electrics, and Frequency Control, vol.60, pp.596-602, 2013.

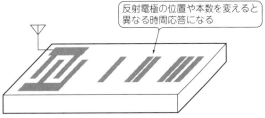

反射電極の位置や本数を変えると異なる時間応答になる

図12　反射電極を利用したSAWセンサの識別

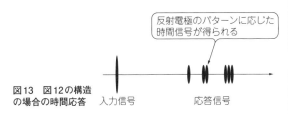

反射電極のパターンに応じた時間信号が得られる

図13　図12の構造の場合の時間応答　　入力信号　　応答信号

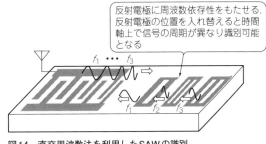

反射電極に周波数依存性をもたせる．反射電極の位置を入れ替えると時間軸上で信号の周期が異なり識別可能となる

図14　直交周波数法を利用したSAWの識別

スマホのRF部に使われる BAW/SAWフィルタ

垣尾 省司 Shoji Kakio

本章では，固体中を伝わる超音波，すなわち弾性波を用いた周波数フィルタ・デバイスについて概説します．弾性波の種類により，バルク波(Bulk Acoustic Wave；BAW)フィルタと弾性表面波(Surface Acoustic Wave；SAW)フィルタに大別されます．

弾性波を用いた周波数フィルタは，スマートフォンなど携帯端末の高機能化になくてはならない存在です．急峻な共振特性を活用して，不要な周波数帯のノイズを低減する目的で使用されており，携帯電話で通話する際の音質向上などに貢献しています．小型化・薄型化も容易です．

バルク波(BAW)フィルタ

バルク波(BAW)は，3次元的な広がりをもつ圧電素子の中を伝搬する弾性波です．BAWフィルタはバルク波を用いた圧電振動子自体の共振振動を利用します．

● 圧電振動子のふるまい

図1(a)に，圧電振動子の概略を示します．圧電板の表裏両面に電極を設けたもので，電極に交流信号を印加すると，厚さ方向に伝搬するバルク波(縦波または横波)が励振されます．これらは表裏両面で反射され，厚さ方向に定在波が生ずる周波数で振動します．

逆に，圧電振動子により弾性波を電気信号として検出することができます．圧電振動子の表面をほかの音響負荷媒質(例えば液体)に密着させれば圧電トランスデューサとして機能しますし，振動子を音響的に無負荷とすればQの高い圧電共振子として高周波回路に利用できます．

▶圧電振動子に用いられる圧電材料

圧電トランスデューサ用途には圧電性の高いPZT(チタン酸ジルコン酸鉛)などの圧電セラミックスが，圧電共振子には音響的損失が低い，すなわちQが高い圧電単結晶がそれぞれ用いられています．代表的な圧電単結晶としては，安定した温度特性を優先する場合は水晶が，広い比帯域幅を優先する場合にはLiNbO$_3$(LN)やLiTaO$_3$(LT)がそれぞれ用いられています．

▶等価回路と共振特性

圧電振動子を等価的に表した電気的な回路が等価回路であり，設計や特性評価に用いられます．厚み方向の機械的な振動をT型の分布定数回路として表示しておき，これと電気端子を電気機械結合係数(電気的エネルギーと機械的エネルギーの相互変換能力を表す係

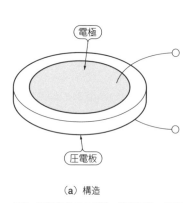

(a) 構造

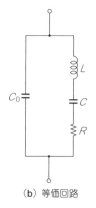

(b) 等価回路

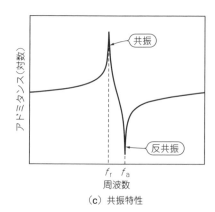

(c) 共振特性

図1 圧電振動子の構造，等価回路，特性

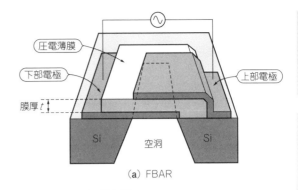

図2　ヤーマン型フィルタの構成

数)で表したトランスで結合させたMason(メイソン)の3ポート等価回路が歴史的に有名です.

一方,共振周波数付近においては,**図1(b)**に示す集中定数からなる等価回路を用いて近似的に共振特性を表すことができます.ここで,R,L,Cは,それぞれ共振抵抗,等価インダクタンス,等価容量であり,C_0は電極間の容量です.

図1(c)に,共振特性の概略を示します.端子間のアドミタンスは直列共振周波数$f_r = 1/2\pi\sqrt{LC}$で最大,並列共振周波数(反共振周波数)$f_a = 1/2\pi\sqrt{LCC_0/(C+C_0)}$で最小を示します.$C_0/C$は容量比と呼ばれ,この値が小さいほど,誘導性を示すf_rとf_aの幅を広くとることができます.圧電共振子を用いて発振回路を構成した場合には,f_rとf_aの間で発振動作が生じます.

● **BAWフィルタの構成**

▶ヤーマン型フィルタ

複数の圧電共振子を組み合わせることによりフィルタ特性を得ることができ,古くから利用されてきました.**図2**に2個の共振子を用いたヤーマン型(等価格子型)フィルタ回路を示します.共振子Bの反共振周波数f_{aB}と共振子Aの共振周波数f_{rA}を一致させると,およそf_{rB}からf_{aA}が通過域となる帯域通過特性が得られます.

▶モノリシック・フィルタ

圧電板の一部分に電極を設けると振動エネルギーが電極部分に集中し,無電極部分では電極から離れるに従って振動振幅が指数関数的に減衰するふるまいを示します.これはエネルギー閉じ込め振動と呼ばれています.

1枚の圧電板に2組の電極を近づけて配置すると,2つの共振子が結合して生じる対称モードと非対称モードを利用した2重モード・フィルタを得ることができ,ヤーマン型フィルタと同じ機能を1枚の圧電板で構成できます.さらに,多段に従属接続させたフィルタを1枚の圧電板で実現できます.このようなフィルタはモノリシック・フィルタと呼ばれています.

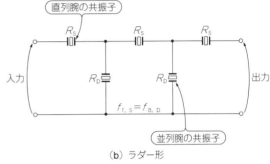

(a) FBAR

図3　圧電薄膜を用いたフィルタ

● **圧電薄膜を用いたフィルタ**

▶FBAR

圧電板を用いた共振子では,薄板化に限界があるため高周波化が困難です.そこで,**図3(a)**に示すような,Siなどの基板上にAlNなどの圧電薄膜と電極膜を形成した圧電薄膜共振子(Film Bulk Acoustic Resonator;FBAR)が考案され,実用されています.

空洞部分の形成方法として,Si基板の異方性ウエット・エッチングや反応性ドライ・エッチングなどを用いる方法,下部電極の下に形成しておいた犠牲層を除去する方法などがあります.

共振周波数f_rは圧電薄膜の膜厚tとバルク波速度Vにより,およそ$f_r = V/2t$で決定され,後述するSAW共振子と比較して高周波化が図りやすく,また耐電力性が高い特徴を有しています.

▶ラダー形フィルタ

FBARを用いたフィルタの構成方法として,ラダー形フィルタが実用されています.その構成は,**図3(b)**に示すように,複数個の1ポート共振子を梯子状に接続したものです.

並列腕の反共振周波数と直列腕の共振周波数を一致させることにより,その周波数付近を通過域とし,直列腕の反共振周波数付近を低域側の阻止域,および並列腕の共振周波数付近を高域側の阻止域とするフィルタ特性が得られます.

▶SMR

　空洞を設けずに圧電薄膜共振子を構成する方法として，圧電薄膜の下部に音響多層膜を形成してバルク波のブラッグ反射を利用して共振を得る構造が考案されており，SMR（Solidly Mounted Resonator）と呼ばれます．音響多層膜は，数層の誘電体薄膜や金属膜で形成され，固有音響インピーダンスの高い層と低い層を動作中心周波数において1/4波長程度の膜厚で交互に積層されます．

弾性表面波（SAW）フィルタ

● 基本原理

　弾性表面波（SAW）は，波動のエネルギーが伝搬媒質の表面付近に集中して伝搬する弾性的波動です．SAWを利用した周波数フィルタがSAWフィルタです．

▶すだれ状電極によるSAW励振/受信

　SAWフィルタの基本要素は，圧電基板表面に金属薄膜で形成されるすだれ状電極（Interdigital Transducer；IDT）です．図4に，IDTによるSAWの励振/受信の概略を示します．IDTはすだれ状の電極指を周期的に配置したもので，電気信号が入力されると，圧電基板中に電極周期λをもつ電界が印加され，圧電逆効果によってSAWが励振されます．

　SAWは，基板の種類，方位（カット角と伝搬方向），および伝搬モードによって決まる固有の位相速度Vで伝搬するため，さまざまな周波数の電気信号を入力したとしても，V/λにより決定される周波数近傍のSAWのみが励振されます．逆に，IDTにさまざまな波長のSAWが到達したとしても，λと　致した波長近傍のSAWのみが圧電効果によって受信されます．

　したがって，図4に示す2つのIDTを送受信電極とする構造では，V/λにより決定される周波数を中心とする帯域通過フィルタが形成されます．これがSAWフィルタの基本的な原理です．SAWの位相速度は数千m/sであり，その波長は同じ周波数をもつ電磁波の波長と比べると約10万分の1であるため，素子の小型化に有利であるという特徴を有しています．

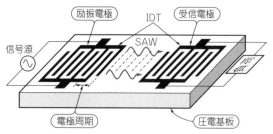

図4　IDTによるSAWの励振/受信

▶SAWフィルタに用いられる圧電材料

　SAWのおもな特性は，位相速度，電気機械結合係数，周波数温度係数（遅延時間温度係数），伝搬減衰，パワー・フロー角などです．

　電気機械結合係数は，電気的エネルギーと機械的エネルギーの間の変換効率に相当し，電気機械結合係数が大きいほど通過帯域の広いフィルタを構築できます．また，周波数温度係数が小さいほどデバイスの周囲温度に対して周波数変化の小さい高安定なフィルタが得られます．これらの特性は，基板とする圧電単結晶の種類，基板方位（カット角と伝搬方向），およびSAW伝搬モードによっておおむね決定され，SAWフィルタの仕様に応じてこれらの組み合わせが選択されています．

　SAWフィルタに用いられるおもな圧電基板は，水晶，LiNbO$_3$，LiTaO$_3$などの単結晶です．水晶は温度安定性に優れているが圧電性が小さく，水晶上の各種SAW伝搬モードの電気機械結合係数も小さいです．一方，LiNbO$_3$は大きな圧電性を有しているため，各種SAW伝搬モードに対して大きな電気機械結合係数の基板方位が存在しますが，温度安定性が良くありません．LiTaO$_3$はこれらの中間的な特性をもっているため，SAWフィルタの基板として多用されてきました．

● おもなSAW伝搬モード

▶レイリー型弾性表面波

　1885年に，Lord Rayleighは，等方性半無限媒質の表面近傍にエネルギーを集中して伝搬する波動（レイリー波）の存在を理論的に導きました．レイリー波は，伝搬方向に変位をもつ縦波（Longitudinal；L）と，それに垂直な深さ方向に変位をもつ横波（Shear-vertical；SV）の2つの成分からなり，表面近傍では伝搬方向に対して後方に回転する楕円軌道を描くように運動します．

　半無限媒質が異方性をもつ場合や圧電性を有する場合であっても，楕円軌道を描くSVとL成分に，表面に平行な横波（Shear-horizontal；SH）成分が結合して伝搬するレイリー型SAWが存在します．その位相速度はL，SH，SVのバルク波のいずれよりも低速であるため，バルク波を基板内部に放射しない非漏洩モードです．

▶漏洩弾性表面波

　漏洩弾性表面波（Leaky SAW；LSAW）は，SVバルク波を基板内部に放射しながら伝搬するSAWです．変位の主成分はSH成分であり，その位相速度はSVバルク波，レイリー型SAWよりも高速であるため，フィルタの高周波化に有利です．

　バルク波放射による伝搬減衰を有していますが，伝搬減衰がほぼゼロとなる基板方位が見出されています．

これらの基板方位では，比較的大きな電気機械結合係数が得られ，移動体通信用途において送信/受信部に必要な比較的広い通過帯域を形成可能であるため多用されてきました．

▶縦型漏洩弾性表面波

縦型漏洩弾性表面波(Longitudinal-type LSAW；LLSAW)は，Lバルク波に近い高速の位相速度をもつSAWです．変位の主成分はL成分であり，SVバルク波とSHバルク波を基板内部に放射しながら伝搬するため非常に大きな伝搬減衰を有しています．

一般に，これらバルク波が放射しない，伝搬減衰がゼロとなる基板方位は存在しません．LLSAWはLSAWよりもさらにフィルタの高周波化に有利な伝搬モードであるため，LLSAWの低損失化に関する探索が行われています．

▶ラブ波型SAW

圧電基板表面に位相速度の遅い誘電体薄膜を設けるか，重たい金属膜を用いてIDTを形成することによって，LSAWの位相速度をSVバルク波よりも遅くすると，非漏洩モードのSAWに移行します．

この非漏洩SAWはラブ波型SAWと呼ばれます．例えば，LSAWに対して大きな電気機械結合係数をもつ反面，伝搬減衰が大きなYカット近傍のLiNbO$_3$に対してラブ波型SAWを得ると，広帯域なフィルタを構築できることが知られています．

▶板波

板波は，圧電薄板の上下面で全反射を繰り返して伝搬するSAWに似たバルク波であり，SVとL成分からなるラム波とSH型板波があります．高速な位相速度や大きな電気機械結合係数が得られる条件があるため，5G向けの高性能なフィルタ用の伝搬モードとして注目されていますが，構造がもろいという問題点があります．

● **SAWフィルタの構成**

▶トランスバーサル型フィルタ

トランスバーサル型フィルタは，**図4**に示したように，送信側と受信側にIDTを配置してフィルタ特性を得る伝送形フィルタです．各電極指の交差幅を変えるアポダイズ法などの重み付け法を用いて，各電極指の励振強度に重みを付けることにより，振幅特性と位相(遅延)特性を任意に設計できます．このため，TV用IF(中間周波数)フィルタや放送機器用フィルタなどに多用されてきました．

IDTでは励振されたSAWが双方向に伝搬するため，送受IDT全体では本質的に6 dBの挿入損失を有します．これを減少させるためには，送信IDTの両側に

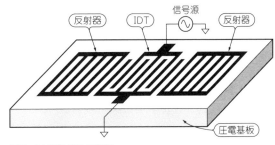

図5 SAW共振子の構造

受信IDTを設ける構造や，IDTに単一指向性をもたせた1方向性変換器を用いる方法があります．

▶SAW共振子

図5に1ポートSAW共振子の構造を示します．IDTから双方向に励振されたSAWをIDTの両側に設けたグレーティング反射器で反射させると，SAWの定在波が形成され，共振現象を生じます．

バルク振動子における共振特性と同様に，共振周波数においてアドミタンスが最大となり，それより高い反共振周波数においてアドミタンスが最小となる特性を示します．電気機械結合係数が大きいほど，共振，反共振の周波数差は大きくなり，フィルタを構成した際に広い通過帯域幅が得られます．

▶共振子型フィルタ

共振子型フィルタは，複数のSAW共振子を組み合わせてフィルタ特性を得るタイプであり，トランスバーサル型フィルタと比較して，より小型化，通過域の低損失化，阻止域の高抑圧化が可能です．また，外部整合回路が不要であることから，おもに携帯電話などの移動体通信端末用フィルタやデュプレクサ(アンテナ共用器)として多用されています．

おもな構成として，上述したラダー形フィルタと多重モード(Double Mode SAW；DMS)型フィルタがあります．DMS型フィルタは，2つ以上のIDTを反射器の間に配置したものであり，異なる周波数で共振する複数の共振モード間の結合によりフィルタ特性が得られます．共振モードの共振周波数差が大きいため，広帯域のフィルタに適しています．

◤◢参考文献◤◢
(1) 日本学術振興会弾性波素子技術第150委員会 編：弾性波素子技術ハンドブック，1991年，オーム社．
(2) 日本学術振興会弾性波素子技術第150委員会 編：弾性波デバイス技術，2004年，オーム社．
(3) 知識ベース9群(電子材料・デバイス)-8編(センサ・弾性波・機構デバイス)，電子情報通信学会．
https://www.ieice-hbkb.org/files/ad_base/view_pdf.html?p=/files/09/09gun_08hen_03.pdf

超音波ピント調節レンズ

小山 大介 Daisuke Koyama

スマートフォンなどに内蔵されるカメラでは，複数枚のガラスやプラスチックからなるレンズで構成されています．撮影時に画面奥行き方向にピントを合わせる際は，これらのレンズのうちのいくつかを光軸に沿って動かしています．そのため，一般的なカメラ・モジュールにはレンズを動かすためのアクチュエータが搭載されており，モジュール全体が大型化してしまいます．スマートフォンではカメラ部分が最厚部となるケースもあるため，カメラ・モジュールの小型/薄型化は今後の電子デバイスの発展に貢献するといえます．

また，画面の奥行き方向に移動する物体を連続的に撮影する場合，常にレンズ位置を動かし続ける必要があります．物体の移動速度が速い場合は，それに応じた速度でアクチュエータによってレンズとピント位置を制御する必要があります．そのため，ピントを合わせる際の応答速度は，アクチュエータの応答速度によって決まってしまいます．

アクチュエータなどの機械的可動部を含む部品数が多くなると，製造コストや耐震性，製品寿命の面では不利です．例えば，車載用カメラへの応用を考えると，これらの要素は非常に重要です．一方で，私たちの眼は，レンズの役割を果たす水晶体を周囲の筋肉で引っ張ることにより，その形状を変化させてピントを調整しています．

ここではレンズを動かすのではなく，超音波によってレンズ形状を変化させてピントを調節する可変焦点レンズについて，その構造や動作例をいくつか紹介します．

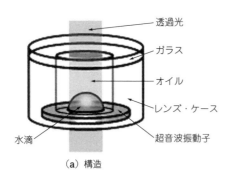

（a）構造

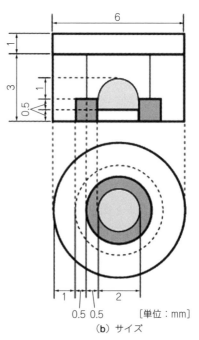

[単位：mm]

（b）サイズ

図1[1] 超音波液体レンズの構造
円筒ケース内部は屈折率の異なる2種類の液体（水とオイル）で満たされている

その1：超音波液体レンズ

● 液体レンズの構造

　液体レンズでは，水とオイルのような屈折率が異なり混ざり合わない2種類の液体を使って，その界面をレンズとして活用します．2液の界面を何らかの方法で変形することによって，レンズの位置を動かすことなく焦点距離を制御できます．よく用いられる手法としては，金属電極に電圧を加えることによって，その濡れ性を変化させるエレクトロウェッティングがあります．

　図1に超音波液体レンズの構造を示します．円筒型のレンズ・ケース（内径3mm，外径6mm，厚み3mm）内を水とシリコーン・オイルで満たしています．レンズの片面にアニュラ型の圧電振動子（内径2mm，外径4mm，厚み1mm）を，もう片面にガラス円板を接着しており，レンズの光軸方向に光が透過します．レンズのサイズにもよりますが，振動子中心に水滴半球を充填してレンズを密封することによって，液体とケースに働くファンデルワールス力によりレンズを反転したり傾けたりしても，レンズの形状はほとんど変化しません．また，2種類の液体は，互いの屈折率差が大きいほどレンズとしての効果が大きくなります．

　圧電振動子は厚み方向に分極したものを用います．その厚みは用途に応じて駆動周波数から決めることができ，液体レンズの場合は2液の乳化やキャビテーションの発生を防ぐためにも数MHz帯域となるように決定します［圧電材料の種類にもよるが，Q値の大きいハード材PZT（チタン酸ジルコン酸鉛）では厚み1mmの場合の共振周波数はおよそ2MHz］．液体内にすでに溶け込んでいる気体を取り除くため，レンズ作製前にあらかじめ脱気しておく必要があります．

● 液体レンズの変形

　振動子にレンズの共振周波数の連続正弦波信号を入力すると振動し，レンズ内の液体中に超音波定在波が発生します．このとき，2液界面には超音波の非線形現象によって生じる直流成分である音響放射力が作用して静的に変形します．

　図2は，周波数1.62MHzで駆動電圧を0Vから51Vまで変化した場合のレンズ中心軸付近のレンズ形状変化のようすです．入力正弦波信号の振幅の増加に伴って，レンズ中心軸上の2液界面が変形することがわかります（51V入力時で0.27mmの変位）．

　液体レンズの場合，音響放射力は音響エネルギー密度の高い（すなわち密度が小さく音速が小さい）オイル側から，音響エネルギー密度の低い（密度が大きく音速が大きい）水側に向かって作用するため，水滴半球の頂点が凹状に軸対称に変形します．

　このようなさまざまなレンズの形状を光学的に評価する方法として，光線追跡があります．図3は，駆動電圧を変化した場合の液体レンズの光線追跡結果を表しています．ここではレンズ片側から幅0.2mmの平行光を入射し，レンズの透過光部分を計算しています．入射光の波長における各液体の屈折率を用いて，レンズ各点におけるスネルの法則によって求まる屈折角から，レンズ透過光を計算できます．レンズの駆動電圧を増加すると2液界面は凹型に変形し，レンズ透過光が集束することから，電圧によって焦点距離を調整できることがわかります（電圧51V時における焦点距離はレンズから1.7mm）．

　このような光線追跡では，レンズの収差の評価も可能です．図4は，電圧51V時の光線のレンズ径方向

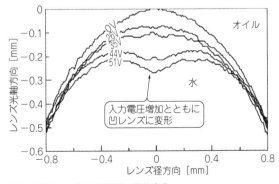

図2　液体レンズの2液界面の形状変化
入力電圧の増加に伴いレンズ中心部は凹形に変形する

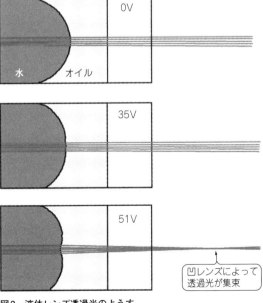

図3　液体レンズ透過光のようす
スネルの法則に従ってレンズ表面（水とオイルの界面）で光が屈折，集束する

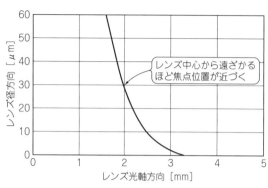

図4　液体レンズの球面収差評価
レンズの各径方向位置を通過する光線の焦点位置を表している．球面収差をもたないレンズの場合，このグラフ上では垂直軸と平行な直線として表される

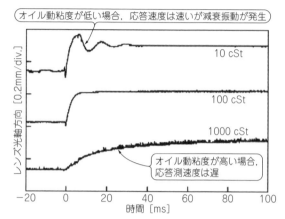

図5　液体レンズの動的特性
光軸上のレンズ表面位置の時間変化．$t=0$ でそれまで入力していた電気信号をOFFにしており，レンズ位置は初期状態まで戻る

位置と，その焦点位置の関係を表しています．すなわちレンズが球面収差をもたない場合，レンズの径方向の位置によらず焦点距離は一定の値をもつことから，このグラフ上では垂直軸と平行な直線として表されることになります．しかし図4の場合，光線がレンズ中心軸から径方向に遠ざかるにつれて焦点距離が短くなる典型的な球面収差をもちます．

● **液体レンズの応答速度**

定常状態におけるレンズの変形形状は，おもに2種類の液体の界面張力で決まりますが，それに至るまでの応答時間はおもに液体の粘性に依存します．

図5は，2種類の液体のうちのオイルのみの動粘度を10〜1000 cSt（センチストークス）まで変化した場合の，レンズ中心軸上の2液界面（レンズ表面）位置の時間変化のようすを表しています．$t=0$ のときに，それまで入力し続けていた駆動電圧をOFFにしており，その後レンズ表面は液体の界面張力による復元力

によって数十msかけて非駆動時の初期位置まで戻ります．

オイルの動粘度が小さい（10 cSt）場合，レンズの変形速度は速いものの定常状態に達するまでに減衰振動が発生してしまいます．逆にオイルの動粘度が大きい（1000 cSt）場合，このような減衰振動は発生しないものの，レンズの変形速度は比較的ゆっくりになります．レンズの応答時間を信号入力から定常状態に達するまでの時間と考えるならば，これらの結果よりレンズの応答時間を最小にするのに最適なオイルの動粘度が存在することがわかります．

このようなレンズの時間的挙動は，ばね，おもり，減衰器の3要素で構成される機械振動モデル（もしくは LCR 直列回路）と等価と考えることもできます．この理論モデルを用いると，実験結果の振動波形から，その自由角周波数や有効質量，臨界条件を満たす最適なオイルの動粘度を算出することが可能です．

図6は，オイルの動粘度とレンズの応答時間の関係を表しています．これより，オイルの動粘度が100 cStの場合に，最も短い応答時6.7 msを達成できることがわかります．この値は，従来の機械式アクチュエータを用いたレンズと比較して1桁程度短い時間で，レンズの焦点距離を4.1 mmから無限遠まで変化できることを意味しています．

その2：超音波ゲル・レンズ

● **ゲル・レンズの構造**

液体レンズでは，その動作特性が液体の動粘度に依存するため，使用する際の環境温度の影響を強く受けます．また，長期間の使用に伴う経年変化によって，液体内での気泡の発生，2液間の乳化によってレンズ

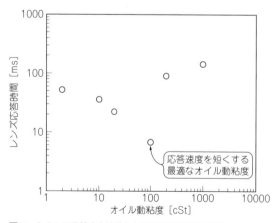

図6　オイルの動粘度と液体レンズの応答時間の関係
応答時間に対して最適なオイルの動粘度が存在する

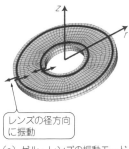

図7 **超音波ゲル・レンズの構造**
アニュラ型超音波振動子，ゲル，高分子フィルムのみからなる簡素な構造

（a） 構造　　　　（b） サイズ
[単位：mm]

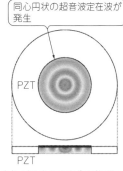

（a） ゲル・レンズの振動モード
（径方向に振動する周波数
222kHzの共振モード）

（b） ゲル内の音圧分布（振動モードによってゲル内に超音波が伝搬し，同心円状の超音波定在波が形成される）

図8 **ゲル・レンズの振動モードと音圧分布**
有限要素法による数値シミュレーション結果

が白濁する場合も想定されます．スマートフォン用カメラ・モジュールなどの用途を考えた場合，より優れた製品寿命や耐震性，さらなる小型化が求められます．

　これらの問題を解決するものとして，透明粘弾性材料を使ったゲル・レンズが挙げられます．動作原理は先の液体レンズと同じですが，ゲルの表面形状を超音波の放射力によって変形させることからも，より人間の眼の構造に近いレンズと言えます．**図7**は超音波ゲル・レンズの構造を表しています．

　液体レンズと同じく，厚み方向に分極したアニュラ型の超音波振動子（PZT，内径15 mm，外径30 mm，厚さ2 mm）を用い，その中心部にレンズの役割を果たす透明粘弾性材料であるシリコーン・ゲルを膜状になるように充填しています．また，レンズを傾けた場合にレンズ形状が維持できるように，振動子の片面には高分子フィルム（厚さ0.1 mm）を接着しています．

　超音波光レンズ・デバイスで活用する音響放射力は，それほど大きな力を引き出すのは現実的に難しいため，ゲル材料にはゲル化した際に流動性がなく，光の透過性に優れるとともに，できるだけ弾性率の小さいものを選定する必要があります．ここでは，シリコーン・ゲル［KE－1052（A/B），信越化学，複素弾性率実部 2×10^4 N/m^2］を用いています．また，使用環境や駆動中の温度上昇を考慮すると，できるだけ温度による物性の変化が小さいものが産業用途にはふさわしいと言えます．

● **ゲル・レンズの動作**

　図8（a）は，ゲル・レンズに用いる超音波振動子の振動モード（有限要素法による解析結果）を表しており，ゲル・レンズの共振周波数である222 kHzの連続正弦波信号を入力すると振動子は径方向に振動します．液体レンズでは，おもに振動子の厚み共振に近い周波数を選択しましたが，このゲル・レンズでは圧電横効果によるより低い周波数の径方向に広がる共振モードを利用しています．

　この共振モードは，おもに振動子の内径と外径によって決定され，その厚みにはほとんど依存しません．

　また，この共振モードによって振動子中心のゲル内には効率的に，**図8（b）**のような同心円状の音響定在波が発生します．

　音響放射力は媒質境界面の音響エネルギー密度の差によって生じる静圧です．ゲル・レンズの場合はゲルと周囲の媒質（一般的には空気）との音響インピーダンスの差が大きいため，ゲル内に伝搬した超音波のほとんどはゲル表面（すなわちゲルと空気の境界面）で反射し，ゲル側の音響エネルギー密度が大きくなります．そのため，音響放射力はゲル側から空気側に向かって作用し，ゲル表面はゲル内の音場分布と相関をもつ分布の音響放射力によって凸状に隆起します．

　図9は，周波数226 kHzで入力電圧を0〜21 V$_{p-p}$で変化した場合のゲル中心部の変形のようすを表しています．また，**図9**の下部には有限要素解析によって計算したゲル内の音圧振幅値の2乗の分布を示します（音響放射力は音圧の2乗の関数として表されるため）．

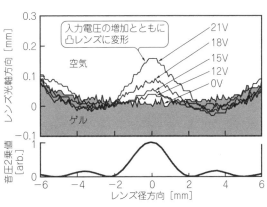

図9 **ゲル・レンズ表面の変形のようす**
入力電圧の増加に伴いレンズ表面の変位は増加する．ゲル表面における音圧2乗値の分布は，レンズ中心部が最も大きく，レンズ変形形状との相関が大きい

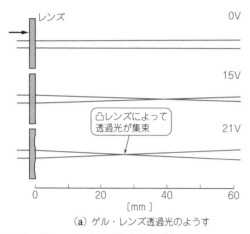

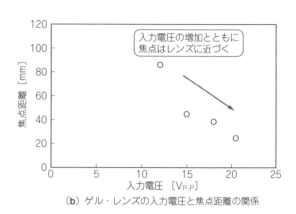

（a）ゲル・レンズ透過光のようす

（b）ゲル・レンズの入力電圧と焦点距離の関係

図10　ゲル・レンズの透過光と焦点距離
入力電圧の増加に伴いゲル・レンズは凸レンズとなり，その曲率半径は小さくなる．入力電圧の増加に伴い焦点距離はレンズ側に近づく．入力電圧によって焦点位置を制御することができる

これよりゲル・レンズは入力電圧の増加とともにその変位が増加し，凸レンズとして動作することがわかります．

ゲル・レンズ中心の変位は，レンズ・サイズ，ゲルや超音波振動子の物性，共振モードなどの各条件に依存しますが，この場合のレンズ変位は$21V_{p-p}$入力時に$150\,\mu m$となり，肉眼でも変形のようすが容易に確認できます．**図10(a)**はゲル・レンズに幅2 mmの平行光を入射した場合の透過光のようすを表していますが，入力電圧の増加に伴ってゲルの凸レンズの曲率半径は小さくなり，その焦点距離はレンズ側に近づくことがわかります．すなわち，**図10(b)**が示すように，入力電圧によって焦点距離を制御可能な可変焦点レンズとして動作します（$21V_{p-p}$入力時の焦点距離は24 mm）．

図11はゲル・レンズを使った撮像例を示しています．レンズから10 mm，23 mmの位置にそれぞれテスト・ターゲットとツバメ・マークを設置しています．ゲル・レンズ単体のみでは結像することは難しいので，市販のカメラの前方にゲル・レンズを設置し，ゲル・レンズを通してこれらの物体を撮影しています．レンズ駆動時にはその焦点はテスト・ターゲットに合っていますが，超音波駆動に伴い焦点がツバメ・マークに移動するようすがわかります．

また，同図のグラフはゲル・レンズ中心軸上におけるレンズ表面位置の時間変化を表しており，焦点位置が10 mmから23 mmまで移動するまでに約0.3 sを要することがわかります．一般的なカメラ・モジュールに用いるためには，この応答時間を少なくとも数十ms程度にする必要があり，そのためには高速応答に適した粘弾性をもつゲルを用いる必要があります．

その3：超音波液晶レンズ

● 液晶レンズの構造

液晶を使うことでもレンズを作ることができます．液晶は電気磁気双極子をもつ細長い分子構造からなるため，光学的異方性をもちます．すなわち液晶分子の向き（配向）によって，液晶中を進む光の速度が異なります．したがって，液晶層中の液晶分子の配向分布を制御することで，その透過光をON/OFFしたり，屈折させたりすることができます．

液晶材料はその分子構造によってさまざまな種類に分類されますが，一般的なディスプレイなどの産業用途では，流動性が高く配向制御性に優れたネマチック液晶がよく用いられています．これらの液晶光デバイスでは，おもに液晶層に対して外部からの強制力となる電界を加えることで分子配向を揃え，電圧印加のためにガラス基板に酸化インジウム・スズ（ITO）などの透明電極を設けており，ITO付きガラス基板としても市販されています．

ここではレアメタルを含むITOを使うことなく，超音波によって液晶配向を制御する超音波液晶レンズについて説明します．**図12**は液晶レンズの構造を表しており，2枚の円形ガラス基板（厚さ0.7 mm，直径15 mmおよび30 mm）間に液晶層を作成し，ガラス基板の1つにアニュラ型の超音波振動子（厚さ1 mm，外径30 mm，内径20 mm）を接着しています．

液晶層を作成する際には，まず液晶材料との接触面となるガラス基板の内側に液晶配向膜を成膜するのが一般的です．また，超音波（もくしは一般的には電界）駆動前の初期状態における液晶分子の配向を面内に均一配向するためには，配向膜を布などでこするラビン

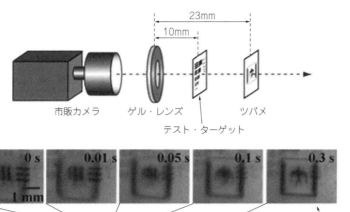

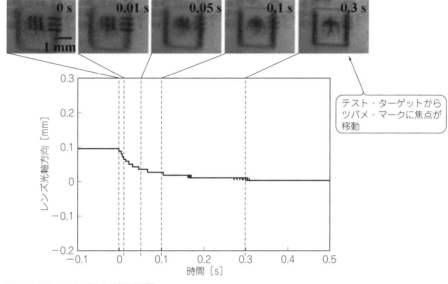

> テスト・ターゲットから
> ツバメ・マークに焦点が
> 移動

図11 ゲル・レンズによる撮影例[2]
入力電圧の変化によって手前側の物体（テスト・ターゲット）から奥側の物体（ツバメ・マーク）に0.3sかけて焦点が移動する

グ処理を行う必要があります．しかし，ここでは液晶の初期配向をガラス基板に対して垂直であることを目的としているためラビング処理は行っていません．

また，液晶層厚みは一般的に数μmから厚くてもせいぜい数十μm程度ですが，ここでは比較的厚い50μmの液晶層を設けています．液晶層厚みは2枚の液晶配向膜付きガラス基板を貼り合わせる際に，その間にガラス・ビーズやフィルムなどのスペーサを介することで調整することができます．

実際に液晶層を作成するためには，2枚のガラス基板を貼り合わせた後，まず一部を除いたその周囲を接着剤などでシーリングし，毛細管現象を利用して液晶材料を液晶層となる微小間隙に流入した後，最後に液晶材料が漏れないよう完全に周囲をシーリングします．

● **液晶レンズの動作特性**

すでに紹介した液体レンズやゲル・レンズと同様に，レンズ全体の共振周波数の連続正弦波信号を振動子に入力することによって，液晶層を含めたレンズ中心部にたわみ振動モードが発生します．また，液晶層，ガ

ラス基板，周囲媒質（空気）間に音響放射力が働くことによって，液晶の分子配向は初期状態の垂直配向から静的に基板に対して傾斜します．

液晶分子は光学的に1軸異方性をもつため，分子配向分布が空間的に変化すると実効的な光学屈折率分布も変化し，その結果，透過光は屈折/偏向します．液晶層に作用する音響放射力の空間分布はガラス基板の振動分布と相関があるため，レンズの共振モードを制

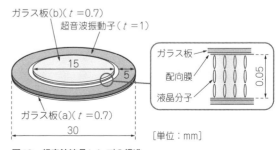

図12 超音波液晶レンズの構造
アニュラ型超音波振動子と厚さ数〜数十μmの液晶層を2枚のガラス基板で挟んだ構造

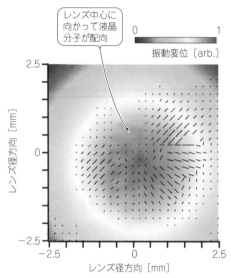

図13 液晶レンズの振動分布と液晶分子配向分布
超音波振動によって液晶分子は中心に向かって軸対称に傾斜する

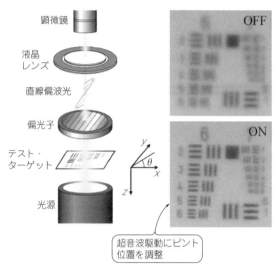

図14 液晶レンズの撮影例
超音波駆動によって液晶の分子配向が変化し焦点位置が変化する

御することによって液晶の屈折率分布を制御することができます.

液晶レンズの光学特性は,偏光顕微鏡など偏光板を使った光学系によって評価することができます.例えば,2枚の偏光板を互いに90°の方向になるよう設置(クロスニコル配置)し,その間に液晶レンズを設置・回転させながら透過光を観測すると,液晶層内の分子配向を測定することができます.

図13は,レンズ中心部分におけるガラス基板表面の振動(コンター図)と,液晶分子配向(黒棒)の分布を表しています.共振周波数は64kHzであり,液晶層の体積はレンズ全体積と比較してわずかであるため,液晶材料の存在がレンズ全体に対して超音波の減衰材料として働くことはほとんどありません.

同図より,液晶の分子配向はガラス基板に発生する超音波定在波振動の腹の位置(振動振幅の大きい位置)であるレンズ中心と,振動の節の位置(ほとんど振動しない位置)の間において最も大きく傾斜し,レンズ中心に向かって軸対称に配向することがわかります.これは音響放射力が音圧の空間勾配の関数で表されることからも推測でき,この軸対称の分子配向,すなわち屈折率分布がレンズ効果として働きます.

図14は液晶レンズを通して得られた撮影例です.光学顕微鏡対物レンズ,液晶レンズ,偏光子,観測対象,光源の順に並んでおり,液晶レンズを超音波駆動

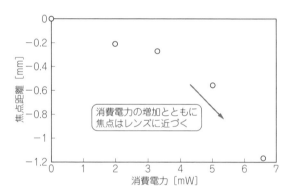

図15 液晶レンズの入力電力と焦点距離の関係
入力電力の増加に伴い焦点距離はレンズ側に近づく

することによって焦点距離が変化するようすがわかります.また,図15は消費電力とレンズの焦点距離変化量の関係を表しています.レンズの消費電力を0から6.6mWまで増加すると焦点距離は液晶レンズに近づき短くなり,凸レンズとして動作することがわかります.

◆参考文献◆
(1) D. Koyama, R. Isago, K. Nakamura；Compact,high-speed variable-focus liquid lens using acoustic radiation force, Optics Express, Vol.18, No.24, pp.25158-25169, 2010.
(2) D. Koyama, R. Isago, K. Nakamura；Ultrasonic variable-focus optical lens using viscoelastic material, Applied Physics Letters, Vol.100, No.9, p.091102, 2012.

第19章 オート・フォーカスから手ぶれ補正まで

電磁モータとは一線を画する超音波モータ

青柳 学 Manabu Aoyagi

超音波モータは，弾性体の超音波振動から摩擦駆動力を取り出して，ロータやスライダを移送させるデバイスです．1986年ころから回転型超音波モータが実用化され，現在までにいくつかの方式が実用されています．超音波モータの特徴として，

(1)磁気の影響を受けず，影響を与えない
(2)高応答性で高制御性
(3)低速時に高トルクであるため減速機が不要
(4)無通電時に自己保持力がある
(5)静粛性に優れる
(6)小型で軽量

などがあげられます．いずれも，電磁モータにないユニークな特徴です．カメラのオート・フォーカス，手振れ補正，精密ステージ，MRI高磁場環境内のアクチュエータなどに利用されています．

ここでは，超音波振動の変位を大きくするために弾性振動の共振現象を利用した超音波モータの2つの構成方法について説明します．

超音波モータの動作原理と構成

● 進行波で粒子の楕円運動が発生する

図1に，波動の進行波が伝搬している金属などの弾性体(ステータ)の表面にロータやスライダなどの被搬送物を予圧した状態を示します．ステータ表面には進行波の伝搬に伴って粒子が楕円(だえん)運動し，接触した被搬送物を進行波の伝搬方向と反対方向に移送します．

この動作原理を用いたものは進行波型超音波モータと呼ばれています．

● 2つの直交する振動で楕円変位を作る

粒子の楕円運動を発生させる方法はもう1つあります．**図2**に示すように，振動子端部に互いに直交する変位u_xとu_yを発生させます．これらの変位は振動子の定在波(共振)で生じ，振幅U_{x0}，U_{y0}，共振角周波数ωで時間に対して正弦的に変化します．これらの変位に90°の時間位相差を与えると式(1)で表されます．

$$\left.\begin{aligned} u_x(t) &= U_{x0}\sin\omega t \\ u_y(t) &= U_{y0}\cos\omega t \end{aligned}\right\} \quad \cdots\cdots (1)$$

これら2つの変位を合成すると式(2)が得られます．

$$\left(\frac{u_x}{U_{x0}}\right)^2 + \left(\frac{u_y}{U_{y0}}\right)^2 = 1 \quad \cdots\cdots (2)$$

つまり，振動子端部の粒子が楕円運動することを意味します．この状態で，振動子端部にロータやスライダを接触させると横方向に搬送されます．この原理を用いたものは定在波型超音波モータと呼ばれています．

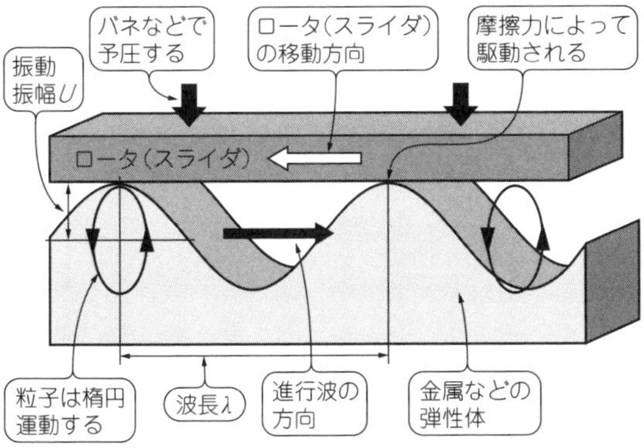

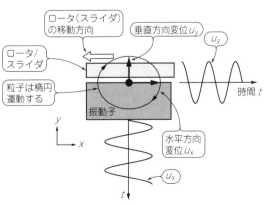

図1　進行波型超音波モータの動作原理
進行波は粒子を楕円運動させ，波動の進む方向と逆向きにロータは搬送される

図2　粒子の楕円運動の作り方(定在波型)
リサジュー図形と同じ．同位相だと直線運動になる

進行波型超音波モータ（回転型）

● 2つの曲げ振動で進行波を作る

進行波型超音波モータについて説明します．

図3(a)は，穴あき円板に曲げ振動が励振されているようすです．ここでは，円周方向に4波長ぶんの波が存在する振動モード（B_{04}モード）の例です．図3(b)に示すように，曲げ振動には最大の曲げ変位（垂直変位）をもつ位置（振動腹）と曲げ変位がない位置（振動節）があります．振動節には回転モーメントが働くため，円板表面は水平方向にわずかに変位します．

ここで，B_{04}モードを4分の1波長（$\lambda/4$）だけ回転させた同形のB'_{04}モードを励振します．B_{04}モードの振動腹にB'_{04}モードの振動節が重なり，$\theta = a$では垂直変位と水平方向の変位が同時に現れます．両モードに時間位相差90°を与え，合成した変位は式(3)で表されます．

$$
\begin{aligned}
u(\theta, t) &= u_a(\theta, t) + u_b(\theta, t) \\
&= U_0 \sin n\theta \cdot \sin \omega t + U_0 \cos n\theta \cdot \cos \omega t \\
&= U_0 \cos(n\theta - \omega t) \cdots\cdots\cdots\cdots\cdots (3)
\end{aligned}
$$

ここで，U_0は振幅，ωは角周波数です．つまり，円板を円周方向に伝搬する進行波として表せます．しかし，実際は共振を利用しているので定在波である

B_{04}モードが回転していることを意味します．また，任意の位置で円板表面の粒子の変位は，式(2)と同様になり，ステータ表面全体が楕円運動します．

● 水平方向の変位が小さいので拡大する

図3から，水平方向の変位が垂直方向に比べて小さいことがわかります．梁（はり）の曲げでは，水平方向の変位は中立面からの距離に比例します．厚い梁であれば変位は大きくなりますが，曲がりにくくなります．

そこで，図4(a)に示すように，厚い梁にスリットを入れる，または薄い梁にくし歯を付けて，変位拡大機構を設けます．図4(b)に示すように，中立面がロータとの接表面から下がり，くし歯のてこの作用で水平変位が拡大されます．

● ロータと接触するときは水平方向の速度最大

垂直変位が増加すると櫛歯先端の水平方向の振動速度も増加します．ロータと接触した際には水平方向の振動速度は最大になり，ロータに摩擦力で推力と速度を与えます．

垂直変位が減少するとロータと分離し，逆方向に発生する水平方向の振動速度はロータに伝わりません．つまり，進行波により複数ある接触位置は時間で変化しながら，ロータに常に同じ方向に推力と速度を与えます．

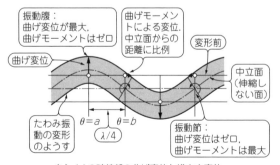

（a）穴あき円板の曲げ振動モード例（B_{04}モード）

（b）(a)の破線部の曲げ変位と横方向変位

図3　穴あき円板の曲げ振動の変位のようす
円周方向に4波長分の波が存在している例．厚みのあるものが曲がると表面の横方向の変位も大きくなる

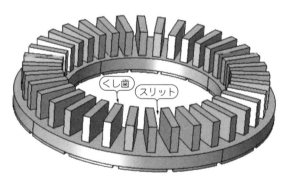

（a）変位拡大機構のようす

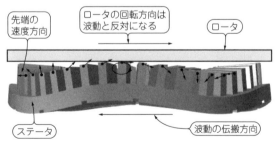

（b）先端部の動きのようす

図4　突起による変位拡大（変位拡大機構）
接触面を中立面から離すことで水平変位を拡大する．ロータと接触するときに先端部の水平方向の振動速度が大きくなる

● **励振方法は電極分割，分極方向，印加電圧で異なる**

　ステータ振動子に2つの振動モードを独立に励振するため，2組の電極グループと高周波電源が用いられます．実用的な方法として2つを図5に示します．

▶**1/2波長電極で2つの電極グループを作る**

　図5(a)は，各電極グループで半波長ごとに電極分割し，圧電素子の分極方向を反転させています．2つの電極グループは1/4波長と3/4波長の隙間を設けて配置されています．1/4波長ずれた2つの振動モードを電極グループ単位で励振します．駆動電圧は，時間位相が互いに90°異なる$E_0 \sin \omega t$と$E_0 \cos \omega t$の2つの電源で励振するため，式(3)と同様になり進行波が励振されます．

▶**1/4波長電極を分散して配置**

　図5(b)の電極配置は，1/4波長の長さをもつ電極を振動モードに合わせて，互い違いに配置しています．圧電素子は同じ方向に分極されているため，$E_0 \sin \omega t$と$E_0 \cos \omega t$の電源に加えて，極性が異なる$-E_0 \sin \omega t$と$-E_0 \cos \omega t$の電源も必要になります．各電極の中心が各振動モードの振動腹になると考えると理解しやすいです．圧電素子を無駄なく使用でき，また振動モードの励振の偏りがないことが利点です．

● **構成例**

　図6に構成例を示します．ステータ振動子にロータがバネで予圧されています．ロータはシャフトと締結されていて，軸受けで支持されています．ステータ振動子の底面に圧電素子が接着されています．ロータとステータ振動子の接触面に摺動材（摩擦材）が張られています．ステータ振動子は中心部で支持され，軸受けとともにベースに固定されます．カバーを用いることで，使用環境によらず安定な動作が可能になります．

● **負荷特性例**

　図7に超音波モータの一般的な負荷特性例を示します．負荷トルクが大きくなるにつれて回転速度が低下

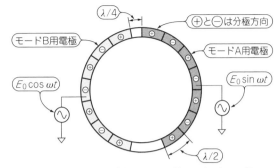

(a) 1/2波長で電極を分割，モードごとに電極グループを配置する方法

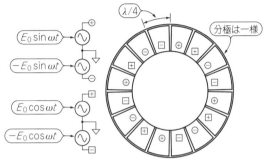

(b) 1/4波長で電極を分割し，分散配置する方法

図5　圧電素子の駆動電極の配置と駆動電圧

する垂下特性になります．これはDCモータと同様の特性です．

　しかし，高負荷側で効率が高くなります．低負荷時に効率が高くなるDCモータの特性とは異なり，超音波モータの特徴的な特性です．摩擦駆動であるため，高負荷ではロータとステータ振動子間の滑りが大きくなるため摩耗が生じ，耐久性に問題が生じます．連続使用であれば最高トルクの半分未満で使用するのがよいようです．また，短時間であれば高負荷でも使用できますが，摩耗による性能劣化の危険性があります．

● **実用例**

　写真1に，超音波モータ（USR60シリーズ，新生工業）

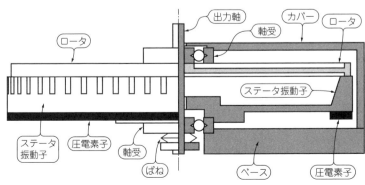

図6　進行波型超音波モータの構成例
製造メーカによって構成の細部は異なる

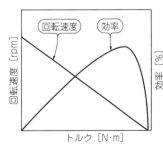

図7　超音波モータの負荷特性例
低速時に発生トルクが大きくなる，垂下特性．高負荷時に効率が大きくなる

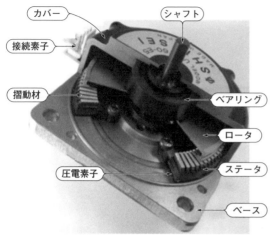

写真1[3]　進行波型超音波モータの構造の実例(新生工業, USR60シリーズ)

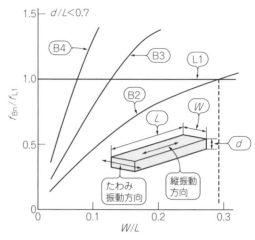

図8　振動子の形状比(W/L)に対する縦振動1次モードとたわみ振動n次モードの共振周波数比の変化

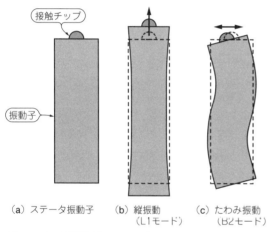

（a）ステータ振動子　（b）縦振動(L1モード)　（c）たわみ振動(B2モード)

図9　ステータ振動子とL1モードとB2モード
振動子のスライダとの接触部に接触チップを付けている. 接触チップの形状は円筒形, 直方体, 半球など

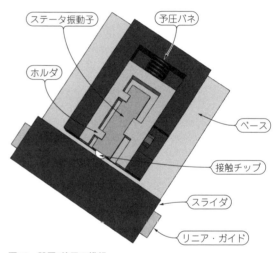

図10　設置/使用の構想
ステータ振動子の支持方法, 予圧方法はさまざまある

の構造を示します. ステータ振動子は直径60 mm程度であり, 駆動周波数40～45 kHz, 印加電圧130 V_{RMS}, 定格出力5.0 W, 最大出力10 W, 定格回転数100 rpm, 最高回転数150 rpm, 定格トルク0.5 N・m, 最大トルク1.0 N・m, 重量260 g程度, 応答時間1 ms以下の性能を有しています. 周波数を変化させて回転速度を変える速度制御方式です. 直径が約半分のUSR30シリーズでは, 最大トルク0.1 N・m, 最高回転数300 rpmが得られています.

ほかに数社より製品が販売されています.

定在波L1-B2超音波モータ (リニア型)

● 縦振動モードとたわみ振動モードで楕円運動を作る

▶縦振動とたわみ振動の共振周波数を合わせる

式(1)で表される2つの直交した振動変位を, 圧電

セラミックス製の矩形振動子の縦振動モードとたわみ振動モードで実現します. これらの振動モードは異なる共振周波数をもつため, 形状を変えて共振周波数を近接させる必要があります.

図8に, 振動子の長さ(L)と幅(W)の比に対する, 縦振動1次モード(L1モード)の共振周波数f_{L1}とたわみ振動モード(Bnモード, $n=2, 3, 4$)の共振周波数f_{Bn}の比(f_{Bn}/f_{L1})を示します. L1モードとB2モードの共振周波数がW/L=0.27付近で一致します. B3モードとB4モードも一致しますが, 形状と周波数が使いやすいL1モードとB2モードを選びます.

▶ステータ振動子の形状と振動モード

図9に共振周波数が近接したステータ振動子の形状と, L1モードとB2モードのようすを示します. 両モードの共振周波数は振動子の厚さに影響を受けにくいため, 目的に合わせて厚さを選ぶことができます. ま

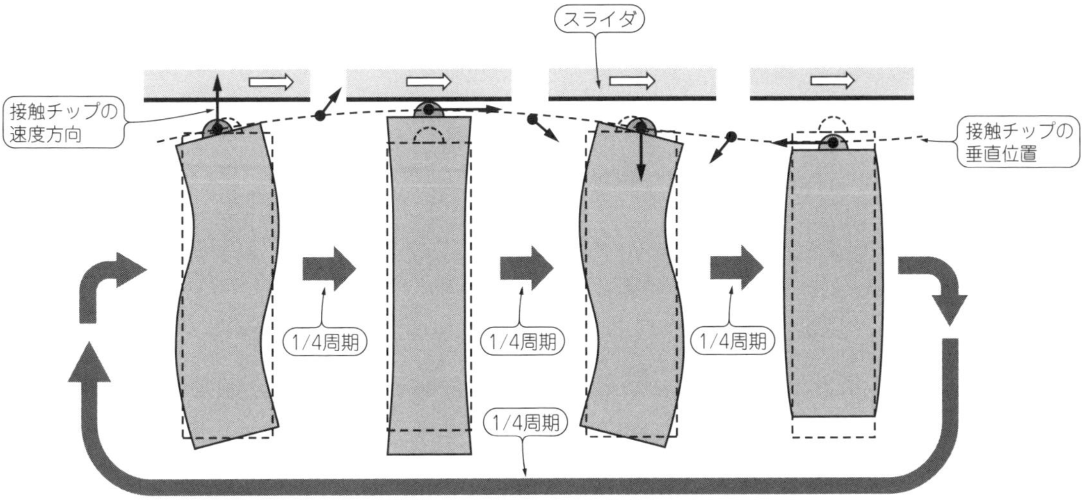

図11　接触チップの1周期の動き
L1モードで変位最大でスライダに接触しているときに水平方向の速度が最大になる

た，振動子中央部に両モードの共通の振動節があるのも特徴です．端部に設けた接触チップをスライダに接触させて摩擦力で搬送します．

図10は，リニア・ガイドを移送させるシステムに組み込んだ例です．ステータ振動子はホルダ内に固定され，バネでスライダに予圧され，スライダを駆動します．スライダにはアルミナ・セラミックスなど摩耗特性に優れた素材が用いられます．

● **2種類の駆動力の取り出し方**
▶短辺部を利用する方法（1点駆動）

図11に，ステータ振動子のL1モードとB2モードの最大変位の状態図を用いて1周期の動きを示します．L1モードの垂直変位が最大時ではスライダと接触しており，このときB2モードの水平方向の速度は最大になるため，スライダは搬送されます．その後，スライダから分離する方向に変位しながら水平方向の速度が減少します．水平方向の速度が逆向きになるときには，接触チップはスライダから分離しています．したがって，1方向の推力と速度をスライダに与えることができます．

▶長辺部を利用する方法（2点駆動）

図12に示すように，ステータ振動子側面のB2モードの振動腹の位置に接触チップを2個取り付け，スライダに予圧します．B2モードでスライダとの接触を制御して，L1モードの変位でスライダの移送量を得ます．2個の接触チップが半周期ごとにスライダを交互に移送し，1周期に2回移送することが特徴です．2足で走るようすに似ています．

● **電極の配置と励振方法**
▶主応力の分布

図13にL1モード，B2モードの主応力分布を示します．L1モードで縮んでいるときには，全体に圧縮主応力が生じます．一方，B2モードでは，中立面の

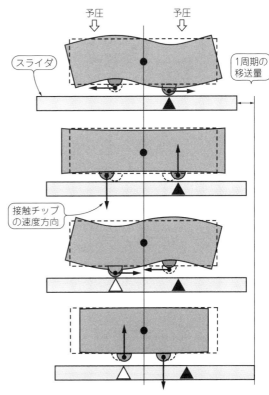

図12　接触チップとスライダの1周期の動き（2点駆動）
1周期に2回移送される．2足で走るようすに似ている

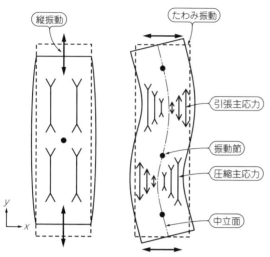

図13　L1モードとB2モードの応力分布
B2モードは大まかに4カ所で圧縮主応力と引張主応力が分布している

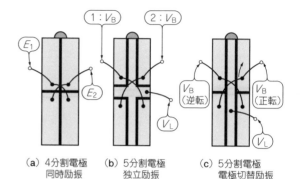

（a）4分割電極　（b）5分割電極　（c）5分割電極
　　同時励振　　　　　独立励振　　　　　電極切替励振

図14　電極分割と励振方法
どちらの励振方法でもL1モードとB2モードの励振レベルを調整できるが，独立励振のほうが考えやすい

両側には引張主応力と圧縮主応力が対で存在し，また，振動子の中央の振動節を境に上下で引張主応力と圧縮主応力が入れ替わって存在します．B2モードの主応力の分布によって4つの領域に分けて考えます．

▶L1モードとB2モードを同時に励振する（4分割）

図14(a)に，L1-B2モードを同時に励振できる電極配置を示します．電極はB2モードの主応力分布に合わせて4分割され，厚さ方向に分極されています．裏面の電極は分割されていません．厚さ方向に電界を加えて，圧電横効果により各振動モードの主応力に合わせて応力を発生させます．

対角線上にある2つの電極を電気的に接続して2つの入力端子を設けます．すべての端子に同じ電圧を印加するとL1モードだけが励振できます．各端子に同じ振幅で互いに逆位相の電圧を加えるとB2モードだけが励振できます．$E_1 = E_0 \sin \omega t$，$E_2 = E_0 \cos \omega t$を印加するとL1モード，B2モードが90°位相差で励振され，振動子端部に粒子の楕円運動が形成されます．

▶L1モードとB2モードを独立に励振する（5分割）

図14(b)のように，矩形振動子の中心線に沿ってL1モード励振用電極を設けます．B2モード励振用電極は，その外側に4つ設けられています．B2モードは側面に近いほど曲げ応力が大きくなりますので，中心線付近の電極はあまり効果がありません．V_LでL1モードだけで励振できます．

また，1：V_Bと2：V_Bに同時に180°異なる電圧を印加するとB2モードを独立励振できます．さらに，図14(c)のように，B2モードの励振電極を半分だけ利用して，電極の切り替えによって移動方向を切り替えることもできます．

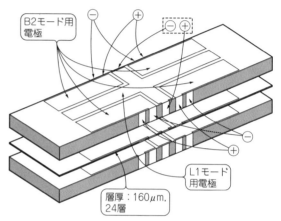

図15[5]　積層圧電セラミック・ステータ振動子
5分割電極の圧電セラミックスを積層している．側面の電極を用いて給電する

▶ステータ振動子を積層化してパワーアップ

薄い圧電セラミックス板をいくつも重ねた積層構造を応用します．積層化は駆動電圧を低くすることが可能であり，かつ大きな出力が得られます．その結果，小型化にもなります．

図15に5分割電極の積層化の例を示します．1層の厚さが160 μmの圧電セラミックスを24層重ねた，長さ30 mm，幅8.4 mm，厚さ4.0 mmのステータ振動子が製作されています．

● 実用例を見てみよう

矩形のステータ振動子は構造上の利点が多くあります．
(1)構造がシンプル
(2)矩形の圧電セラミックスは製造しやすく，また製造時の無駄が少ない
(3)積層化技術を応用しやすい
などです．いくつか実用例の概略を紹介します．

▶精密ステージ用アクチュエータ

写真2にNANOMOTION社（イスラエル）の超音波

写真2[6]　超音波リニア・モータHR2（NANOMOTION）
2つのステータで駆動する. ステータが1つの場合（HR1）に比べて駆動力は2倍（4 N）になる. 最高速度（250 mm/s）は変わらない

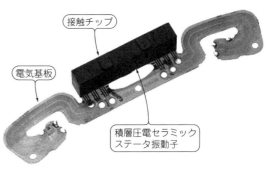

（a）電気基板上に配置されたステータ振動子

（a）ムッシュⅡ-P
（内部構造）

（b）駆動輪内

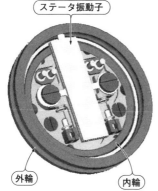

写真3　マイクロロボットの車輪駆動
シム材に5分割電極の圧電セラミックス板を張り付けている. シム材の中央でネジで固定できる. ステータの厚さは0.4 mm

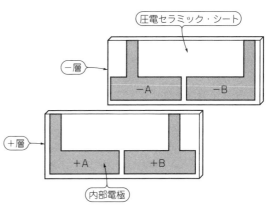

（b）積層圧電セラミックスの駆動用内部電極形状（2分割電極）

図16[7]　積層型超音波リニアモータ
ステータ振動子は幅20 mm, 高さ5 mm, 奥行3 mm, 5 V励振

リニア・モータを示します. 4分割電極で, 1つの接触チップによる1点駆動タイプのステータ振動子を使用しています. 同時に使用するステータと接触チップの数により, 最高速度（250 mm/s）を変えずに駆動力を変えることができます. 接触チップが1つの場合, 搬送力は4 N, 2つの場合は8 N, 8つの場合は32 Nを発生できます. 1 nmのステップ分解能をもっています.

▶ディジタル・カメラの手振れ補正機構への応用

図16（a）に, オリンパスが開発した2点駆動タイプの積層型超音波リニア・モータを示します. 同社製の1眼レフカメラの手ぶれ補正ユニットに用いられています. 手ぶれ補正ユニットは, 撮像素子を支えるフレームに2個の積層型超音波リニア・モータを直交配置しています. 振れ量に応じて撮像素子を2次元に移動させます. 図16（b）のように, ステータの電極は2分割を採用しています. 励振方法は4分割電極の片側半分と同様です. 5 Vで励振できます.

▶マイクロロボットの車輪駆動

写真3（a）に, セイコーエプソンが開発したマイクロロボット（ムッシュⅡ-P）の内部構造を示します. 移動用の2つの駆動輪に超音波モータが使われています. ステータ振動子は, 金属製のシム材に5分割電極をもつ圧電セラミックス板を張り付けた構成になって

います.

図14（c）に示した電極構成が用いられており, 使用する電極で正転と逆転を切り替えます. ステータの厚さは0.4 mmです. 外輪を摩擦駆動することで回転力が得られます. 電源と通信機能をもち, 2つの駆動輪で自由に動くことができます.

◆参考・引用＊文献◆

(1) S. Ueha and Y. Tomikawa；Ultrasonic motors, Theory and Applications, Clarendon Press, Oxford, 1993.
(2) 前野 隆司；超音波モータ, 日本ロボット学会誌, vol.21, no.1, pp.10-14, 2003年.
(3)＊http://www.shinsei-motor.com/techno/ultrasonic_motor. html
(4)＊モータドライバD6060シリーズ取扱説明書, 新生工業.
(5)＊Masahiro Takano, Mikio Takimoto and Kentaro Nakamura；"Electrode design of multilayered piezoelectric transducers for longitudinal-bending ultrasonic actuators," Acoustical Science and Technology, vol.32, no.3, pp.100-108（2011）.
(6)＊工苑, HR Series カタログ.
(7)＊舟窪 朋樹；小特集-最近の超音波モータの研究とその動向—, 積層型超音波リニアモータとディジタルカメラへの応用, 日本音響学会誌, 66巻, 3号, pp.142-147, 2010年.

基礎　測定環境　製作　測る　加工・洗浄　回路のしくみ　デバイス　これから

column ▶ 01　振動を回転に！ 圧電ブザーによるほぼ超音波モータの実験

中村　健太郎

　圧電ブザー素子とICを使って超音波モータもどきの実験をしてみます．**写真A**のように，DIP配列のICの足を曲げて圧電ブザーの上に乗せ，上から軽く押し付けます．この状態で圧電ブザーを鳴らすとICが回転します．可聴音なので超音波モータとは言いにくいですが，ごく初期の超音波モータの原理に近いものです．

　作り方は簡単です．ICの上面中央には直径1 mmくらいのドリルの刃で軽く削ったピボット（回転軸）の受けを作っておきます．ここに先をとがらせたリード線を当てて軸受としています．ICの四隅の足を**写真B**のように曲げておき，他の足は圧電ブザー

に触らないように持ち上げておきます．こうすると，**図A**のように上下の振動で足には斜めの力が加わり，回転力を発生するのです．

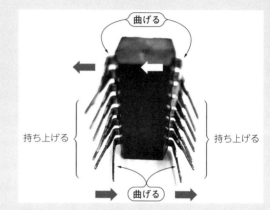

写真B　ICの足の曲げ方

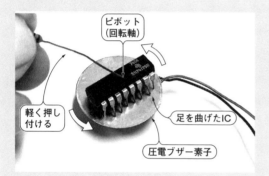

写真A　圧電ブザーを使ったほぼ超音波モータ

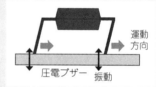

図A　ICの足の曲がりと運動方向

第8部

これからの超音波技術

第20章 空中超音波のフェーズド・アレイ駆動システム

非破壊検査を非接触で高速に

大隅　歩　Ayumu Osumi

　非破壊検査は社会の安全性から品質の評価までを行う非常に重要な検査です．非破壊検査の対象は，非常に幅広く，工場プラント・橋梁・トンネルなどの大型構造物，航空機部品や電車車両・自動車など，書ききれないほどあります．

　一般的な非破壊検査では，超音波振動子と被検体の間に接触媒質を塗布することで効率良く超音波が透過します．一方，非接触方式の空中超音波（空気中を伝わる超音波）では，空気と被検体の音響インピーダンスの差が非常に大きいため，ほとんど被検体で反射してしまいます．しかし，非常に大きな音圧の空中超音波を放射して，発生したわずかな透過波を調べることにより，欠陥の有無がわかるようになりました．

　従来不可能とされていた空中超音波による非破壊検査は，実用可能な技術になりました．一方で，高速化については，まだまだ改良の余地があります．

　本章では，筆者が提案する空中超音波による高速非接触非破壊検査と，それを実現するデバイスである空中超音波フェーズド・アレイおよび駆動システムの概略について紹介します．

超音波検査の各手法

　非破壊検査にはさまざまな手法がありますが，可搬性の良さは超音波検査に一日の長があります[1]．また，超音波検査は医療でもおなじみだと思います．

● 一般的な超音波検査

　最も一般的な超音波検査の手法を図1に示します．この方法は超音波振動子から超音波を被検体に送信し，欠陥部からのエコーを受信することで欠陥の有無と深さを判断する方法です[2]．パルス・エコー法とも呼ばれます．

　被検体の欠陥を探すときは，手動あるいは自動ステージなどで超音波振動子を機械的に走査して行います．この方法はシンプルで良いのですが，視覚的に欠陥の広がりが捉えにくいデメリットがあります．

● フェーズド・アレイを利用した超音波検査

　視覚的に欠陥の広がりが捉えにくい，という一般的な超音波検査のデメリットを解決したのが，図2に示

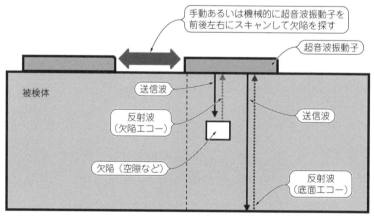

（a）被検体の中にある欠陥を超音波振動子で探る

（b）超音波振動子の送受信波形

図1　一般的な超音波検査のしくみ
超音波振動子から超音波を被検体に送信し，欠陥部からのエコーを受信することで欠陥の有無と深さがわかる

すフェーズド・アレイを利用した超音波検査です.

フェーズド・アレイとは,小さな超音波振動子を複数配列したもので,1つ1つの振動子が独立して電子的に制御できるように構成されています.このフェーズド・アレイを用いれば内部をリアルタイムで映像化することができます[3].医療などでは,一般的にこのフェーズド・アレイを利用して人体内部を映像化しています[4].

● **接触媒質が不要な非接触方式の超音波検査**

一般的な超音波検査は接触媒質(例えば,水や油,グリセリンなど)を塗布する必要があるため,吸湿性のある材料や水浸できない材料などには適用できませんでした.接触媒質の種類や量,超音波探触子の当て方によって精度が変化してしまう問題もあります.また,実務的には接触媒質の塗布や拭き取りが必要なことから作業効率も低下します.これに対応するように開発されたのが,空中超音波を利用した非接触方式の

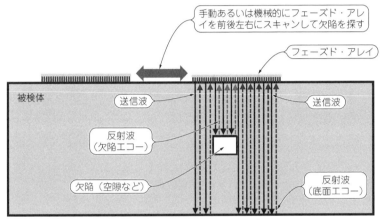

（a）被検体の中にある欠陥をフェーズド・アレイで探る

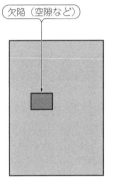

（b）可視化された被検体内部の画像イメージ

図2 フェーズド・アレイによる超音波検査のしくみ
小さな超音波振動子を複数配列することで,被検体の内部をリアルタイムで映像化することができる

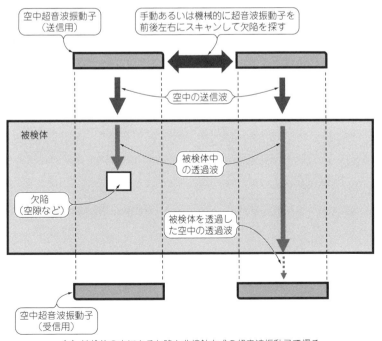

（a）被検体の中にある欠陥を非接触方式の超音波振動子で探る

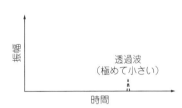

（b）超音波の伝搬経路に欠陥がある場合の超音波振動子の受信波形

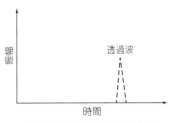

（c）超音波の伝搬経路に欠陥がない場合の超音波振動子の受信波形

図3 空中超音波検査のしくみ
空中超音波振動子を送信用と受信用で分けて構成され,わずかに被検体中を透過した透過波を調べることにより欠陥の有無がわかる

超音波検査(空中超音波検査)です[2], [5].

空中超音波検査のしくみを**図3**に示します．この方法では，空中超音波振動子を送信用と受信用で分けて使用します．まず，空中超音波専用の超音波振動子から非常に大きな音圧の空中超音波を放射します．空気と被検体の音響インピーダンスの差は非常に大きいため，そのほとんどは反射してしまいますが，わずかに被検体中に透過します．この透過波は，被検体を通り抜け，再度空気中に放射されます．途中で欠陥が存在する場合，透過波は反射しますので，空気中への再放射はほとんどなくなります．

以上の原理に基づいて，空中超音波振動子を走査して，被検体の各領域における透過波を調べることにより欠陥の有無を診断します．

高速で非接触な非破壊検査

● 高速化の背景

空中超音波検査はすばらしい方法ですが，空中超音波振動子を走査して被検体を検査するため，高速性の観点では改善の余地があります．被検体の高速検査が実現できれば，大型構造物の検査であれば業務停止する時間を短縮することができますし，製品であれば検査時間の節約につながります．

以上は一例ですが，検査速度の高速化はどの業界でも望まれています．空中超音波フェーズド・アレイを用いた高速非接触非破壊検査は，上記の背景を目的として研究開発した技術になります[6], [7].

● 測定の概略と欠陥映像化の原理

金属薄板への適用を例にして，高速非接触非破壊検査のしくみについて説明します．**図4**に提案手法の実験装置と検査方法の概要を示します．

この実験装置は空中超音波フェーズド・アレイと被検査体を伝搬してきた超音波を受信する受信器で基本的には構成されます．**図4**の受信器には，超音波を非接触計測可能なレーザ・ドップラー振動計を配置します．接触可能な被検査体であるならば，受信器の種類は問いません．超音波振動子やAEセンサなどを利用してもよいと思います．金属薄板には一部分を裏面から表面付近まで削り減肉部を設けています．

検査は以下の手順で行われます．まず，空中超音波フェーズド・アレイから集束音波を放射し，測定領域の1点を加振します．このとき音波は固体との境界面でほとんど反射してしまうため，非常に強力な空中超音波を放射する必要があります．

加振点から発生した超音波は金属薄板内を伝搬し，受信器で受信されます．

この操作を計測領域全体に対して行うことで計測領域全体の超音波のデータを取得し，これを映像化すると計測領域における超音波伝搬像を得ることができます．欠陥部において，超音波は一般的に反射ならびに回折しますので，超音波伝搬の映像があれば伝搬画像の変化から欠陥位置を可視化することができます．また，欠陥部では超音波の振動が増大する場合もあるので，その計測領域内の超音波の振幅分布を可視化することでも欠陥部を可視化できます．

● 空中超音波フェーズド・アレイを用いた高速化

空中超音波検査の高速化のカギは，いかに早く各位置から伝搬する超音波のデータを得られるかになります．そのためのキー・デバイスが，空中超音波フェーズド・アレイです．空中超音波フェーズド・アレイは，ハプティクスやレビテーション技術にてすでに応用されています[8].

図5に空中超音波フェーズド・アレイの外観と超音

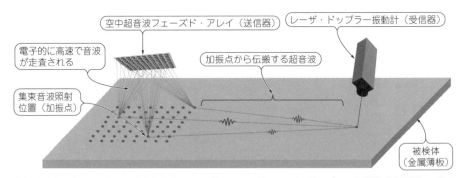

図4　空中超音波フェーズド・アレイを利用した高速非破壊検査のしくみ
空中超音波フェーズド・アレイと被検査体を伝搬してきた超音波を受信する受信器で構成される

（a）被検査体の中にある欠陥を空中超音波フェーズド・アレイとレーザ・ドップラー振動計（受信器）で探る

（b）被検査体を真横から見たところ（金属薄板の一部分を裏面から表面付近まで削った減肉部を設けた）

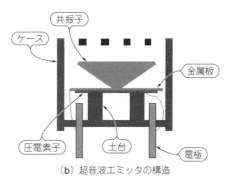

図5 空中超音波フェーズド・アレイの外観と超音波エミッタの構造
空中超音波フェーズド・アレイは64個の超音波エミッタを正方形状に配列したタイプを使用

（a）空中超音波フェーズド・アレイの外観　　　　（b）超音波エミッタの構造

波エミッタの構造図を示します. 空中超音波フェーズド・アレイは正方形状に超音波エミッタが配列されたタイプを使用しています. 超音波エミッタは, 一般的にセンサとして利用されるタイプです. 交流電圧を印可すると, 共振子が振動し空中に音波が放射されます. この各位置に配置された超音波エミッタに適切な遅延信号を入力することで, 任意の位置に空中超音波を集束させることができます. また, 電子的な制御であるため, 集束波の照射位置を高速で走査することができます. したがって, 測定領域全体の超音波のデータを高速で得ることができます.

集束音波で1点だけを加振して, 受信器を高速走査しても同じ結果が得られます. むしろ普通に考えればそのほうが単純ですが, 受信器の移動は基本的に手動あるいは自動で動くステージなどによる機械的な移動です. そのため, 音波の集束位置を電子的に走査できる空中超音波フェーズド・アレイのほうが圧倒的に計測スピードが高速化されます.

これまでの検証では, およそ2時間かかる計測が2分程度で終了させることに成功しています.

図6に金属薄板にある減肉欠陥の可視化結果を示します. 破線で囲っている領域が減肉部です. 可視化結果をみると, 超音波の振幅が大きくなり減肉部が可視化されていることがわかります.

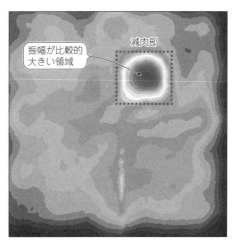

図6[(9)] 金属薄板にある減肉欠陥の可視化結果
減肉部（破線で囲った部分）で超音波の振幅が大きくなっており, 可視化されていることがわかる

非破壊検査用の空中超音波フェーズド・アレイ

ハプティクスやレビテーション技術などの空中超音波のパワーの応用を前提とした空中超音波フェーズド・アレイの駆動システムには, 多くの超音波エミッタを駆動する関係で多チャネルに対応できるFPGA（Field Programmable Gate Array）が利用されているようです[(8)]. FPGAを利用する場合は, 基本的に振幅が0か1のディジタル信号（イメージとしては矩形波信号）を増幅して空中超音波フェーズド・アレイ（正確には超音波エミッタ）を駆動します.

超音波エミッタは, 高効率と高音圧を実現するためにエミッタ全体の共振周波数を駆動周波数として駆動させます. この駆動周波数でエミッタを駆動させた場合, 波数の少ないパルス波のような矩形波を入力しても, 比較的波数が多い正弦波の音波が放射されてしまいます. つまり, 波形形状の制御はできません.

空中超音波フェーズド・アレイを非破壊検査に利用する場合, 極論正弦波でも問題はありません. 一方で, 各種信号処理を行えば, 欠陥の検出精度の向上などにも対応できるため, 任意の波形を音波として放射できるように駆動システムに拡張性をもたせたいところです. そのため, 前述の駆動システムとは異なる方式を利用することにしました.

● 駆動システムの構成

図7に示すのは, 空中超音波フェーズド・アレイを非破壊検査に利用する際の駆動システムの構成です. システムを構成する装置は, 任意波形を生成するパソコンや, 実際に任意波形を出力するアナログ出力モジュールPxle-6739（ナショナルインスツルメンツ製）, 出力した波形を増幅回路につなげるためのシールド端子台SCB-68A（ナショナルインスツルメンツ製）, 自作した増幅回路, 空中超音波フェーズド・アレイで構

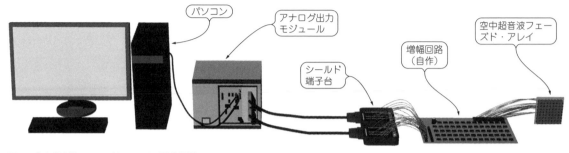

図7　空中超音波フェーズドアレイの駆動装置
任意波形を生成するパソコン，任意波形を出力するアナログ出力モジュールPxle-6739(ナショナルインスツルメンツ製)，出力した波形を増幅回路につなげるためのシールド端子台SCB-68A(ナショナルインスツルメンツ製)，自作した増幅回路，空中超音波フェーズド・アレイで構成される

成されています．

　まず，パソコンにて任意波形を生成します．波形生成はグラフィカル言語であるLabVIEWで行いました．生成した信号をアナログ出力モジュールにてD-A変換し，アナログ信号として出力します．このアナログ信号はそのまま増幅回路に入力してもいいのですが，32チャネルが一束になったケーブルで出力されるため，一度シールド端子台に配線し，1つ1つのケーブルに分岐しました．これは増幅回路のケーブルの受ける部分を自作したことによる問題ですので，シールド端子台を使わなくても問題ないと思います．

　シールド端子台からのアナログ信号は，増幅回路に入力されます．増幅回路では，空中超音波フェーズド・アレイのエミッタの数だけ配置されているOPアンプを利用した非反転増幅回路にて増幅します．増幅した信号は，空中超音波フェーズド・アレイの各超音波エミッタに入力され，音波が放射されます．

　なお，各超音波エミッタには任意の位置に音波が収束できるように位相計算し[10]，適切な遅延を加えた信号を入力しています．

● **信号増幅**

　本章で紹介する空中超音波フェーズド・アレイの超音波エミッタの駆動周波数(共振周波数)は40 kHz程度です．そのため，市販のオーディオ用のOPアンプでも十分なスルーレートで増幅することができます．

　図8に回路図を示します．OPアンプは非反転増幅回路で組みました[11]．その理由として，反転増幅回路だと入力信号の位相が反転しますのでそれを考慮しなければなりません．非反転増幅回路で位相の反転を考慮しないで済むようにしました．

　ゲインはR_3とR_4の抵抗値で約5倍になるように設定しています．コンデンサC_1，C_2，C_3は，カップリング・コンデンサとして直流成分をカットしています．OPアンプは単電源で駆動するために，入力段にR_1とR_2の分圧回路を設けました[12]．単電源で駆動する理由は，野外での計測を想定しバッテリなどでも動作で

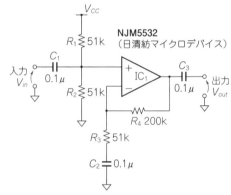

図8　非反転増幅回路の単電源駆動
ゲインはR_3とR_4の抵抗値で約5倍に設定，コンデンサC_1，C_2，C_3はカップリング・コンデンサとして直流成分をカット，単電源で駆動するため入力段にR_1とR_2の分圧回路を設けた

きるようにしたためです．

　使用する超音波エミッタの定格電圧は$30\,\mathrm{V_{p-p}}$でしたので，少し余裕を持たせて$24\,\mathrm{V_{p-p}}$に増幅するように仕様を決めました．それにあわせて$\pm22\,\mathrm{V}$まで増幅可能なOPアンプとして，NJM5532(日清紡マイクロデバイス)を採用しています．アナログ出力モジュールからの出力電圧は，5倍増幅させて$24\,\mathrm{V_{p-p}}$を超音波エミッタに入力するために$4.8\,\mathrm{V_{p-p}}$としました．図8では省略しましたが，OPアンプ駆動用の直流電源は別途用意しています．

空中超音波フェーズド・アレイの音波放射特性

● **中心軸上の1点にチャープ波を集束させる**

　図9に示したように，空中超音波フェーズド・アレイは，64個の超音波エミッタT4008A1(日本セラミック)を正方形状に配列しています．超音波エミッタの直径は8 mmです．焦点距離は開口面から100 mmとしました．

　各超音波エミッタへの入力信号は，パルス圧縮技術で利用されるチャープ波を用いて，40 kHzから60 kHzまで2 msかけて変化するようにしました．

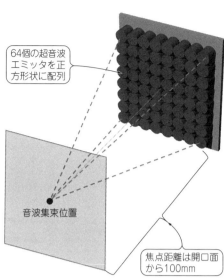

図9 空中超音波フェーズド・アレイの音波集束位置
64個の超音波エミッタT4008A1（日本セラミック）を正方
形状に配列し，焦点距離は開口面から100mmとした

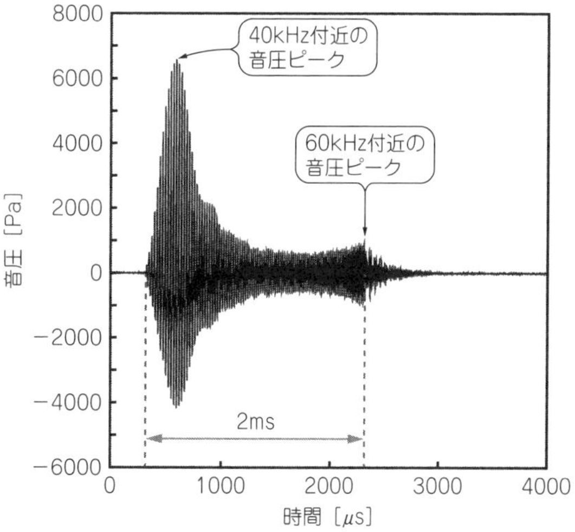

図10⁽¹³⁾

図10⁽¹³⁾ 音波集束位置における音圧波形
入力信号は40kHzから60kHzまで2msかけて変化するチャープ波を
用いた

今回の計測では，空中超音波フェーズド・アレイの
中心軸上に音波を集束させるように位相計算を行い，
各超音波エミッタにチャープ波の入力信号を送信しま
した．

● 6000 Paの強力な超音波を放射する

図10に音波集束位置における音圧波形を示します．
受信波形を見ると，40 kHzから60 kHzに徐々に音波
波形が変化するようすが観測されており，広帯域なチ
ャープ波の特性が現れています．また，音圧のピーク
も6000 Paと非常に高い音圧が放射できているのが確
認できます．なお，この超音波エミッタは，40 kHz
と60 kHzに共振周波数をもつため，帯域の広いチャ
ープ波で駆動すると，それぞれの共振周波数付近で音
圧が増大していることが確認できます．なお，正圧と
負圧で音圧が大きく異なるのは，強力音波による非線
形効果によるものです．

＊　＊　＊

本章では，高速非接触非破壊検査用の空中超音波フ
ェーズド・アレイについて，非破壊検査手法および空
中超音波フェーズド・アレイの主に駆動システムにつ
いて紹介し，駆動系については構成デバイスを紹介し
ました．強力な空中超音波の利用例については，非接
触非破壊検査以外でもさまざまなアプリケーションが
あります⁽¹⁴⁾．

◆参考文献◆

(1) 石井 勇五郎；非破壊検査工学，1973年，産報出版．
(2) 大平 克己；超音波の一大分野！非破壊検査のメカニズム，
　　トランジスタ技術，2022年11月号，pp.92-98，CQ出版社．
(3) 三原 毅；超音波アレイ技術と工業応用，材料，69巻8号，
　　pp.569-574，2020年．
(4) 長谷川 英之；超音波による循環器系計測技術-超高速超音
　　波イメージングとその応用-，日本音響学会誌，74巻4号，
　　pp.227-233，2018年．
(5) 川嶋 紘一郎；空気伝搬超音波法による非破壊材料評価と検
　　査，非破壊検査，58巻7号，pp.250-255，2009年．
(6) 大隅 歩，清水 鏡介，伊藤 洋一；空中超音波フェーズド・
　　アレイの高速非破壊検査への応用，非破壊検査，72巻2号，
　　pp.75-80，2023年．
(7) Kyosuke Shimizu, Ayumu Osumi and Youichi Ito；High-
　　speed imaging of defects in thin plate by scanning elastic
　　wave source technique using an airborne ultrasound phased
　　array, Japanese Journal of Applied Physics, Volume 59,
　　Number SK, SKKD15.
(8) 星 貴之；触れていないのに超音波で「触覚」を感じさせる
　　実験，トランジスタ技術，2022年11月号，pp.104-112，CQ出
　　版社．
(9) Kyosuke Shimizu, Ayumu Osumi and Youichi Ito；Pulse
　　compression of guided wave by airborne ultrasound
　　excitation for improving defect detection accuracy in
　　concrete, Japanese Journal of Applied Physics, Volume 62,
　　Number SJ, SJ1046.
(10) 星 貴之；非接触作用力を発生する小型超音波集束装置の
　　開発，計測自動制御学会論文集，50巻7号，pp.543-552，2014
　　年．
(11) エンジャー；次のステップ！非反転増幅回路の設計，トラ
　　ンジスタ技術，2022年11月号，pp.84-91，CQ出版社．
(12) エンジャー；今どきのOPアンプは単電源＆レール・ツ
　　ー・レール，トランジスタ技術，2022年11月号，pp.132-137，
　　CQ出版社．
(13) 清水 鏡介，大隅 歩，伊藤洋一；空中超音波フェーズドア
　　レイと複数受信器を利用した金属薄板中の欠陥イメージング，
　　音講論，2020巻，2号，pp.541-542，2020年．
(14) 伊藤 洋一；強力空中超音波の発生方法とその応用技術，電
　　子情報通信学会基礎・境界ソサエティ Fundamentals Review
　　Vol.9, No.3, pp.205-213, 2016年．

細胞を生きたまま観察できる 超音波バイオ顕微鏡

小木曽 泰治 Yasuharu Ogiso

本章では，生きた細胞を傷つけず，無染色で観察できる超音波顕微鏡について紹介します．

超音波顕微鏡は組織の硬さの分布の変化を音速や音響インピーダンスの変化として画像化します．医学・生物学の分野において，これまで測定できなかった生体組織の弾性的性質を定量的にミクロ観察することができます．

超音波による顕微鏡の特徴

写真1に示すのが，医学生物学用の超音波顕微鏡です．この超音波顕微鏡は，生体組織の弾性的性質を表す生体組織を伝わる音速の測定と，反射強度を利用した音速 c と密度 ρ の積算で求められる固有音響インピーダンスの測定を行う装置です．

音速 c と固有音響インピーダンス $Z(=\rho c)$，体積弾性率 K との関係は，次式で示されます．

$$c = \sqrt{\frac{K}{\rho}} \quad \cdots\cdots\cdots (1)$$

$$K = \rho c^2 = \frac{Z^2}{\rho} \quad \cdots\cdots\cdots (2)$$

音速または音響インピーダンスを測定することによ

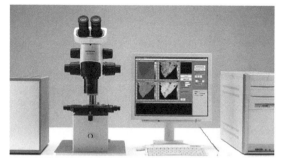

写真1 バイオ超音波顕微鏡 AMS-50S（写真提供：本多電子）

り，体積弾性率（硬さ）を求めることができます．音速測定では組織を薄切りにするため，生きたままの生体組織は測定ができませんが，音響インピーダンス測定では生きたままの生体組織が観察できます．言い換えれば，超音波顕微鏡は，生体組織を弾性率で画像化する弾性イメージング観察を可能とした顕微鏡になります．

図1に示すように，組織のがん化による硬さ分布の変化が，音速や音響インピーダンスの変化として明瞭に把握できます．このため，医学・生物学の分野において，これまで測定できなかった，生体組織の弾性的性質を定量的にミクロ観察できます．

白く明るく表示される部位は音速が速い（弾性率が高い）

暗くグレーに表示される部位は音速が遅い（弾性率が低い）

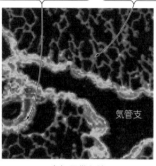

気管支

（a）正常な肺

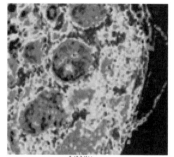

（b）濾胞性リンパ腫

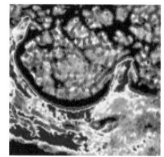

（c）甲状腺乳頭がん

図1 バイオ顕微鏡の音速モードによる画像例（資料提供：浜松医科大学）
注：実際の画像は，音速が速い（弾性率が高い）ところは赤色で，音速が遅い（弾性率が低い）ところは青色で表示されている

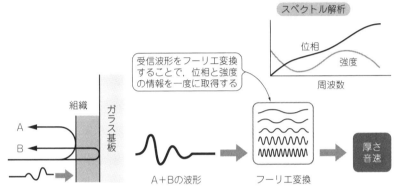

（a）従来の測定方法

（b）パルス励起法による測定方法

図2 [1]　従来の測定方法とパルス励起法による音速測定

超音波顕微鏡で使われている 2種類の測定方法

● 音速測定による方法

反射波形から組織の音速を求めるためには，組織の厚みと伝搬時間の情報が必要です（図2）．仮の厚さを採用すれば音速は算出できますが，厚さは測定点によって異なるため，正確な音速算出のためには**図2(a)**のように複数の周波数情報が必要です．

そこで，**図2(b)**のようにパルス波を送信し，受信波形をフーリエ変換することで，1回の送受信で各周波数の強度と位相情報を取得する方法を採用しています．

具体的に厚み情報を得るためには，組織表面からの受信波形と背面からの受信波形を検出し，それらの伝搬時間差を求める必要があります．しかし，厚さ10 μm程度の組織に短パルス超音波を送波した場合，表面と背面の受信波形は重なり合ってしまいます（図3）．

それを解消するために，自己回帰モデル（ARモデル）を採用します．細胞の表面からの反射波と，背面からの反射波は，細胞がない場合の受信波形に反射係数を掛け，伝搬時間差Δt分ほど時間軸上でシフトしたも

のと考えられます．これらの総和である受波信号のスペクトル$F(\omega)$は，細胞が無い場合の受信波形を$X(\omega)$とすると，次式で近似できます．

$$F(\omega) = \sum_{k=1}^{n} C_k e^{(\alpha_k + j\Delta t_k)} \cdot X(\omega) \cdots\cdots\cdots\cdots\cdots (3)$$

ここでC_kとΔt_kは，それぞれ，k番目の受信成分についての振幅と伝搬時間差です．α_kは受信成分の周波数依存減衰を表すパラメータであり，nは考慮するエコー成分の数です．

伝搬時間差Δt_kの推定のために，まず次式で表される正規化スペクトル$R(\omega)$を求めます．

$$R(\omega) = \frac{F(\omega)}{R(\omega)} = \sum_{k=1}^{n} C_k e^{(\alpha_k + j\Delta t_k)} \cdots\cdots\cdots\cdots (4)$$

受波スペクトルは高速フーリエ変換（FFT）で求めるので，$R(\omega)$も周波数領域で離散化されます．したがって，次式で表される正規化スペクトル系列が測定により得られる量となることを利用して成分を分離します（**図4**）．

$$R_i = R(i\Delta\omega) \cdots\cdots\cdots\cdots\cdots\cdots\cdots\cdots\cdots\cdots\cdots (5)$$

これより，細胞がない場合の受信波形の成分と，細胞内部受信波の分離された成分の時間を解析して，組織の厚みおよび組織の音速を求めています．

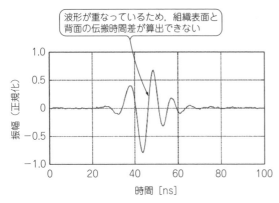

波形が重なっているため，組織表面と背面の伝搬時間差が算出できない

図3　厚さ10 μm程度の組織に短パルス超音波を送波した場合，組織表面からの受信波形と背面からの受信波形が重なり合ってしまう

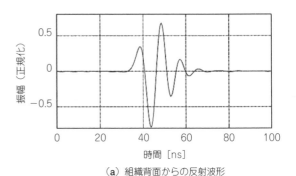

（a）組織背面からの反射波形

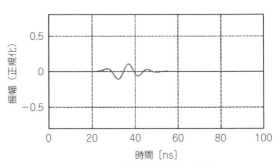

（b）組織表面からの反射波形

図4　組織表面からの受信波形と背面からの受信波形を分離する

● 固有音響インピーダンス測定による方法

固有音響インピーダンスの算出方法では反射率Rの式を使います．Z_{tgt}とZ_{sub}を，それぞれ観察対象組織と基板の固有音響インピーダンスとし，S_0を送信波形（S_0は観察中常に一定），S_{tgt}を受信波形とすると，反射率Rは次式で表されます．

$$R = \frac{S_{\text{tgt}}}{S_0} \quad\cdots\cdots\cdots\cdots\cdots\cdots (6)$$

よって，受信波形S_{tgt}は次式で求められます．

$$S_{\text{tgt}} = \frac{Z_{\text{tgt}} - Z_{\text{sub}}}{Z_{\text{tgt}} + Z_{\text{sub}}} \cdot S_0 \quad\cdots\cdots\cdots\cdots\cdots (7)$$

しかし，S_0を測定することができないため，参照物質の固有音響インピーダンスZ_{ref}，参照物質からの受信波形S_{ref}を導入します．そのS_{ref}は次式で表されます．

$$S_{\text{ref}} = \frac{Z_{\text{ref}} - Z_{\text{sub}}}{Z_{\text{ref}} + Z_{\text{sub}}} \cdot S_0 \quad\cdots\cdots\cdots\cdots\cdots (8)$$

図5に示すように，S_{tgt}とS_{ref}は直接観測可能であり，Z_{ref}，Z_{sub}は既知のため，式(7)と式(8)からZ_{tgt}，S_0

の連立方程式を解くことでZ_{tgt}を算出できます．解としては，次式で示されます．

$$Z_{\text{tgt}} = \frac{1 - \dfrac{S_{\text{tgt}}}{S_0}}{1 + \dfrac{S_{\text{tgt}}}{S_0}} \cdot Z_{\text{sub}}$$

$$= \frac{1 - \dfrac{S_{\text{tgt}}}{S_{\text{ref}}} \cdot \dfrac{Z_{\text{sub}} - Z_{\text{ref}}}{Z_{\text{sub}} + Z_{\text{ref}}}}{1 + \dfrac{S_{\text{tgt}}}{S_{\text{ref}}} \cdot \dfrac{Z_{\text{sub}} - Z_{\text{ref}}}{Z_{\text{sub}} + Z_{\text{ref}}}} \cdot Z_{\text{sub}} \quad\cdots\cdots\cdots (9)$$

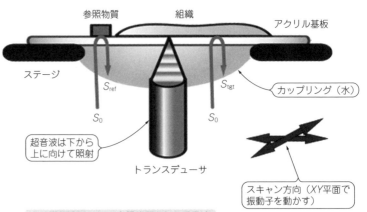

参照物質　　組織　　アクリル基板

ステージ

S_{ref}　　S_{tgt}

カップリング（水）

S_0　　S_0

超音波は下から上に向けて照射

トランスデューサ

スキャン方向（XY平面で振動子を動かす）

図5　超音波顕微鏡の固有音響インピーダンス測定方法

S_0：送信波形，S_{ref}：参照物質からの受信波，S_{tgt}：組織からの受信波

第21章 細胞を生きたまま観察できる超音波バイオ顕微鏡

超音波音響インピーダンス顕微鏡（**写真2**）のハードウェア構成を**図6**に示します．この音響インピーダンス測定方法は，測定したい生体組織をディッシュまたは樹脂板に置いて，ディッシュ下部から見上げるように測定します．超音波振動子をXY走査することで，培養中の細胞とディッシュとの界面の音響インピーダ

ンスを2次元測定します．生きている組織の非侵襲での観察に利用され，分解能を高くすることで細胞の非侵襲観察にも応用範囲を広げました．

測定結果は**図7**の画像のように表示されます．細胞とディッシュ接触面の弾性的な性質を，非侵襲かつリアルタイムに観察することができます．この装置を利用した細胞観察では単に細胞を観察するだけでなく，細胞に薬液投与し，特定タンパクの弾性的変異を確認する手法など，新しい観察法が提案され，活発な活用が進められています．

写真2　超音波音響インピーダンス顕微鏡でディッシュに入れた被測定物を観察する

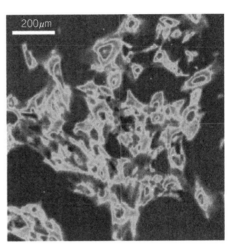

図7　培養グリア細胞の観察結果
ディッシュに張り付いた面（XY平面）の音響インピーダンス像（実際の画像はカラー表示される）

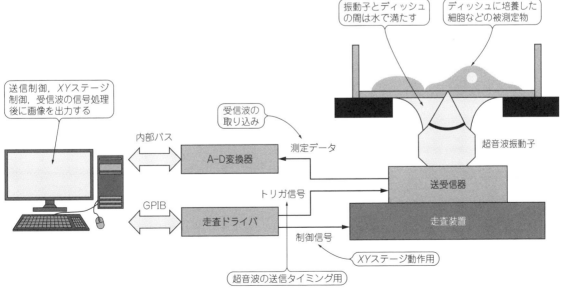

図6　超音波音響インピーダンス顕微鏡のハードウェア構成

167

研究と今後

● 細胞の内部構造をより鮮明に映し出す解析アルゴリズム

創薬や再生医療を含めた医学・生物学分野での細胞観察に応用される事例が増えてくると，生きた細胞とディッシュとの界面の固有音響インピーダンス（弾性イメージング）だけではなく，細胞内部の弾性イメージングに対するニーズが高いことが明らかとなりました．その実現に向け，細胞内部の弾性的性質の画像化を可能とする世界初の解析アルゴリズムが考案されました．

この解析アルゴリズム（**図8**）は，中心周波数320 MHz程度の広帯域集束超音波の反射波形から，細胞内部に局在する構造体からの反射成分に0.2 µm程度の分解能で分離し，その反射係数を解析することで，弾性率と等価な音響インピーダンスに変換します．

さらに超音波プローブをXY方向に機械走査することにより，細胞内部構造を弾性的性質で表す3次元マッピングを実現しました．

細胞の厚さ方向に関して，既存の超音波計測では波長以下の分解能を得られませんでしたが，新しいアルゴリズムでは位相情報の解析を行うため，波長以下の0.2 µmの分解能で生きた細胞内部の3次元弾性イメージングを実現しています．

研究では2021年に3次元細胞観察が可能な細胞観察用超音波顕微鏡の機能試作機を製作し，数種の細胞（繊維芽細胞，乳がん細胞，肝がん細胞，子宮頸がん細胞など）が観察できました．

3次元画像化された細胞構造に関しては，超音波顕微鏡で観察した同一の細胞を，光学顕微鏡や共焦点顕微鏡で観察することで3次元画像の妥当性が確認され，この結果は2022年5月に開催された日本超音波医学会第95回学術集会にて発表されています．**図9**に超音波による細胞の3次元観察例を示します．

● 超音波顕微鏡の今後について

現段階では超音波顕微鏡で測定した細胞の種類が少ないこと，測定のするための調整が複雑なこと，などの問題点があり，研究段階での紹介にとどまりますが，使い勝手が向上し，傷つけずに生きた細胞の弾性的性質を簡便に観察することができれば，病変細胞が投薬により，細胞内の弾性率がどのように変化するかなど，創薬分野や再生医療分野に応用されると考えられます．ひょっとすると将来，この超音波顕微鏡を利用して，がん細胞のみに効く飲み薬が開発されるかもしれません．

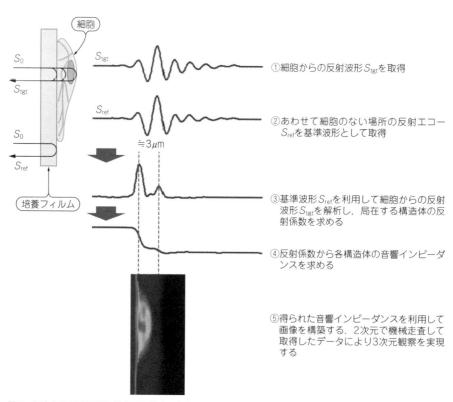

① 細胞からの反射波形 S_{tgt} を取得

② あわせて細胞のない場所の反射エコー S_{ref} を基準波形として取得

③ 基準波形 S_{ref} を利用して細胞からの反射波形 S_{tgt} を解析し，局在する構造体の反射係数を求める

④ 反射係数から各構造体の音響インピーダンスを求める

⑤ 得られた音響インピーダンスを利用して画像を構築する．2次元で機械走査して取得したデータにより3次元観察を実現する

図8 細胞内部の弾性的性質を画像化する解析アルゴリズム

　超音波という言葉は聞いたことがある人も多いと思いますが，応用されている製品はまだまだ少ないと考えています．本稿で紹介したような超音波の特性を生かした新しい応用が生まれて，これからも，超音波を

利用した技術がたくさん出てくると思います．

◆参考・引用＊文献◆
(1)＊ 超音波ハンドブック，本多電子．
　　 https://www.honda-el.co.jp/attraction/handbook

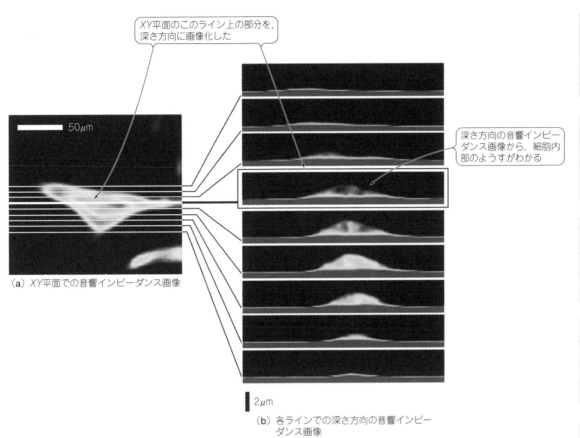

XY平面のこのライン上の部分を，深さ方向に画像化した

深さ方向の音響インピーダンス画像から，細胞内部のようすがわかる

50μm

（a）XY平面での音響インピーダンス画像

2μm

（b）各ラインでの深さ方向の音響インピーダンス画像

図9　繊維芽細胞の超音波断層観察例

電磁波との組み合わせによる超音波計測の高分解能化

荻 博次 Hirotsugu Ogi

　私たちが日常感じることのできる波動現象は，音と光です．ともに波動方程式に支配された現象であり，波長，振幅，周波数，波数，伝播速度といった波動の共通概念が存在します．

似たもの同士の音波と光波

　表1に，音波と光波の特徴をまとめます．まず，伝播する物理量ですが，音波においては圧力や変形(つまり力学的な量)，光波においては電場と磁場です(光波は電磁波)．

● 伝播速度

　伝播速度には大きな違いがあります．音波の伝播速度は固体中でも5 km/s程度ですが，光波の伝播速度(つまり光速)は音波のそれよりも4桁以上も大きいです．

● 分解能を決める物差し「波長」

　波長についても，音波と光波にはかなりの差があります．周波数が20 kHz以上と高く，波長が短い音波のことを超音波と呼びますが，それでも通常，波長は10 μm以上です．例えば，妊婦さんのお腹の赤ちゃんを画像化するときに利用されている超音波の波長は1 mm程度です．一方，光の波長は音波に比べてかなり短く，緑色の光であれば500 nm程度です．

　波長は，波動現象における物差しの最小目盛りのようなものです．ですので，波長が短いほど分解能が高く，何をするにも精度と感度が高い，と言えるでしょう．つまり，通常は，音よりも光を用いたほうが，何をするにも精度や感度は高いと思われています．

テクノロジ研究…レーザ光を使った極短波長の超音波の発生

● すごく波長の短い超音波を発生させるのはムズかしい

　そもそも，波長の短い(つまり周波数の高い)音を出すには，どのようにすればよいでしょうか．

　図1(a)のように，金属の壁をハンマでたたいて，中に音を伝えたとします．そして，高速カメラでこのようすを撮影したとしましょう．動画を見ると，ハンマが壁に接触してから離れるまでの時間が0.001秒だったとします．ずいぶん短い時間のように感じるかもしれませんが，0.001秒間，ハンマは壁を押して圧力を加えていたことになります．

　このとき発せられる音の周期は約0.002秒ですから，その音の周波数は500 Hzです．壁の材料の音速が5 km/sであったとすると，発せられる音の波長は10 mにもなります．つまり，壁と接触している時間(力を加えている時間)を相当に短くしないと，波長の短い音は鳴らせません．

● 極短波長の超音波を発生できるパルス・レーザ

　そこで登場するのが，パルス・レーザです．パルス・レーザとは，点灯している時間が非常に短いレーザ光です．例えば，図1(b)のように，点灯している時間が1 ps(10^{-12}/s)のパルス・レーザを壁に照射したとします．すると，1 psの時間だけ壁の表面がレーザ光により熱せられ，レーザが照射されている部分だけが熱膨張しようとします．ところが，周辺は熱せられていませんから熱膨張しません．つまり，レーザを照射した箇所は，熱膨張できないように周りから押されて

表1　通常の音波と光波の比較

項目	伝播する量	伝播速度 [km/s]	波長	長所	短所
音波	圧力や変形量	約0.3(気体) 約1.5(液体) 約5(固体)	約0.1 mm以上	ほとんどの物質中を伝わることができる(不透明な物質がない)	波長が長く低分解能/低感度
光波	電場と磁場	30万	約500 nm	波長が短く高分解能・高感度	透明物質が多い．波長が短いときは有害

いる状態となり，1 psの間だけ周りから力を受けることになります．この力が音源となります．

このときの音の周期は2 ps程度ですから，周波数は500 GHzとなります．波長にすると10 nmです．実際には，レーザ光は金属の壁の内部に数十 nmほど侵入しますから，周りから力を受けている領域もこの侵入領域まで伸びますので，波長ももう少し長くなりますが，それでも数十 nmの波長の音が発せられます．このように，可視光の波長よりも十分に短い波長の音をパルス・レーザにより発生させることができます．

● 極短波長の音を検出するには

それでは，このように極短波長の音を発生させたとして，これをどのように検出するのでしょうか．音を発生させたあと，伝播させて標的に当てて反射波を受信することにより，標的の情報や媒質の情報が得られますので，必ず音を検出する必要があります．

波動を正確に検出するには，少なくとも1周期あたり10点ほどのサンプリング点が必要です．例えば，周期が2 psの音がやってきたとすると，0.2 ps（200 fs）ごとに媒質の圧力あるいは変位を取得する必要があります．サンプリング・レートが100 GHzといった超高速のディジタイザを用いたとしても，取得可能なデータは10 ps間隔です．これではとても周期が2 psの音を捉えることはできません．

そこで再び登場するのが，パルス・レーザです．実は，光は物質中の音を聞くことができるのです．音は疎密波ですから，波長と同じ周期で媒質の密度が変化します．媒質の密度が変化するということは，媒質を構成する原子間隔が変化することであり，原子に付随して移動する電子の密度も変化します．物質の光に対する屈折率は電子密度に深く関係しているため，音は物質の屈折率を波長ごとに変化させるのです．通常は，光の波長に比べて音の波長がかなり長いため，この影響は無視できます．しかし光よりも短い波長をもつ音の場合，光からすると物質中に局所的に屈折率の異なる箇所が発生したことになり，その部分で光の反射/屈折が起こります．この現象を利用すると，光によって音の存在を知ることができます．つまり，光によって音を聴き取ることができるのです（図2）．

このような現象を用いて，極短波長の音波の励起と検出を行うことができます（図3）．例えば，基板上に成膜されたナノ薄膜内の音波の励起と検出を考えます．1つのパルス・レーザをビーム・スプリッタによって2つに分割し，それぞれ音波励起用の励起光と音波検出用の検出光として，薄膜表面に集光します．そして，コーナ・キューブと呼ばれる光を元来た方向へ戻す反射体をステージで移動させることにより，検出光の光路長を変化させ，検出光の試料表面への到達時刻を変化させます．

励起光と検出光のパルス光が同時に試料表面に到達するとき，励起光により試料表面が瞬間的に加熱されるために，検出光の反射率が急激に変化します（光の反射率は物質の温度にも影響されるため）．これと同時に，極短波長の音波パルスが発生します．この時刻をゼロ点と呼ぶことにしましょう．

この状態からコーナ・キューブを移動させて検出光の光路長を増加させます．そして，再度，励起光と検出光を試料表面に集光します．すると，検出光の到達時刻はゼロ点より少し遅れることになります．つまり，検出光は励起光が到達してから少し時間が経過した状態の試料を照射することになります．ゼロ点において加熱された薄膜表面の温度は熱拡散により低下し，検出光の反射率変化量も低下します．

このように，段階的にコーナ・キューブを移動させて検出光の光路長を増加させながら，励起光と検出光を照射し，検出光の反射率変化を測定します．すると，

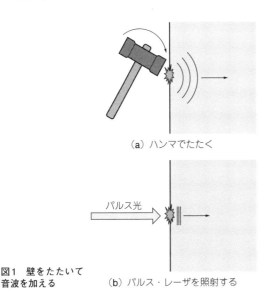

（a）ハンマでたたく

（b）パルス・レーザを照射する

図1 壁をたたいて音波を加える

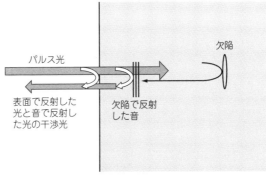

図2 パルス光による音波の検出
物質内部に存在する極短波長の音波により物質に侵入した光が反射され，表面で反射する光と干渉する．この現象によりパルス光の反射率が影響を受け，音波の存在を知ることができる

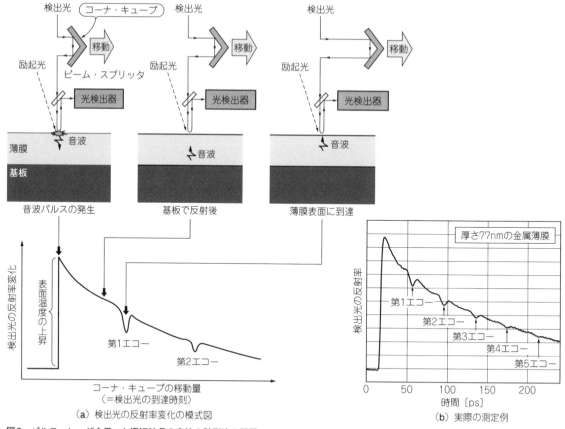

図3　パルス・レーザを用いた極短波長の音波の計測法の概要

励起光と検出光のパルス光が同時に試料表面に到達し、音波パルスが発生する．同時に、過渡的な加熱により検出光の反射率が急変する［(a)左］．コーナ・キューブを移動し、励起光に遅れて検出光が試料に到達．音波はすでに基板まで達しており、基板において反射している［(a)中］．さらにコーナ・キューブを移動し、検出光の到達時間を遅らせる．音波が薄膜表面に戻ったときに検出光が試料を照らすと、音波により反射率が変化するため、超音波の存在を検出することができる［(a)右］

ゼロ点で発生した音波が基板で反射して薄膜表面近傍に戻ってきた時刻に検出光が試料に到達する場合、上述した効果によって音波により検出光の反射率が変化します．つまり、音波が表面に戻ってきたことがわかるのです．このように、光路長を機械的に変化させながら検出光の反射率を計測することで、熱拡散を反映する反射率の単調な変化とともに、音波信号を観測することができるのです．

マイクロステージを用いてコーナ・キューブを動かせば、1 μmずつ移動させることができます．この場合、光路長は2 μmずつ変化します．光速を用いて換算すると、これは検出光の到達時間を6.7 fsずつ変化させることに相当しますから、この時間分解能において、試料表面の状態を計測することができることになります（1 fsは10^{-15} s）．

図3は、この手法を用いて計測した例を示しています．77 nmという厚さの金属薄膜内を多重反射する音波エコーを捉えられており、この時間間隔と膜厚から、この薄膜の音速を決定することができます．こういった測定方法を、ピコ秒超音波法と呼びます．周期が

psの超音波を励起/検出することができるため、このように命名されています．

テクノロジ研究…無線技術を生かした高感度な音響バイオ・センサ

いくつかの疾患においては、罹患初期に体内に特有の生体物質が発生するために、その物質を検出することにより早期診断が可能となります．例えば前立腺がんにかかると、PSA（前立腺特異抗原）と呼ばれるタンパク質の血中濃度が上がるため、血液検査によって罹患の可能性を知ることができます．新型コロナ・ウィルスにおける抗原検査や抗体検査も同様であり、疾患特有の標的物質の量を調べて感染の有無を判断します．こういった、標的物質を検出するデバイスをバイオ・センサと呼びます．

さまざまな物理/化学現象を利用したバイオ・センサが存在しますが、ここでは音色を用いたバイオ・センサである音響バイオ・センサと、その高感度化について紹介します．

● 基本原理

音響バイオ・センサの原理は単純です．例えば，図4に示すように，ばね定数kのばねと質量mの質点からなる振動系を考えます．共振周波数fは，

$$f = \frac{1}{2\pi}\sqrt{\frac{k}{m}} \cdots\cdots\cdots\cdots (1)$$

となることはよく知られています．この状態から，質量Δmの微小な粒子が質点に吸着したとします．すると，共振周波数f'は，

$$f' = \frac{1}{2\pi}\sqrt{\frac{k}{m+\Delta m}} \cdots\cdots\cdots\cdots (2)$$

に減少します．$\Delta m \ll m$だとすると，

$$
\begin{aligned}
f' &= \frac{1}{2\pi}\sqrt{\frac{k}{m+\Delta m}} \\
&= \frac{1}{2\pi}\sqrt{\frac{k}{m}} \cdot \sqrt{\frac{1}{1+(\Delta m/m)}} \\
&= f\left\{1+\frac{\Delta m}{m}\right\}^{-1/2} \fallingdotseq f\left\{1-\frac{1}{2}\left(\frac{\Delta m}{m}\right)\right\} \cdots (3)
\end{aligned}
$$

となります．ここで，微少量εに対する近似公式$\sqrt{(1+\varepsilon)} \fallingdotseq 1-\varepsilon/2$を用いました．したがって，共振周波数の変化率は，

$$\frac{f'-f}{f} = \frac{\Delta f}{f} = \frac{1}{2}\left(\frac{\Delta m}{m}\right) \cdots\cdots\cdots (4)$$

となりますから，

$$\Delta m = 2m\left(\frac{\Delta f}{f}\right) \cdots\cdots\cdots\cdots (5)$$

となり，吸着した物質の質量が，共振周波数の変化率と，もともとの質点の質量から求まることになります．質点が軽く，また，共振周波数の変化率を非常に高精度に計測できるとき，非常にわずかな質量付加が測定できることになります．例えば，以下で示す水晶振動子を用いれば，0.0001％というわずかな共振周波数の変化率を測定することができますから，振動体の質量が0.0001 gのとき，pg（10^{-12}グラム）オーダの質量付加を計測できることになります．これが音響バイオ・センサの原理です．

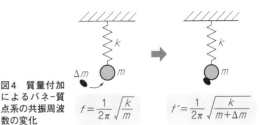

図4 質量付加によるバネ－質点系の共振周波数の変化

$$f = \frac{1}{2\pi}\sqrt{\frac{k}{m}} \qquad f' = \frac{1}{2\pi}\sqrt{\frac{k}{m+\Delta m}}$$

実際には，振動性能が優れており，密度が小さい水晶を振動子（マイクロベル）として用います．図5に示すように，水晶結晶でできた板状の振動子の表面に標的物質とよく吸着する物質（例えば標的に対する抗体）をあらかじめ固定化しておきます．この状態で振動子の共振周波数を測定します．次に，検体を振動子表面に流します．検体中に標的物質が含まれていると，それらは振動子上の抗体に捕捉されますので，振動子の有効質量が増加して共振周波数が減少します．標的物質の濃度が高いほど吸着量も増えて共振周波数はより大きく減少しますから，共振周波数の減少量から標的物質の濃度がわかります．

また，共振周波数の変化速度も重要な情報を与えてくれます．これは，標的と抗体との結合力を反映します．両者の結合力が高いほど共振周波数は素早く変化します．こういったタンパク質間の結合力の評価は，薬剤開発においては重要となります．薬剤候補物質が標的物質に強く結合することで治療効果が得られるからです．

● 感度の向上の難しさ

音響バイオ・センサの感度を上げるにはどうすればよいでしょうか．式(5)より微量の吸着量（Δm）を検出するためには，もともとの振動子の質量（m）が小さいことが要求されますから，振動子を軽くすればよいのです．…つまり，振動子を薄くすればよいのです．振動子を薄くすればするほど，感度は向上します．

ところが，これは以下に示す理由により容易ではあ

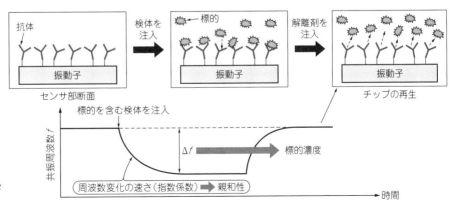

図5 振動子バイオ・センサの原理

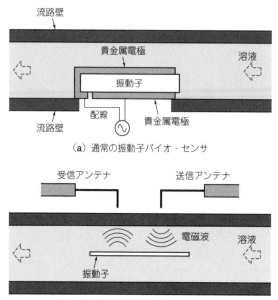

図6 通常の振動子バイオ・センサの構造と無線/無電極振動子バイオ・センサの構造比較

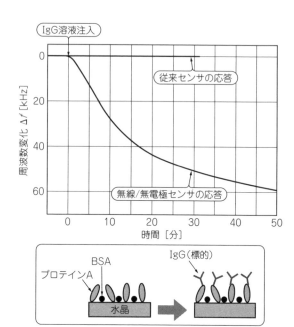

図7 無線/無電極振動子バイオ・センサを用いた標的タンパク質の検出例

りません．通常，振動子には圧電体という物質が使用されます．圧電体は，電場を受けると変形し，変形すると電位差を生じる（一時的に電池になる）物質です．ですので，振動電場を与えれば同じ周波数で力学的に振動します．電気的に正確に決められた周波数によって力学的に振動させることができるのです．

圧電体のなかでも，水晶(SiO_2)は，ケイ素と酸素という地殻中の存在度トップ2の元素から構成され安価であり，また人工的に巨大な結晶を作製できることから，古くから振動子材料として利用されてきました．

さて，水晶を振動子として駆動させるためには，振動電場を与える必要があります．通常，図6(a)のように，水晶板の両面に金属電極を成膜し，そこに振動電圧を加えて厚さ方向に振動電場を与えて振動させます．つまり，電極とそれに機械的に接続する配線が必須なのです．バイオ・センサとして用いるには，センサ表面を強酸により洗浄することがありますので，電極には金や白金などの貴金属が用いられます．

ところが，貴金属は非常に重く，しかも振動加速度が最大となる表面に存在することから，振動子の動的な質量を著しく増加させてしまいます．感度を上げるために水晶板を薄くしたところで，貴金属電極が必要であり，さらに配線の接続もあり，動的な質量を十分に減少させることができませんでした．

● 感度向上のテクノロジ…無線/無電極振動子

そこで，近年開発された手法が，無線/無電極振動子です．圧電体は，振動電場を受けて振動しますから，電磁波の電場成分によって遠隔的に振動させることができます．

図6(b)のように，アンテナによって振動子の力学的共振周波数と同じ周波数の電磁波を送り，その電場成分によって振動子を非接触で振動させます．電磁波の送信を停止しても，振動子はしばらくは鳴り響き続けます．この間，振動子表面の電気分極も振動するため，これが電磁波源となって，今度は振動子が電磁波を放出します．これを別のアンテナで受信することで，非接触で振動子の共振周波数を計測することができます．こうすることで，振動子をかなり薄くすることができ，結果，飛躍的に感度を上げることができます．

図7は，無線/無電極振動子バイオ・センサを用いた標的タンパク質の検出例です．標的を免疫グロブリンG(IgG)とし，これと特異的に強く吸着するプロテインAというタンパク質を振動子表面に固定化しておきます．プロテインAが存在しない箇所に標的が吸着することを防ぐために，牛血清アルブミン(BSA)というタンパク質によって，そういった部分を覆います．そして，標的であるIgGを含む溶液を振動子表面に流します．IgGとプロテインAとの特異的な吸着によって，振動系の質量は増加し，共振周波数は減少します．従来の有線/有電極振動子を用いた測定と比較しても，無線/無電極振動子の応答量は大きく，かなり高感度化されています．

光も電磁波の仲間です．上記も，光と音が交わるときに技術革新が起こる例と言えるでしょう．

役にたつエレクトロニクスの総合誌

トランジスタ技術

■トランジスタ技術とは

トランジスタ技術は，国内でもっとも多くの人々に親しまれているエレクトロニクスの総合誌です．これから注目のエレクトロニクス技術を，実験などを交えてわかりやすく実践的に紹介しています．毎月10日発売．

Twitter @ToragiCQ

https://twitter.com/toragiCQ

Facebook @ToragiCQ

https://www.facebook.com/toragiCQ/

SNS など

公式ウェブ・サイト

https://toragi.cqpub.co.jp/

メルマガ

https://cc.cqpub.co.jp/system/contents/6/

〈著者一覧〉 五十音順

青柳 学	荻 博次	田口 海詩
浅田 隆昭	垣尾 省司	中村 健太郎
稲葉 克文	笠井 昭俊	長谷川 浩史
稲葉 保	小山 大介	飛龍 志津子
大隅 歩	近藤 淳	星 貴之
大平 克己	鮫島 正裕	星 岳彦
小木曽 泰治	神 雅彦	

音波・超音波のエレクトロニクス入門

編　集	トランジスタ技術SPECIAL編集部	2023年10月1日発行
発行人	櫻田 洋一	©CQ出版株式会社 2023
発行所	CQ出版株式会社	（無断転載を禁じます）
	〒112-8619　東京都文京区千石4-29-14	
電　話	販売 03-5395-2141	編集担当者　島田 義人／平岡 志磨子／上村 剛士
	広告 03-5395-2132	DTP　美研プリンティング株式会社／株式会社啓文堂
		印刷・製本 三晃印刷株式会社
		Printed in Japan

定価は裏表紙に表示してあります
乱丁，落丁本はお取り替えします